T0132913

# VOYAGE DE HOLLANDE
1774

## DU MÊME AUTEUR

*Lettres à Madame du Pierry et au juge Honoré Flaugergues, Lalandiana I*, Paris, Vrin, 2007.

*Mission à Berlin. Lettres à Jean III Bernoulli et à Elert Bode, Lalandiana II*, Paris, Vrin, 2014.

*Lettres à Franz Xavier von Zach (1792-1815), Lalandiana III,* Paris, Vrin, 2016.

L'HISTOIRE DES SCIENCES – TEXTES ET ÉTUDES

Jérôme LALANDE

# VOYAGE DE HOLLANDE
# 1774

## Lalandiana IV

Texte déchiffré, édité,
commenté, complété et indexé
par
Annie CHASSAGNE, Simone DUMONT,
Jean-Claude PECKER et Huib ZUIDERVAART

*Ouvrage publié avec le concours*
*du Collège de France*

OBSERVATOIRE DE PARIS
LIBRAIRIE PHILOSOPHIQUE J. VRIN

2019

*Imprimé en France*

ISSN 0768-4916
ISBN Observatoire de Paris 978-2-901057-72-7
ISBN Vrin 978-2-7116-2856-8

*www.vrin.fr*

# INTRODUCTION GÉNÉRALE

Ce volume des *Lalandiana* présente le voyage en Hollande de Jérôme de Lalande effectué en 1774. À cette époque, on le sait, les voyages étaient longs et difficiles. Mais les savants étaient tous plus ou moins des voyageurs ; on se rappelle les expéditions des savants français ou anglais vers l'hémisphère sud, celles des géodésiens français vers le Pérou ou la Laponie, celles des astronomes de tous les pays à l'affût du passage de Vénus devant le Soleil… Jérôme Lalande, lui aussi, voyagea beaucoup. S'il ne fit pas partie des expéditions organisées pour l'observation du passage de Vénus (il n'aimait guère les voyages en mer !) il voyagea beaucoup en revanche en Europe. Il s'est rendu à Berlin, tout jeune encore, en 1751 pour y déterminer la parallaxe de la Lune, en correspondance avec La Caille qui observait, lui, au cap de Bonne-Espérance. En 1763, il se rend en Angleterre pour y étudier les nouvelles horloges. Son voyage en Italie (1765-1766) a fait l'objet d'une édition en huit volumes. Son second voyage en Angleterre (1788) est évoqué dans le premier volume de cette série *Lalandiana* où se trouvent notamment les lettres de notre astronome à son amie Madame du Pierry. En 1798, il est retourné en Allemagne, à Gotha, pour y visiter son ami von Zach, et les lettres échangées sont regroupées dans le troisième volume de la série. Outre ces voyages à visée scientifique, Lalande se rendait souvent, pendant ses vacances, à Bourg-en-Bresse, sa ville natale. Il en profitait pour rendre visite à ses nombreuses relations de Genève. Les voyages étaient lents, pénibles, et les arrêts fréquents, mais parfois fort intéressants.

Notre édition du *Journal* est précédée d'un bref rappel de l'histoire des Provinces-Unies aux XVII^e^ et XVIII^e^ siècles, puis d'un article sur la vie scientifique dans les Provinces-Unies au XVIII^e^ siècle, destiné à situer le contexte scientifique du périple de Lalande.

Nous présentons ensuite le manuscrit. Le récit chronologique du voyage est suivi de deux annexes constituées par les notes de Lalande qui, à notre sens sont des notes préparatoires ainsi que nous l'expliquons ci-après. Trois appendices donnent un éclairage sur la façon dont Lalande fut reçu aux Pays-Bas et dont lui-même apprécia ce voyage. Un index enfin, répertorie les noms des personnages cités par Lalande nous avons réussi à les identifier pour la plupart ; certains ont cependant résisté à nos investigations –limitées aux travaux et sources imprimés et aux sources manuscrites accessibles sur internet – et en ce cas nous les présentons simplement par les qualifications données par Lalande.

Apparaît ainsi le vaste réseau de sociabilité de notre astronome et ses intérêts multiples.

## BRÈVE HISTOIRE DES PROVINCES-UNIES AUX XVII^e ET XVIII^e SIÈCLES

### INTRODUCTION

L'histoire de l'Europe nous offre une étonnante alternance d'ordre et de chaos. Tantôt de grands conquérants, ambitieux pour eux-mêmes comme pour leur pays d'origine, se lancent à la conquête, politique ou militaire, et sans merci, des pays voisins, et même de pays fort éloignés (Trajan, Charlemagne, Charles-Quint, Napoléon, Hitler). Tantôt la conquête se dissout progressivement dans le désordre, la fragmentation, la « balkanisation », et les combats fratricides. Tantôt quelques conquérants imposent une Europe unifiée en partie par la force plutôt que par l'inclination.

À la fin du XVI e siècle, nous sommes encore dans une Europe dévastée par les épidémies et par les conflits religieux... Les pays occidentaux, Portugal, Espagne, Angleterre, France, installés dans des frontières presque (voir même tout-à-fait) stables, commencent à regarder vers l'outre-mer. En revanche, c'est en Europe que la Suède, le Saint-Empire, la Russie... s'étendent, et les conflits s'y multiplient.

Un regard sur la carte de l'Europe à cette époque suffit à montrer l'extrême fragilité du Saint-Empire. Les princes, ducs, palatins, évêques, et autre margraves établissent leur puissance locale, et parfois en veulent l'étendre. L'empereur, de la dynastie autrichienne des Habsbourg, établi à Vienne, règne sur un empire divisé. Saxe, Prusse, Palatinat... s'observent et veulent augmenter leur part du pouvoir impérial. Ces régions centrales de l'Europe sont sans conteste celle d'un inquiétant bouillonnement.

Avec Charles-Quint, l'Espagne acquiert une ambition européenne. Charles-Quint, petit-fils d'Isabelle la catholique, est né le 24 février 1500, à Gand, en Flandre. Élu Empereur du Saint-Empire romain germanique en 1519, il règne sur l'Espagne et sur l'Autriche comme sur toutes les régions de l'Empire. À la fin de sa vie, il renonce d'abord aux duchés autrichiens qu'il cède à son frère Ferdinand, en 1555 ; en 1556, il abdique en faveur de son fils Philippe, de ses droits sur les Provinces-Unies, séparées désormais du Saint-Empire. Il meurt en Espagne en 1558. L'Espagne de Philippe II joue désormais un rôle essentiel dans les conflits européens. Elle exerce sa domination notammcnt dans lcs Provinces unies.

Le présent ouvrage (Lalandiana IV) étant essentiellement consacré au voyage de Lalande en Hollande, nous nous concentrerons principalement sur ce qui concerne l'histoire des Provinces-Unies (les Pays-Bas d'aujourd'hui), issues de la désagrégation de l'Empire hispano-autrichien de Charles Quint.

## La naissance des Provinces-Unies (1581-1648)

À la fin du XVIe siècle, on était déjà bien loin de l'Europe de François Ier, d'Henri VIII, et de Charles Quint, de Charles Quint surtout : son empire s'était délité, l'Espagne puissante de Philippe II s'était séparée de l'Autriche, l'Angleterre devenait de plus en plus insulaire, la France restait profondément blessée par les guerres de religion. Les villes d'Europe cependant se développaient, et les ports y prenaient de plus en plus d'importance dans un commerce devenu international. Parmi les ports les plus importants, figuraient ceux de la mer du Nord : Anvers bien entendu (à cette époque l'une des plus grandes villes d'Europe), et puis Rotterdam et Amsterdam, aux embouchures des grands fleuves que sont l'Escaut, la Meuse et le Rhin. Ces trois ports rivalisèrent avec les villes hanséatiques du nord de l'Europe.

Au temps de la présence autrichienne, la puissance occupante était restée encore assez calme. L'unification des provinces bataves s'était progressivement faite, comme d'un pays rattaché au duché de Bourgogne, puis au trône des Habsbourg. Mais la Hollande devenait en quelque sorte maintenant une colonie espagnole, et l'Espagne était loin ; localement, le pouvoir était celui du « stadhouder », un noble désigné par l'Empereur, et qui était le gouverneur des états de la région. Willem (Guillaume) Ier de Nassau, prince d'Orange, dit "De Zwijger" (le Taciturne), avait été nommé stadhouder en 1559 par Charles-Quint. Ce fut un militaire habile et un fin politique. Guilaume, d'abord fidèle partisan des Habsbourg, et familier de Charles-Quint, devint (vers 1561) l'adversaire résolu de Philippe II et de l'occupation espagnole. Philippe II était un catholique fervent et intolérant, et son représentant, le duc d'Albe, exerça une une répression impitoyable contre ces provinces où se répandaient les doctrines protestantes. La présence espagnole devenait de plus en plus difficile à supporter. Informé de l'intention de Philippe d'exterminer les protestants, Guillaume prit la tête de la révolte. Il ira même jusqu'à se convertir au protestantisme. Ce furent batailles et sièges, souvent d'une extrême férocité ; enfin, le 23 janvier 1579, un traité fut signé, à l'initiative du Conseil d'État, créant l'Union d'Utrecht, qui groupa alors les provinces du Nord, à dominante protestante : la Hollande, la Zélande, la Frise (avec Groningue), le comté de Flandre (avec des villes telles que Bruges, Gand et Ypres), le Brabant (avec Anvers, Breda, Bruxelles), les seigneuries de Gueldre, d'Overijssel, et les villes de Tournai et de Valenciennes, toutes favorables à la liberté religieuse. L'union d'Utrecht fut concrétisée en 1581 par un traité, l'acte de La Haye, mais Philippe II ne pouvant reconnaître cette indépendance affirmée, continua sa politique de répression.

Contrairement aux provinces du Nord, les provinces du Sud (Artois, Cambrai, le Hainaut, Douai) à majorité catholique, s'étaient ralliées à la souveraineté espagnole sur leur territoire ; c'était l'Union d'Arras, concrétisée en 1581. L'Union d'Utrecht préfigure ce que seront les Pays-Bas d'aujourd'hui, alors que l'union d'Arras, dominée par une influence hispano-autrichienne, préfigure plutôt ce qui deviendra la Belgique.

L'Union d'Utrecht marque véritablement la naissance des Provinces-Unies, jouissant d'une indépendance républicaine, acquise pour des raisons non seulement religieuses mais aussi politiques et culturelles. L'unité de cette région était aussi manifestée par l'unité de la langue : le hollandais ou néerlandais, issu des dialectes germaniques, était désormais une langue structurée et vouée à la pérennité, semblable en beaucoup de points à l'allemand et à l'anglais, mais sans doute influencée aussi par l'espagnol des occupants. L'Union d'Utrecht marque en principe l'indépendance des Provinces-Unies. L'Espagne ne reconnut cette indépendance que beaucoup plus tard, en 1648.

L'époque reste troublée par l'endémique guerre de religion. Guillaume le Taciturne est assassiné en 1584 par un fanatique catholique. Les batailles perdurent bien après le traité de la Haye. Ce n'est que le compromis d'Augsbourg, beaucoup plus tard (1648), qui unifiera de fait les Dix-Sept Provinces, en une unique République.

## LE SIÈCLE D'OR HOLLANDAIS (1584-1702) : LA VIE POLITIQUE

Ce pays, devenu vraiment autonome, devint vite la première puissance commerciale au monde tandis que le reste de l'Europe restait plus ou moins en guerre. Dans la république des Provinces-Unies nouvellement créée, le pouvoir appartenait au "stathouder" (le mot "stadhouder" signifie essentiellement : lieutenant, gouverneur) ; ces nobles personnages, au temps de la puissance autrichienne, étaient en quelque sorte les représentants de l'Empereur ; mais vite, dans une contrée excentrique comme la Hollande, les stathouders ne représentèrent plus qu'eux mêmes, et leur pouvoir personnel s'accrut donc, tout en restant un pouvoir "républicain", car ils étaient désormais élus par un conseil de notables.

Après l'assassinat de Guillaume 1er, la guerre avec l'Espagne continua avec ses hauts et ses bas. La famille de Nassau fournit aux Provinces-Unies de grands généraux comme Maurits (Maurice) comte de Nassau (1567-1625) (deuxième fils de Guillaume I er, prince d'Orange après 1618) qui devint stathouder en 1585, ou Willem Lodewijk (Guillaume-Louis, 1560-1620), comte de Nassau, son cousin. Le plus jeune fils de Guillaume I er, Frederik Hendrik (Frédéric-Henri, 1584-1647) succède à son frère Maurice, à la mort de celui-ci, en tant que stadhouder de Hollande, Zelande, Utrecht, Gueldre, Overijssel.

En 1585, Anvers est pris par les armées espagnoles ; les hollandais mirent alors en place un blocus sur l'estuaire de l'Escaut, afin de priver Anvers de tous ses débouchés. Le blocus du port d'Anvers est sans doute à l'origine de l'essor d'Amsterdam. Le pays devint un lieu de grande liberté, notamment de liberté de culte ; si bien que s'y réfugièrent au cours des ans les personnes persécutées : des intellectuels principalement, poursuivis dans leur pays pour leurs croyances et pour leurs théories philosophiques. La puissance commerciale et intellectuelle des Provinces-Unies était vite devenue remarquable. L'université de Leyde accueillait déjà les savants les plus brillants dans la tradition humaniste du grand Erasme de Rotterdam (1459-1536). Cette belle période qui s'étend en quelque sorte sur la totalité du XVII e siècle a été qualifiée de "siècle d'or" des Pays-Bas (*de Gouden Eeuw*).

Ce fut un siècle "d'or" en ce qui concerne la culture et le commerce dans les Provinces-Unies, mais encore de sang, de par les guerres qui ensanglantèrent l'Europe. La guerre dite "de Trente ans" (1618-1648) fut le plus important conflit européen du XVII e siècle. Les causes de la guerre sont complexes : les conflits nés du développement rapide de la religion réformée, sous ses différents visages, et des pressions de l'Islam, chassé d'Espagne, mais encore conquérant dans les Balkans, y avaient installé une atmosphère délétère. L'instabilité endémique du Saint-Empire, allié dynastique de l'Espagne, excite les agressivités et les ambitions. Tous les pays de l'Europe centrale sont concernés. Les peuples subissent, passionnés sans doute, mais surtout victimes...

Le traité de Westphalie, en 1648, signe la fin, retenue par les historiographes, de la Guerre de Trente ans. Mais, ravagée par les armées, la faim, les épidémies, l'Europe souffre. Si le traité prélude au calme dans une Allemagne exsangue, la guerre continue néanmoins à l'ouest entre la France et l'Espagne. L'Espagne reconnaît enfin les Provinces-Unies. La défaite des Espagnols impose la paix des Pyrénées en 1659. La puissance des Habsbourg est en déclin ; le règne de Louis XIV s'annonce et la France redevient une puissance importante et dominante en Europe, ayant des visées sur les provinces bataves. Cependant, les Provinces-Unies, elles, ont affirmé leur essor culturel et commercial, profitant ainsi du désarroi européen.

Guillaume II d'Orange-Nassau avait succédé à son père Frédéric-Henri comme stathouder de Hollande en 1647. À sa mort en 1650, alors que son fils Willem (Guillaume) était encore au berceau, l'état de Hollande et les états des autres provinces bataves ont décidé de ne nommer qu'un seul stathouder. Guillaume III (1650-1702) était évidemment trop jeune pour assumer le pouvoir. Si bien que le pouvoir fut assumé par le "grand pensionnaire", désigné par le Conseil d'État. Tandis que les luttes se poursuivaient, le pouvoir des stadhouders était donc progressivement relayé par le gouvernement civil de la république des Provinces-Unies, qui compta de remarquables administrateurs, tel le Grand pensionnaire Jan de Witt (1625-1672), connu aussi comme un mathématicien de grande classe. De Witt comptait sur une attitude pacifique de la part de la France de Louis XIV et envisagea même une alliance avec celui-ci. En cela, il se trompait fort, parce qu'en 1672, Louis XIV engagea une attaque éclair contre la République des Provinces-Unies. Cette attitude lui valut d'être combattu par les orangistes, qui finalement prirent le dessus. Jan de Witt fut massacré par le peuple avec son frère Cornelis (Corneille) [1]. Le poste de stadhouder est rétabli ; c'est désormais Willem (Guillaume) III qui exerce le pouvoir.

1. Signalons pour le lecteur français que cet épisode dramatique est relaté d'une façon romancée par Alexandre Dumas dans son ouvrage *La Tulipe Noire*, Paris, Le Vasseur, ca. 1845.

Par sa mère, la princesse royale Mary Henrietta Stuart (1631-1660), fille de Jacques Ier, roi d'Angleterre, Guillaume était devenu un prince anglais ; puis, par son mariage avec sa nièce Marie Stuart (1662-1694), la fille de Jacques II, roi catholique d'Angleterre, il pouvait justement ambitionner le trône d'Angleterre. En 1689 Guillaume et sa femme renversent Jacques II ; devenus roi et reine d'Angleterre, ils sont des acteurs majeurs de la résistance à Louis XIV et aux Espagnols. Ainsi Guillaume d'Orange régna-t-il en même temps sur les Provinces-Unies et sur l'Angleterre. Veuf en 1694, il meurt accidentellement d'une chute de cheval en 1702.

## LE SIÈCLE D'OR : VIE CULTURELLE ET COMMERCIALE

Les troubles qui agitèrent l'Europe centrale au cours du XVIIe siècle furent sans aucun doute un encouragement aux activités diverses, culturelles, commerçantes, coloniales, des Provinces-Unies, à la périphérie de cette Europe.

Malgré les sièges auxquels les Espagnols soumirent les villes d'Anvers puis d'Amsterdam, les relations commerciales avec toute l'Europe se développent rapidement ; les commerçants riches d'Amsterdam ouvrent des voies vers les Amériques, vers l'Asie et vers l'Afrique. La guerre, l'affaiblissement des villes hanséatiques, la destruction de l'« Invincible » Armada (1588), avaient déjà été un symptôme de l'affaiblissement de l'Espagne et de l'Autriche. À vrai dire, les Provinces-Unies étaient en train de devenir l'une des puissances dominantes du monde occidental. Les grandes villes s'y développèrent et le pays devenait le plus densément peuplé d'Europe. Le niveau de vie était plus élevé qu'ailleurs. La vie sociale des habitants n'était pas comme ailleurs régie par la naissance mais bien plutôt par les qualités acquises, richesse ou savoir. La Compagnie des Indes orientales, créée en 1602 joua dans la prospérité des Provinces-Unies un rôle essentiel et durable. Ne trouve-t-on pas en Amérique la colonie de New-Amsterdam, aujourd'hui New-York ? Ne trouve-t-on pas en Indonésie, en Surinam, une colonisation durable ? L'Afrique du Sud n'est-elle pas, encore aujourd'hui, profondément marquée par la colonisation hollandaise ?

Le pays prospère devint vite attractif pour tous les esprits indépendants, pour les protestants menacés un peu partout, ou pour les juifs depuis toujours rejetés. Cette immigration fut la source d'une activité intellectuelle intense, les immigrés se sentant enfin libres dans un pays de liberté. Dans ce pays très irrigué par les fleuves, l'agriculture se développa tout naturellement ; grégaires au contraire, les villes prirent une importance accrue ; Amsterdam, La Haye, Rotterdam Utrecht, ou Groningue, se développèrent d'une façon harmonieuse, échappant aux épidémies. Ces villes furent des villes de culture, autant que de commerce. Cinq universités y fleurissaient : Leyde, Franeker, Groningue, Hardewijk et Utrecht, et des "écoles illustres" complétaient cet ensemble. La fameuse université de Leyde attira de nombreux intellectuels étrangers et de grands professeurs, tel le grand physicien Pieter van Musschenbroek ou le poète philosophe français Théophile de Viau. La production artistique, principalement la peinture, était florissante : Frans Hals, Jan Steen, Jan Van Goyen, Peter de Hooch, ou encore Ruysdael… et surtout l'immense Rembrandt van Rhijn, ou l'étonnant Johannes Vermeer de Delft longtemps méconnu, et que nous admirons aujourd'hui au tout premier rang de la peinture mondiale. D'illustres penseurs, Hugo Grotius ou Baruch de Spinoza, publièrent des œuvres importantes.

Les Provinces-Unies restaient cependant le pays d'une société austère, très influencée par le protestantisme. Par suite, certains esprits très (trop !) libres y furent persécutés comme ailleurs ; ce fut le cas notamment du grand Spinoza (1602-1677), juif d'origine espagnole, dont les idées se rapprochaient vraiment par trop d'un athéisme inacceptable. Il n'en reste pas moins (et cela fut vrai jusqu'à la fin du XIX^e^ siècle) que les grands intellectuels européens se réfugièrent souvent en Hollande. Mentionnons tout particulièrement René Descartes (1596-1650), que l'atmosphère réactionnaire de la France força à s'exiler, et plus tard Pierre Bayle (1647-1706), dont le *Dictionnaire* fut une œuvre majeure de l'athéisme. On notera aussi que les éditeurs hollandais acceptèrent de publier un grand nombre de textes dont les auteurs étaient interdits dans leur pays ou, sinon interdits, du moins assez mal acceptés. Ce fut le cas des *Provinciales* de Blaise Pascal et des *Maximes* de la Rochefoucauld (et, plus tard, des œuvres de Fontenelle et de Voltaire).

On donne comme exemple de belles réussites dans le métier d'éditeur et d'imprimeur la famille Plantin d'Anvers dont on peut toujours visiter l'imprimerie, et surtout la famille Elzévir qui régna de père en fils sur l'édition hollandaise ; si bien qu'on parle aujourd'hui d'un "elzévir" (avec un e minuscule) pour un ouvrage fabriqué dans le style des anciens Elzévirs.

## UN XVIII e SIÈCLE SANS HISTOIRE

Dans ce pays actif, brillant, tolérant, tout n'allait pas tout à fait pour le mieux. Le conflit avec l'Angleterre s'est résolu en 1674 ; les batailles avec la France ne se sont terminées qu'en 1678 par la paix de Nimègue ; c'est en 1688 que le roi d'Angleterre Jacques II, ayant dû s'enfuir sous la révolution, sa fille Marie, épouse de Guillaume III, prit sa succession au trône ; ainsi Guillaume III d'Orange règna-t-il en même temps sur les Provinces-Unies et l'Angleterre.

À la mort prématurée de Guillaume III, d'une chute de cheval, en 1702, le pouvoir revint aux autorités civiles jusqu'à ce qu'au milieu du XVIII e siècle, Guillaume IV reprit la charge de stathouder. Mais le XVIII e siècle fut essentiellement, pour les Provinces-Unies, une période de stagnation, provoquée notamment par de graves difficultés financières.

L'indépendance des Provinces-Unies reste encore toute relative ; sous l'autorité du roi d'Espagne Philippe II, la tutelle en quelque sorte de la République avait été confiée à sa fille Isabelle-Claire-Eugénie ; à la mort de l'infante en 1633, les Pays-Bas méridionaux reviennent à l'Espagne et sont entraînés dans les guerres multiples que mène la couronne espagnole. A la mort de Charles II d'Espagne, c'est-à-dire pratiquement presque en même temps que la mort de Guillaume III, les provinces méridionales reviennent en héritage à Philippe V duc d'Anjou et petit-fils de Louis XIV ; et à l'issue de la guerre dite de Succession d'Espagne (1701-1714), les provinces méridionales reviennent plus ou moins dans l'escarcelle autrichienne jusqu'à la fin du XVIII e siècle. Cette partie méridionale des Provinces-Unies (en gros l'actuelle Belgique) est partiellement occupée par les armées françaises pendant la Guerre de succession d'Autriche (1740-1748). Charles de Lorraine beau-frère de l'impératrice Marie-Thérèse, règne en fait sur les Pays-Bas autrichiens de 1744 à 1780. Cependant que les Provinces-Unies sont régies par le stathouderat de Guillaume IV d'Orange (1711-1751), puis de son fils Guillaume V (1748-1806).

Vers la fin du siècle, l'Empereur Joseph II accumule les erreurs dans l'intention de réduire l'autonomie des provinces ; il s'ensuit une insurrection populaire et armée qui chasse les Autrichiens du pays en 1789. Pendant les années de la Révolution française, les Provinces-Unies, tout comme les États autrichiens méridionaux, sont lourdement affectées par les conflits européens.

La vie culturelle, sur la lancée du siècle d'or et sous l'éclairage des Lumières, qui éclairent toute l'Europe, est encore riche de multiples talents. Dans les Pays-Bas autrichiens, l'empereur crée en 1772 l'Académie impériale et royale des sciences et belles lettres de Bruxelles. Mais nous nous limiterons ici à l'évolution des Pays-Bas du Nord dont l'indépendance est beaucoup plus affirmée malgré la persistance d'une certaine influence de la couronne d'Espagne sur le pays. Les arts et les lettres s'y développent comme dans les Pays-Bas autrichiens (actuelle Belgique). Nous trouverons un reflet le cette vie culturelle dans le récit du voyage en Hollande de Jérôme Lalande.

Jean-Claude PECKER
Collège de France

# L'ASTRONOMIE NÉERLANDAISE AU XVIIIe SIÈCLE

## INTRODUCTION

Joseph Jérôme le Français de Lalande a visité les Pays Bas en 1774. Le récit de ce voyage et divers ouvrages qu'il écrivit ultérieurement donnent une impression assez négative de l'état de l'astronomie hollandaise en cette fin du XVIIIe siècle. Est-ce justifié ? Que pouvons-nous dire de l'astronomie néerlandaise au XVIIIe siècle ? Dans l'histoire de l'astronomie néerlandaise, le XVIIIe siècle, et plus précisément le dernier quart du siècle est, en effet, considéré comme une période de stagnation. Auparavant, la situation était complètement différente [1].

## LA RECHERCHE DES COMÈTES AUX PAYS-BAS

Le mathématicien amstellodamois Nicolaas Struyck (1686-1769), par exemple, occupe incontestablement la place principale dans la recherche néerlandaise des comètes au XVIIIe siècle [2]. Il prit connaissance du problème de l'orbite des comètes grâce à l'édition-pirate des *Principia* de Newton, parue à Amsterdam en 1714. C'est à ce problème qu'il devait vouer ensuite la majeure partie de sa vie. Struyck fut le premier à essayer

1. Voir aussi H. J. Zuidervaart, « The latest news about the heavens'. The European contact- and correspondence-network of Dutch astronomers in Mid-18th century' », *in* M. Kokowski (ed.), *The Global and the Local : The History of Science and the Cultural Integration of Europe.* [*Electronic*] *Proceedings of the 2 nd ICESHS, held in Cracow, Poland, September 6-9, 2006,* Cracow, The Press of the Polish Academy of Arts & Sciences, 2007, p. 825-837.

2. *Cf.* H. J. Zuidervaart, « Early Quantification of Scientific Knowledge : Nicolaas Struyck (1686-1769) as Collector of Empirical Gathered Data », *in* P. Klep et I. H. Stamhuis [eds.], *The Statistical Mind in a Pre-statistical Era : The Netherlands 1750-1850,* Amsterdam, Aksant, 2002, p. 125-148.

sérieusement d'élargir le tableau concernant les éléments des orbites, tableau conçu par Edmond Halley. Struyck jouissait d'une bonne réputation grâce à ses publications dans le domaine du calcul actuariel et des statistiques démographiques. Sa curiosité cependant était beaucoup plus large. Il a apporté une contribution originale à un grand nombre de disciplines. Lui-même jugeait son travail astronomique aussi important que son travail actuariel. La première publication de Struyck sur les orbites des comètes parut en 1740, résultat de ce qui avait été évidemment un travail opiniâtre de plusieurs années [1]. Dans ce livre, Struyck présente, entre autres, la première Cométographie critique du monde : une liste rédigée après une recherche minutieuse de sources sur toutes les comètes connues, avec une première analyse des données d'observation disponibles. Le manuscrit de cet ouvrage circulait déjà en 1737 parmi les relations de Struyck. Cette même année également, Struyck fit mention de ses principales conclusions dans une lettre à Edmund Halley, qu'il considérait comme sa grande source d'inspiration. A l'exemple de Halley, Struyck croyait avoir découvert *huit* nouvelles comètes périodiques. Ce résultat fut communiqué au printemps de l'an 1738 lors d'une séance de la *Royal Society* anglaise. En 1749 Struyck présenta un complément à la fameuse *Synopsis of the astronomy of comets*. Cet article, rédigé en latin, fut publié dans deux journaux de renommée internationale [2]. Quatre ans plus tard, Struyck publia un deuxième ouvrage sur les comètes, dans lequel il compléta non seulement son travail antérieur, mais dans lequel il s'essaya aussi à dépister une systématique dans les listes de coordonnées des orbites, connues jusqu'alors [3]. Grâce à ces travaux, Struyck est considéré comme le fondateur de la statistique des comètes, une matière dans laquelle il a eu des successeurs néerlandais dignes d'estime, tels que Martinus Hoek (1814-1873) au XIXe siècle, mais aussi Jos van Woerkom (1915-1991) et Jan Hendrik Oort (1900-1992) au XXe. En France, il faut noter que les comètes furent aussi cataloguées par Alexandre Guy Pingré (1711-1796), collègue et ami de Struyck et Lalande.

1. N. Struyck, *Inleiding tot de algemeene geographie benevens eenige sterrekundige en andere verhandelingen,* Amsterdam, I.Tirion, 1740.

2. N. Struyck, « Viae cometarum, sccundum hypothesin quae statuit illos cursu suo parabolam circa solem describere », *Nova Acta Eruditorum,* Leipzig, 1749, p. 478-479 et *Philosophical Transactions,* 46, [April-June 1749], 1752, p. 89-92.

3. N. Struyck, *Vervolg van de beschryving der staartsterren, en nader ontdekkingen omtrent den staat van 't menschelijk geslagt, beneevens eenige sterrekundige, aardrijkskundige en andere aanmerkingen,* Amsterdam, I. Tirion, 1753.

Dans le deuxième quart du XVIII e siècle, dans de nombreuses villes de la République des sept Provinces-Unies, des sociétés locales naquirent ou prirent un nouvel essor, ces sociétés se consacraient à l'étude des sciences naturelles. Au moyen de conférences, de démonstrations, d'expériences ou d'observations, on s'appliquait à illustrer les connaissances déjà existantes, ou bien à les développer modestement. Ce phénomène d'intérêt grandissant pour les sciences naturelles avait été suscité par une série de conférences fructueuses que le newtonien anglais Jean Théophile Desaguliers avait données dans plusieurs villes néerlandaises vers 1730. Un certain nombre de ces sociétés scientifiques informelles s'occupaient aussi de façon active de l'astronomie. Dans des villes comme Haarlem et Middelburg, ces sociétés acquirent et aménagèrent leur propre bâtiment sans oublier d'y installer un observatoire astronomique. Cela est d'autant plus important que les deux observatoires universitaires de Leiden et d'Utrecht étaient utilisés uniquement à des fins éducatives et non pour les observations poussées.

Les membres de ces associations, aussi appelés « konstgenoten » ("compagnons d'art"), achetèrent des instruments astronomiques nécessaires en partageant les frais, ou, pour certains, les fabriquèrent eux-mêmes. Dans ces milieux on lisait aussi les livres de Struyck. L'arpenteur-géomètre Dirk Klinkenberg de Haarlem, par exemple, était membre d'un tel Collège de physique et d'astronomie local [1]. Il se familiarisait avec la technique du calcul des orbites des comètes du premier livre de Struyck. Cette étude le stimulait aussi pour réaliser des observations précises et intensives. En 1743, celles-ci eurent comme résultat la première découverte d'une nouvelle comète. Un grand nombre de découvertes identiques se succédèrent, dues à Klinkenberg mais aussi à d'autres savants. Des 34 comètes repérées dans le monde dans la période 1715-1770, dix-huit ont été découvertes indépendamment par des « konstgenoten » [2]. Sur ces 18 observations, onze furent des premières découvertes dûment enregistrées. En tant que chasseur de comètes cependant, c'est Klinkenberg qui l'emportait avec pas moins de sept comètes, découvertes indépendamment. Jusqu'à nos jours ce record n'a été battu par aucun astronome néerlandais. Au XVIII e siècle, dans la République néerlan-

1 . B. C. Sliggers, « Honderd jaar natuurkundige amateurs te Haarlem », *in* A. Wiechmann (ed.), *Een elektriserend geleerde, Martinus van Marum 1750-1837*, Haarlem, Enschedé, 1987, p. 67-102.

2. H. J. Zuidervaart, *Van 'konstgenoten' en hemelse fenomenen. Nederlandse sterrenkunde in de achttiende eeuw*, Rotterdam, Erasmus, 1999, Appendix 4.

daise, on était, de plus, fort compétent en calcul. Certains éléments des orbites des comètes, découvertes par des « konstgenoten », sont toujours mentionnés dans l'actuel catalogue : *Catalogue of cometary orbits*.

Lors du retour annoncé de la *comète de Halley* vers 1758, des astronomes néerlandais participèrent à part entière aux recherches astronomiques européennes. Tant par la préparation et l'observation que par l'analyse, les « konstgenoten » effectuaient un travail scientifique qui était reconnu et validé par la critique contemporaine. En 1752, Klinkenberg, alors que peu avaient réfléchi sur la problématique de la découverte et de l'identification de la comète attendue, avait déjà établi des tableaux de recherche qui faciliteraient l'exploration de l'univers. La version publiée de ces tableaux fait partie des premiers de ce genre [1]. Il semble même que l'appellation *comète de Halley* peut être attribuée à Klinkenberg. En tout cas, il se trouve que les astronomes français à qui on attribuait cette appellation jusqu'à aujourd'hui, ne s'en servirent qu'après avoir reçu des informations au sujet de la *comète de Halley* dans une lettre de Klinkenberg [2]. Finalement, en 1757, sur le tout nouvel observatoire du Stadhouder à la Haye, Klinkenberg découvrit une comète très brillante, au sujet de laquelle on a pensé quelque temps qu'il s'agissait de la comète en question. Bien que ce fût une fausse alerte, Klinkenberg ne manqua pas d'établir alors sa réputation. Ses observations sur les comètes – entretemps faites à La Haye – furent imprimées dans des revues à diffusion européenne [3].

1. D. Klinkenberg à J. N. Delisle, 13 février 1752 (Obs. de Paris, Corr. Delisle X, 205a-d.) ; D. Klinkenberg, « Kort berigt wegens eene comeet-Sterre, die zich in den jaare 1757 of 1758, volgens het systema van Newton, Halley, en andere sterrekundigen, zal vertoonen », *Verhandelingen uitgegeven door de Hollandsche Maatschappy der Wetenschappen,* 2, 1755, p. 275-318.

2. D. Klinkenberg à J. N. Delisle, 19 May et 14 Decembre 1758. Voir aussi : Delisle à Klinkenberg, 27 Novembre 1758. *Cf.* R. Taton, « Le retour de la comète de Halley en 1759, vérification exemplaire de la loi de la gravitation universelle de Newton », *Académie Royale de Belgique, Bulletin de la classe des sciences*, 5 e série, t. 72, 1986, p. 206-219.

3. D. Klinkenberg, « Observations on the late comet in september and october 1757 ; made at the Hague : in a letter to the Rev. James Bradley », *Philosophical Transactions* [1757-1758], 50, London, 1758, p. 483-488 ; *id.*, « Observations de la comète de 1759, faites à La Haye [extrait de ses lettres de 20 aout 1759 et 24 fevr. 1765] », HAS [pour l'année 1760], Paris, 1766, p. 433-439.

## LA RECHERCHE NÉERLANDAISE DE LA PARALLAXE SOLAIRE

Après le retour réel de la comète de Halley en 1759, l'intérêt de pratiquement tous les astronomes du monde occidental se déplaça vers l'imminent passage de Vénus. Celui-ci devait se produire deux ans plus tard, en juin 1761. Les astronomes de la République partagèrent cet intérêt. Comparé à l'étranger, il y avait cependant une grande différence : dans le reste de l'Europe, on faisait de gros efforts pour équiper à grands frais des expéditions pour effectuer des observations astronomiques aux quatre coins du monde, tandis qu'en Hollande, on ne se montrait pas prêt à un tel effort. Ce ne fut qu'à la demande réitérée des astronomes français (principalement Delisle et Lalande) qu'il s'avéra possible d'organiser, avec des ressources modestes, une observation simple à Batavia en Indonésie. Seule, la province de Frise formait une heureuse exception. Les États de Frise se montrèrent disposés à soutenir tant financièrement que matériellement un un maître local de calcul : ce fut le mathématicien et fabricant d'instruments d'optique Wytze Foppes, qui avait présenté une proposition assez solide pour l'exécution d'observations [1]. Il lui manquait cependant l'argent pour fabriquer les instruments d'observation nécessaires. Finalement, les fonds demandés furent mis à sa disposition, ainsi qu'une ancienne forteresse qu'il put aménager en observatoire. Pourquoi réussit-on en Frise ce que l'on n'avait pu réaliser ailleurs dans les Provinces-Unies ? La réponse à cette question n'est pas vraiment claire. En Frise, on était peut-être plus sensible au prestige que conférait le mécénat public des sciences. En tout cas, l'argument du prestige était celui avec lequel on avait, ailleurs en Europe, incité des monarques à subventionner des expéditions astronomiques. Contrairement à la plupart des provinces néerlandaises, la Frise n'avait pas connu de période sans Stadhouder, de sorte qu'une ville comme Leeuwarden pouvait se vanter d'une modeste culture de cour, qui, même après le déménagement de la cour du Stadhouder à La Haye, réussit à se maintenir jusqu'à la mort de la dernière princesse d'Orange en 1756. Toujours est-il, qu'en présentant l'astronomie comme un "art royal", Foppes favorisa cette science, et il fut le seul astronome aux Pays-Bas à pouvoir présenter une valeur de la parallaxe solaire (10,23') qu'il avait déterminée indépendamment. D'autres en restaient à une

1. H. J. Zuidervaart, *Speculatie, wetenschap en vernuft. Fysica en astronomie volgens Wytze Foppes Dongjuma (1707-1778), instrumentmaker te Leeuwarden,* Leeuwarden, Fryske Akademy, 1995.

correction – établie ailleurs aussi – de la valeur du diamètre apparent de Vénus.

À l'origine, tout avait pris une tournure beaucoup plus favorable. Après qu'on eut observé le passage de Mercure en 1736 avec attention, l'arpenteur-géomètre Klinkenberg publia, lors du passage de Mercure en 1743, un petit livre dans lequel le problème de la parallaxe solaire était résolu minutieusement [1]. Tout comme certains astronomes étrangers, Klinkenberg s'était demandé pourquoi dans ce problème, Halley n'avait pas pris en considération les passages de Mercure. La méthode de Halley était valable dans tous les cas pour les planètes inférieures, et, même si les résultats dans le cas d'un passage de Mercure devaient être moins bons que lors d'un passage de Vénus, ne devait-on pas saisir chaque occasion de corriger la détermination de la distance recherchée entre la Terre et le Soleil ? Tout portait à croire que le passage de Mercure de 1753, grâce à une constellation favorable, en serait une belle occasion. Les circonstances en décidèrent autrement. Il est vrai que les mesures à la sortie de la planète étaient nombreuses (l'entrée tomba partout en Europe avant le lever du Soleil), mais ces mesures différaient tellement que la détermination de la parallaxe solaire n'en fut pas corrigée.

Au moment où cet échec devint clair, plusieurs astronomes caressaient encore l'espoir d'un résultat favorable des analyses, toujours en cours, suite à des observations coordonnées mondialement, qui avaient été faites en 1751 en Afrique du Sud et en Europe. Cette année-là, les planètes Mars et Vénus se trouvaient dans une position tellement favorable par rapport au Soleil, qu'il y avait de fortes chances qu'à partir des mesures coordonnées faites à différents endroits du monde, on puisse déduire la parallaxe solaire aussi. L'astronome français Nicolas-Louis de La Caille monta à cette fin une expédition en territoire néerlandais, au cap de Bonne Espérance. Il est vrai que cette expédition fut financée entièrement par le roi de France, mais son succès dépendait aussi de la collaboration bienveillante des autorités néerlandaises. Le sort était favorable aux Français : dans la République, le stathoudérat venait d'être rétabli et le nouveau Stadhouder Willem (Guillaume) IV était un amateur reconnu et un protecteur des sciences mathématiques et physiques. Dans l'entourage direct du prince se trouvaient plusieurs personnes qui s'intéressaient aux sciences naturelles. Le prince lui-même disposait d'un cabinet bien outillé d'instruments de physique et d'astronomie et, en 1748, on avait même créé la fonction

1. D. Klinkenberg, *Verhandeling over het vinden van de parallaxis der zon*, Haarlem, J. Bosch, 1743.

honoraire de *Stadhouderlijk astronomus* ; ce poste fut occupé avec talent par l'arpenteur-géomètre et architecte zélandais Jan de Munck [1].

Aussi des diplomates français s'assurèrent-ils bien vite le soutien personnel du Stadhouder, de sorte qu'une collaboration néerlandaise à cette initiative française ne put être refusée. Toutes les parties intéressées (y compris la compagnie des Indes Orientales) donnèrent donc leur bénédiction à l'expédition. Bien que l'expédition elle-même ne fût entravée en rien, cela n'impliquait pas pour autant que les populations prêteraient leur concours actif aux observations demandées. Dans les observatoires universitaires à Leiden et Utrecht, par exemple, on ne satisfaisait pas à la demande française de collaboration, ce qui pouvait s'expliquer par le fait que ces observatoires avaient été fondés, respectivement en 1634 et 1642, non pour la recherche, mais seulement à des fins éducatives. Seul donc Klinkenberg et son cercle privé de Haarlem tentèrent alors d'organiser un réseau d'observateurs néerlandais. Ces tentatives cependant échouèrent piteusement. C'est seulement à Haarlem, à Middelburg et probablement à Leiden, que l'on fit quelques observations occasionnelles aux moments indiqués par les Français. De plus, il n'y avait que Struyck pour offrir de l'assistance logistique à l'expédition, en s'occupant à Amsterdam de l'expédition par bateau du courrier et du ravitaillement.

Bien que l'expédition de La Caille soit entrée dans l'histoire comme un grand succès en ce qui concerne la cartographie du ciel austral, les résultats attendus à l'égard de la parallaxe solaire étaient franchement décevants. Ainsi ne restait-il, pour la détermination de la parallaxe solaire, que le passage de Vénus de 1761 mentionné ci-dessus, suivi huit ans plus tard par un second passage. Cependant, ce dernier ne put être observé dans la République à cause d'une violente tempête. Heureusement les efforts particuliers du pasteur indonésien Johan Maurits Mohr, qui vers 1765 avait pu aménager un observatoire magnifique à Batavia (grâce à un gros héritage), permirent de communiquer, en provenance d'un territoire néerlandais, une observation réussie [2].

1. H. J. Zuidervaart, « Astronomische waarnemingen en wetenschappelijke contacten van Jan de Munck (1687-1768), stadsarchitect van Middelburg », *Archief. Mededelingen van het Koninklijk Zeeuws Genootschap der Wetenschappen,* 1987, p. 103-170.

2. H. J. Zuidervaart et R. H. van Gent, « A Bare Outpost of Learned European Culture on the Edge of the Jungles of Java : Johan Maurits Mohr (1716-1775) and the Emergence of Instrumental and Institutional Science in Dutch Colonial Indonesia », *Isis : An International review devoted to the history of science and its cultural influences,* 95, 2004, p. 1-33.

## LES « KONSTGENOTEN »

Qui étaient ces « konstgenoten », « amateurs-dilettantes », qui pratiquaient l'astronomie en Hollande au XVIII e siècle et formaient des groupes relativement importants ? Lalande a rencontré un certain nombre d'entre eux, par exemple : Klinkenberg et Hemsterhuis à La Haye ; Eysenbroek et Overschie à Haarlem ; Steenstra à Amsterdam et Loten à Utrecht. C'étaient des gens très divers tant par leur niveau social que par leur niveau intellectuel. La récolte scientifique était à l'avenant, diverse. Quant à la motivation, les mobiles physico-théologiques semblent en général avoir joué un rôle stimulant, notamment au début des observations. Mais une fois plongés dans l'astronomie, les « konstgenoten » ne s'intéressaient plus vraiment à la physico-théologie. La curiosité pure, l'ambition personnelle et la recherche du prestige sont plutôt les mobiles à avancer.

La formation que ces personnes avaient reçue semblait n'avoir guère d'importance dans la mesure où elles avaient suivi quelque entraînement mathématique. Plus importante s'avérait être la profession exercée, ou plus exactement : le "réseau" lié à l'exercice de cette profession. Il apparaît que la plupart des « konstgenoten » étaient actifs en tant que "formateurs" sous quelque forme que ce soit. Etre en rapport avec un collège d'enseignement ou une société savante informelle se révélait souvent favorable pour le développement des activités entreprises. Le nombre de sociétés scientifiques informelles avant 1750 était plus important qu'on ne le supposait, on s'y intéressait davantage aux sciences naturelles en général que spécifiquement à l'astronomie.

Tout bien considéré, la structure morcelée, tant politique qu'économique, de la République néerlandaise au XVIII e siècle semble avoir contrarié le succès des « konstgenoten » spécialisés en astronomie. Cependant, si nous suivons l'astronomie aux Pays-Bas jusqu'au XIX e siècle, il devient clair que, sans ce groupe d'amateurs, une professionnalisation ultérieure de l'astronomie néerlandaise aurait été difficilement concevable. C'est du milieu des « konstgenoten » que sont issus un certain nombre de professeurs qui ont influencé les sciences naturelles néerlandaises du XIX e siècle [1].

1. Voir H. J. Zuidervaart et R. H. van Gent, *Between Rhetoric and Reality : instrumental practices at the Astronomical and Meteorological Observatory of the Amsterdam Society "Felix Meritis", 1789-1889,* Hilversum, Verloren, 2013.

## La traduction néerlandaise de l'Astronomie de Lalande

Les « konstgenoten » en effet, ont clairement favorisé l'intérêt pour l'astronomie. L'importance du groupe de hollandais passionnés d'astronomie peut se mesurer au succès de la souscription (annoncée en 1768) de la traduction néerlandaise de l'Astronomie de Lalande [1]. Le livre a été publié dans les années 1773-1780, en quatre volumes *in-quarto*. La traduction a été effectuée par le mathématicien d'Amsterdam, Arnold Strabbe (1741-1805). C'est à cette époque, en 1778, qu'est mise en place la Société mathématique (Wiskundig Genootschap) d'Amsterdam (fondée par Strabbe). En 1780, c'est Strabbe également qui publia les tables astronomiques du Soleil et de la Lune de Lalande.

Dans le prospectus accompagnant la souscription, le mathématicien de La Haye Jean-Jaques Blassière était désigné comme l'homme qui allait superviser la traduction hollandaise. Mais, sur la page de titre du premier volume de cette traduction, c'est le mathématicien d'Amsterdam Cornelis Douwes qui est désigné comme tel. Pourtant, selon Lalande lui-même, c'est Pybo Steenstra, professeur de mathématiques à l'Athenaeum d'Amsterdam, qui a effectué le travail de supervision [2]. Quoi qu'il en soit, la liste de souscription insérée dans le premier volume nous donne de précieuses informations sur l'intérêt pour l'astronomie du public néerlandais vers 1770. La liste de souscription montre que 423 personnes au total ont commandé 477 exemplaires de l'ouvrage Sterrekunde.

Qui étaient ces « amateurs d'astronomie » ? Ils étaient nombreux, comme le notait Steenstra en 1771, mais parmi eux, peu sans doute avaient une connaissance suffisante de la langue française pour être capables de lire l'original [3]. Pour 147 des souscripteurs (soit 35%) nous n'avons pu trouver ni leur profession, ni tout autre qualification. En ce qui concerne le reste des souscripteurs, seule une petite partie (moins de 3%) appartient à

1. Le libraire d'Amsterdam Jean Morterre annonçait déjà en 1768 l'arrivée de Lalande aux Pays-Bas dans le prospectus de la traduction néerlandaise de son Astronomie. Selon ce prospectus la souscription de l'ouvrage a été ouverte du 26 août au 26 Novembre 1768, à un total de 115 librairies à travers les Pays-Bas et la Flandre. Le prix des volumes était de 16 florins. Voir *Berigt en voorwaarden volgens welke by J. Morterre, boekhandelaar te Amsterdam, by intekening in 't Nederduitsch zal gedrukt worden het beroemde werk, getyteld : astronomie of sterrekunde, zamengesteld door den heer De La Lande* [...], *welk werk uit 't Fransch zal vertaald worden door den heer J.J. Blassière,* Amsterdam, J. Morterre, s.d. [1768].

2. Lalande, *Bibliographie astronomique*, 1803, p. 575.

3. P. Steenstra, *Grondbeginsels der sterrekunde*, vol. 1, Amsterdam, Tieboel, 1771, « voorreden », p. XLVII.

la catégorie des personnes se rattachant à la marine ou la navigation maritime. Un score similaire bas (3%) se rapporte aux professions techniques. 5% des souscripteurs environ appartient à des professions médicales ; la proportion de ministres ou pasteurs religieux s'élève à 8%. Une assez grande partie des souscripteurs provient des milieux de l'éducation (11%). Ici, comme prévu, les mathématiciens sont bien représentés. Les amateurs d'astronomie les plus nombreux (17%), appartiennent aux professions du commerce mais cette image est faussée par le grand nombre de libraires présents dans cette catégorie (10%). La plupart des livres de cette catégorie (26 sur 44) avait été demandés par l'éditeur Morterre. Si nous les excluons, on obtient un score qui s'élève encore à plus de 6%. Finalement, environ 9% des personnes qui ont participé à la souscription étaient administrateurs, et 5% travaillaient dans l'industrie. Le plus grand abonné (en dehors des libraires) était un institut de formation pour les professions techniques : la Fondation Renswoude à La Haye a souscrit pour 12 exemplaires.

La répartition géographique des souscripteurs est moins remarquable (voir *Fig. 2*). Bien que l'origine de près d'un quart des souscriptions doive rester inconnue, on peut noter que les trois autres quarts sont concentrés dans les provinces de Hollande, Zélande, Utrecht et Frise. Les villes sont bien représentées, confirmant que la science avait particulièrement bien prospéré dans les milieux urbains. Une exception notable est la zone rurale de la Hollande du Nord, où un nombre relativement important des souscriptions peut être repéré (totalisant plus de 9%).

Parmi les abonnés de la Sterrekunde de Lalande, le nombre de membres éminents de sociétés scientifiques locales est assez important. Ainsi nous trouvons des gens connus, comme Jan van den Dam, le créateur d'un planétarium à Amsterdam, qui, pendant des années, a aussi donné des leçons d'astronomie ; par exemple également, Henricus Aeneae, qui en 1778 allait devenir Lector physices à la Société Felix Meritis à Amsterdam ; Jacob Ploos van Amstel, membre du conseil de la société Concordia et Libertate d'Amsterdam, qui en 1770 donna une conférence à propos de « La contemplation du Soleil » ; Lieve Kaas, fondateur en 1760

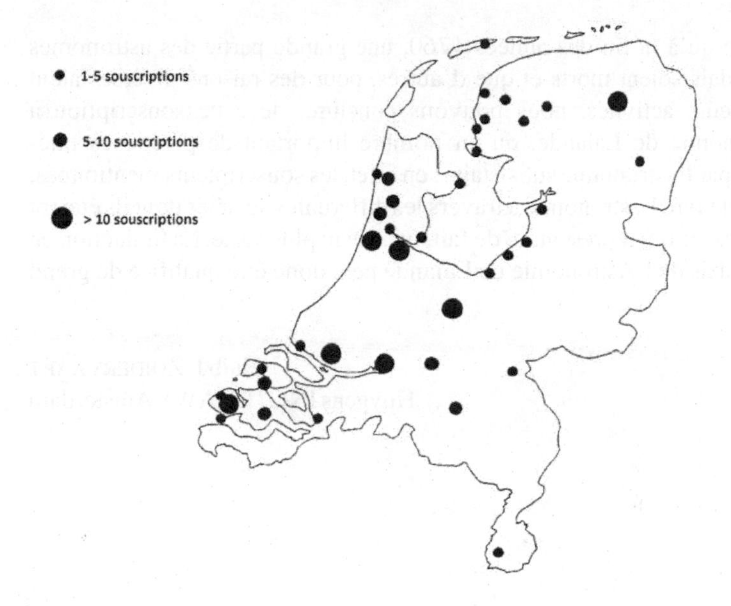


*Fig. 2 : Répartition géographique des souscripteurs à l'édition hollandaise de l'Astronomie de Lalande* (Sterrekunde-Amsterdam, 1768)

de la société scientifique Rotterdam *Verscheidenheid en overeenstemming* ; Lambertus Bicker, depuis 1769 premier secrétaire de la *Bataafsch Genootschap der Proefondervindelijke Wysbegeerte* à Rotterdam ; Simeon Pieter van Swinden, en 1779 co-fondateur de la Société médicale et météorologique, *Natuur- en geneeskundige Correspondentie Societeit* à La Haye ; Leendert Bomme, en 1780 co-fondateur du *Natuurkundig Gezelschap* de Middelburg ; Johan Nettis, dirigeant d'un autre collège de physique de cette ville ; Jan Bosch, libraire, mais aussi un des membre les plus actifs du Collège de physique et d'astronomie, le *Natuur- en Sterrekundig College*, de Haarlem ; Adriaan de Waal Malefijt, un des principaux membres du groupe scientifique *Liefde tot Wetenschappen* ; Everhardus Verlaen, en 1759 co-fondateur de la compagnie *Solus Nemo Satis Sapit* à Alkmaar ; Pieter van Braam, libraire à Dordrecht et un des ardents disciples de la Société de Physique locale ; Albert Freer, chef enthousiaste du *Collegium Physicum* à Wormerveer et, enfin, Laurens Pieter van de Spiegel, le dernier pensionnaire de la République néerlandaise, mais qui, en 1768, était encore à Goes où il était membre d'un collège de physique, dirigé pas le naturaliste Marinus Slabber.

Bien qu'à la fin des années 1760, une grande partie des astronomes néerlandais soient morts et que d'autres, pour des raisons diverses aient arrêté leurs activités, nous pouvons conclure, de cette souscription à l'Astronomie de Lalande, qu'un nombre important de personnes intéressées par l'astronomie subsistait : en effet, les souscripteurs mentionnés, faisaient vivre l'astronomie à travers les différentes sociétés dont ils étaient membres, ce qui représentait, de fait, un réseau plus vaste. La traduction en néerlandais de l'Astronomie de Lalande peut donc être qualifiée de grand succès.

Huib J. ZUIDERVAART
Huygens ING (KNAW), Amsterdam

# LE MANUSCRIT DU CARNET DE VOYAGE DE LALANDE

## MANUSCRIT 2195 DE LA BIBLIOTHÈQUE DE L'INSTITUT DE FRANCE. DESCRIPTION ET ANALYSE

Le manuscrit 2195 se présente sous la forme d'un carnet de petit format (130 X 85 mm), de 199 p., recouvert d'une reliure en veau marbré, et doré sur tranche. Curieusement, il est possible de le consulter dans un sens et tête bêche. D'un côté, la garde contrecollée porte un cachet « DE LA LANDE », au-dessous duquel est inscrite, de la main de Lalande, la date « 26 nov. 1767 » et, plus bas : « Guide de Flandres et de Hollande, 1782 chez Colombier, rue des Mathurins ». La cote 2195, de la bibliothèque de l'Institut, au crayon bleu figure au-dessous. La garde blanche en face est numérotée 1 de la main de Lalande. On y voit en rouge l'ancienne cote effacée Ms NS 195, et deux cachets de la bibliothèque de l'Institut. Au verso, en haut à gauche la numérotation 2, un peu plus bas, à l'encre « académie 90 » et deux cachets secs ronds côte à côte. D'après le catalogue des manuscrits, le carnet provient du legs fait par Antoine d'Abbadie à l'Académie des sciences.

Après les gardes blanches, la page 3 [1] présente le voyage : Lalande liste, à la façon d'un index, les pages où sont traités divers sujets qui l'intéressent particulièrement. Cette page comporte un cachet : Entrée Dons n° 70963, numéro qui correspond à un don fait par l'Académie des sciences à la Bibliothèque de l'Institut, du 19 août 1915. Au verso, autre cachet rond de la bibliothèque de l'Institut.

1. Les pages indiquées sont celles de la numérotation du carnet par Lalande

À la page 5 commence ensuite véritablement le récit du voyage, jour par jour. Il se termine à la p. 130 par l'indication « Fin du voyage de Hollande ». Les pages suivantes (131-132) concernent la Hollande après le voyage, « 1795 les français à Amsterdam », est la date la plus tardive citée.

Les pages 134 à 140 sont blanches.

Les pages 141 à 153 abordent divers sujets : p. 141, notes sur la forme politique de la Hollande. La p. 142 cite le *Mercure* du 27 mai 1780. La page 143 les promesses des personnes rencontrées et les compliments à transmettre. Les p. 144-147 portent comme titre « Sur les caux » et les pages 148-152 « Gouvernement ». La page 153 est écrite en partie à l'endroit – il s'agit de quelques mots de vocabulaire usuel – le bas de la page se lit en tenant le carnet tête-bêche.

L'index de la page 3 renvoie d'une part aux pages du récit chronologique du voyage mais aussi à certaines pages au-delà des pages blanches : p. 144 pour les canaux, p. 148 pour le gouvernement ; il s'agit peut-être de notes thématiques prises au cours du voyage, comme cela semblait être le cas pour le *Voyage en Angleterre*, où, après le texte rédigé du voyage se trouvaient de nombreuses notes [1]. Ainsi p. 146, Lalande précise-t-il : « cela est arrivé il y a 15 jours (lc 9 juin)… », ces notes sont donc prises au cours du voyage. La page 143, est citée deux fois dans l'index sous l'intitulé « promesses de M. Abraham Perrenot » et plus loin sous le titre « notes pour Paris ».

L'index renvoie aussi à certaines pages qui sont dans la partie du manuscrit qui se lit tête bêche : p. 174 et p.190 pour les adresses à Amsterdam, p. 187 pour l'Histoire de la Hollande, p. 189 pour la route détaillée, p. 198, pour la bibliographie.

Lorsque l'on tient le manuscrit tête bêche, la garde volante, numérotée 199 de la main de Lalande en bas à gauche, porte aussi le cachet « DE LA LANDE » et, dessous, la même date : 26 nov. 1767. En face, la garde blanche comporte une petite liste de titres de livres sur la Hollande, le verso est blanc et numéroté 197. Les pages sont ainsi numérotées en numéros impairs, en bas à gauche et le texte se lit à rebours, jusqu'à la p. 153 où se raccordent les deux parties du manuscrit. Face à la p. 197 Lalande a levé, à la main, une carte de la Hollande, avec une échelle des distances en bas, et l'indication des latitudes en haut. Au verso sont notées des distances

1. Manuscrit 4345 de la Bibliothèque Mazarine, Paris ; H. Monod-Cassidy (éd.), *Jérôme de La Lande, Journal d'un voyage en Angleterre publié avec une introduction*, Oxford, Voltaire foundation, 1980.

séparant différentes villes de Flandres et des Pays-Bas et la liste des provinces des Pays-Bas. Nous voyons là l'approche d'un sujet qui se précise petit à petit : après les préliminaires bibliographiques et cartographiques, Lalande va rassembler divers renseignements sur la Hollande ; il aborde tour à tour les mesures, les monnaies, la population, l'histoire du pays, les hommes qu'il serait important de rencontrer, les postes et les diligences, leurs horaires, sans oublier d'indiquer de nombreux titres de livres sur la Hollande ; la page [184] est intitulée « images de la Hollande », Lalande y rapporte des remarques sur les habitudes locales et quelques observations pittoresques aux yeux d'un français. Puis, ville par ville (Rotterdam, Delft, La Haye et ses environs, Leyde, Haarlem, Amsterdam, Utrecht et Zeist, Alkmaar) il note les lieux importants à visiter, les figures historiques, les personnes à rencontrer, où se loger, les prix, etc. On trouve à nouveau un long développement sur l'histoire, puis des notes sur le gouvernement avant d'aboutir à la p. 157 intitulée « projet de voyage » ; Lalande y a listé les principales étapes, et les dates prévues, puis, a écrit dans la marge « voyage effectif » et au-dessous, les dates réelles du voyage : arrivée à Paris le 18 juillet au lieu du 1 er juillet.

Cette partie du manuscrit, cohérente dans sa construction, rassemble nous semble-t-il, les notes préparatoires au voyage : références bibliographiques, éléments d'information concernant les personnalités qu'il peut être amené à rencontrer, renseignements pratiques sur les transports, les logements, les prix : on peut noter en effet p. 189 la liste des 34 postes entre Paris et Bruxelles, à la page suivante, les indications : « De Paris à St Quentin le carrosse part le lundi et le jeudi à 6 heures rue St Denis vis-à-vis les Filles Dieu » et « revenir par Arnhem, Nimègue, Maastricht, Liège, Sedan, Reims... ». En général, le style est celui du projet « A La Haye, parler à M. Rey de M. de Fréville », « M. Rey me donnera des adresses » « M. Alaman à La Haie qui me viendra au-devant... ». Dans les notes sur Amsterdam il indique p. 177 : « loger à *Het Rondel Logement* ». Mais, plus loin, p. 156 il donne d'autres adresses. Visiblement il consulte des guides qui l'aident à préparer son voyage ; il lit aussi des récits, il est certain par exemple qu'il a lu celui du marquis de Courtanvaux – cité dans sa toute première bibliographie et aux pages 41 et 93 du *Journal* –, car il en suit pas à pas le texte dans la description de certaines villes. Les quelques dates qui apparaissent dans ces notes précèdent pour la plupart celles du voyage : Lalande parlant du libraire Morterre qui imprime la traduction de son *Astronomie,* précise « le 3 avril le 7 e livre est imprimé » ; la p. [186] porte en bas la date du 22 avril ; p. 176 on lit « le 25 avril, Rousseau m'a exhorté à voir la Nort

Hollande... » ; il venait, la veille, de recevoir ses passeports et le voyage débuta le 9 mai. Cependant, Lalande a sans doute complété ces notes au cours du voyage, de la même façon qu'il a annoté la page du « Projet de voyage » ; nous relevons par exemple p. 159 « cette semaine, 27 mai, c'est M. Cau qui est président de Zélande et qui est le président de semaine », p. 174, des précisions sur la famille Hope sont écrites d'une encre plus claire et ont peut-être été rajoutées par la suite, il est écrit p. 191 « savoir où est Diderot », la réponse apparaît plus loin p. 156 : il est chez Galitzine. Lalande s'est sans doute appuyé sur ces notes tout au long du voyage et a pu les compléter. Il semble pour lui qu'elles aient une valeur informative égale à ce qu'il a pu écrire dans son journal puisqu'il y renvoie dans l'index qui a été établi postérieurement au voyage ; on peut noter d'ailleurs que parmi les quelques pages paires numérotées (sans doute postérieurement à la numérotation des pages impaires) figurent celles citées dans l'index.

La date du 26 novembre 1767 inscrite au début du carnet, est-elle liée à la préparation du voyage ? Quand Lalande a-t-il commencé à y penser ? Le carnet du voyage en Angleterre porte, inscrite de la même façon sur la garde contrecollée, une date qui est celle du voyage. A la fin du récit du voyage en Angleterre sur le chemin du retour, Lalande récolte des renseignements sur le coût d'un trajet vers la Hollande ; il a peut-être commencé assez tôt à penser à ce projet [1] mais a effectué auparavant le voyage en Italie et a travaillé à son édition. Les travaux concernant le passage de Vénus sur le Soleil en 1769 ont peut-être retardé un projet mûri depuis quelques années. Des noms cités parmi les notes préparatoires, celui de Gronsveld, président de l'amirauté d'Amsterdam, celui du collectionneur Bisschop, celui de Pieter Gabry, le sont comme s'il évoquait des personnes vivantes alors qu'ils sont décédés l'un en 1772, l'autre en 1771, le troisième en 1770, ce qui signifierait soit qu'il préparait le voyage avant ces dates soit qu'il avait recopié ces indications sans vérifier immédiatement si les personnes citées étaient encore en vie.

Pourquoi faire un tel voyage ? Les premières phrases du Journal, après « j'ai reçu mes passeports... », sont : « j'ai à voir les canaux, les moulins à papier, à vent... », ces mots servent de base à l'index qu'il rédige à la suite. Il indiquera plus tard dans une lettre à Jean Bernoulli qu'il souhaitait se renseigner dans la perspective de la rédaction de son traité sur les canaux navigables (*cf.* Appendice C). Dans cette même lettre il précise qu'il avait à cœur également de sensibiliser les autorités néerlandaises à l'importance

1. *Cf.* article de H. Zuidervaart *supra* n. 1 p. 27.

du développement des recherches en astronomie et de leur utilité pour la navigation, afin que cette science soit soutenue et encouragée financièrement par le gouvernement des Provinces-Unies. Il rapporte ainsi p. 56 qu'il est allé rendre visite à Pieter van Bleiswijk, Grand Pensionnaire et à Henri Fagel, greffier des Etats Généraux, pour les « animer en faveur de l'astronomie maritime » Il veut aussi sans doute suivre les progrès de la traduction de son *Astronomie* et se faire connaître du monde scientifique néerlandais : il est d'ailleurs reçu membre correspondant de l'Académie de Rotterdam la Bataafsch Genootschap der Proefondervindelyke Wysbegeerte (p. 34 du *Journal*) et p. 131 il indique qu'il a reçu le diplôme de la Société zélandaise de Flessingue. Des éléments de réponse à toutes ces questions concernant le but et la préparation de ce voyage se trouvent peut-être dans Le *Journal* de Lalande, vendu à Drouot le 6 décembre 1995.

La partie « *Journal* », du voyage est rédigée sans plan, si ce n'est la chronologie, et se présente sans véritable mise en forme. Le texte, de la fine petite écriture de Lalande, rédigé en style télégraphique, est composé d'observations, de brèves descriptions parfois accompagnées de croquis, de notations, de remarques scientifiques ou mondaines, de références historiques et bibliographiques jetées absolument sans ordre sur le papier : on passe d'un sujet à un autre pour parfois y revenir quelques pages plus loin. L'insatiable curiosité de Lalande le pousse à parler d'un maximum de choses qu'il a vues ou dont il a entendu parler, à citer un nombre considérable de noms de personnes vues ou connues.

Le voyage de Lalande, qui adopte à l'aller le trajet le plus habituel suivi par les voyageurs (Anvers, Zevenbergen, Moerdijk, Rotterdam, Delft, La Haye, Leiden, Haarlem, Amsterdam, Utrecht (Zeist) [1], ressemble aux autres voyages faits à l'époque pour découvrir le pays, dans la mesure où Lalande visite les églises et monuments que l'on se doit de visiter dans chacune des villes où il séjourne. Son journal décrit rapidement chacune des cités, géographie (remparts, portes), population, cultes observés, mode de gouvernement... Lalande rappelle aussi les faits ou les anecdotes historiques qui s'y déroulèrent, les hommes célèbres qui les illustrèrent. Il s'intéresse aux institutions d'enseignements, à leur fonctionnement, aux académies et sociétés savantes, à la librairie et aux libraires. Il ne manque pas de citer les loges maçonniques et leurs dignitaires. Ses introductions auprès des personnalités locales lui permettent d'admirer en outre des collections de tableaux, des trésors – manuscrits, estampes – conservés

1. *Cf.* M. Van Strien Chardonneau, *Le Voyage de Hollande : récits de voyageurs français dans les Provinces-Unies, 1748-1795,* Oxford, Voltaire Foundation, 1994.

dans les bibliothèques des particuliers, de visiter de très nombreux cabinets d'histoire naturelle et cabinets de physique. Il s'attarde systématiquement, comme il se l'était fixé dans son projet, à la description des canaux, des écluses, des digues, du mouvement des eaux… des moulins, de certaines manufactures (tabac, draps), et bien sûr s'occupe de tout ce qui concerne l'astronomie. L'article de Florine Weekenstroo examine particulièrement ses relations avec la haute société et les scientifiques néerlandais [1].

Mais ses champs d'intérêt ne se limitent pas aux sujets scientifiques et techniques, ils touchent à mille et un détails de la vie aux Pays-Bas. Lalande nous informe sur les coutumes, le droit, la circulation de la monnaie, les impôts, les prix, le coût des domestiques, celui des denrées alimentaires (riz, blé, vin, harengs…) leur production, leur importation ou leur exportation, l'extraction de la tourbe, etc. Il parle des fêtes, des jeux, des divertissements. Bref, une curiosité tous azimuts.

Ses observations ne se limitent pas à la Hollande, et sa curiosité est en éveil dès le début du trajet. Il s'attache à décrire en quelques mots les autres villes dans lesquelles il fait étape ou celles qu'il traverse simplement : en France, Noyon, Saint Quentin, Cambrai, Valenciennes, puis au retour Carignan, Sedan, Charleville, Reims, Soissons ; dans les Pays Bas autrichiens Bruxelles, Louvain, Malines, Anvers, Spa ; et aussi les villes d'Aix-la-Chapelle, Bouillon, Liège ; il évoque leur histoire, leurs monuments, leurs ressources naturelles, leurs activités économiques, les revenus du clergé… Notons aussi qu'il s'attarde un peu dans les Ardennes où il rend visite à plusieurs membres de la famille Lepaute dont il parle longuement.

De nombreuses traces de crayon apparaissent sous le texte écrit à l'encre, ce qui nous fait supposer que Lalande a recopié des notes au crayon prises rapidement au cours du voyage. Il nous est difficile de dire si ce travail était effectué régulièrement. Il est possible qu'il ne l'ait fait qu'après son retour : nous avons noté en effet plusieurs passages (par exemple p. 13, 42, 47, 65, 69, 75, 79) faisant allusion à des faits postérieurs au voyage ; certains sont manifestement rajoutés dans l'interligne mais ce n'est pas forcément toujours le cas. En tout cas, les lignes et les pages qui suivent la fin du récit concernent pour la plupart des faits postérieurs au retour de Lalande qui a, à coup sûr, retravaillé son texte et organisé ses notes pour faire une sorte de synthèse. Nous savons (*cf.* Appendice C) que Lalande avait repris ses notes pour fournir, en 1777, des éléments

1. F. Weekenstroo, « Lalandes "Voyage de Hollande". Het reisverslag van een astronoom, 1774 », *Studium*, 5/4, 2012, p. 240-251.

d'information à Jean III Bernoulli ; peut-être s'est-il reporté régulièrement à ses notes par la suite, espérant toujours pouvoir faire un second voyage. Dans sa lettre à Rijklof Michael Van Goens (*cf.* Appendice B), il précise en effet qu'il n'a pas l'intention d'éditer immédiatement son texte, car sa méconnaissance de la langue et la brièveté de son voyage lui semblent des obstacles à un tel travail mais qu'il pense cependant à un deuxième voyage.

Annie CHASSAGNE
Bibliothèque de l'Institut de France

## NOTE DES ÉDITEURS

Les éditeurs de ce volume, partant du principe qu'il fallait respecter le plus possible le caractère du texte, mais que son contenu primait sur sa présentation, ont décidé d'utiliser une méthode de normalisation critique, afin de faciliter la lecture. Ainsi le texte est transcrit au plus près en conservant les graphies de Lalande – qui peuvent varier d'une page à l'autre – mais :

– l'usage des accents et des majuscules est modernisé, les cédilles sont rétablies et on a introduit une ponctuation et des alinéas pour faciliter la compréhension du texte.

– Les abréviations sont résolues implicitement, à l'exception des abréviations courantes : « M », « Mme », « Mlle », « St », laissées telles que Lalande les écrit.

– Les termes hollandais utilisés par Lalande sont placés entre guillemets '...' à l'exception des toponymes pour lesquels, lorsque la forme ancienne s'éloignait trop de la forme actuelle, on a indiqué cette dernière en italique entre crochets carrés. Exemple : Brakshoten [*Braschaat*]. La même pratique est suivie pour les termes relatifs aux monnaies, mesures, etc.

– En ce qui concerne les noms de personnes, les prénoms des personnages cités sont ajoutés en italique entre crochets ainsi que la forme exacte du nom lorsque nécessaire, afin de permettre une identification immédiate et le report à l'index.

– Toutes les lectures non élucidées, qu'il s'agisse de noms communs ou de noms propres sont signalées par un point d'interrogation placé entre crochets carrés : [-- ?], les noms de personnes ainsi signalés figurent dans l'index avec la mention « lecture incertaine ».

– Tous les ajouts des éditeurs figurent également entre crochets carrés.

– Les numéros de pages du *Journal* sont indiqués en marge en gras.

# RÉCIT CHRONOLOGIQUE DU VOYAGE

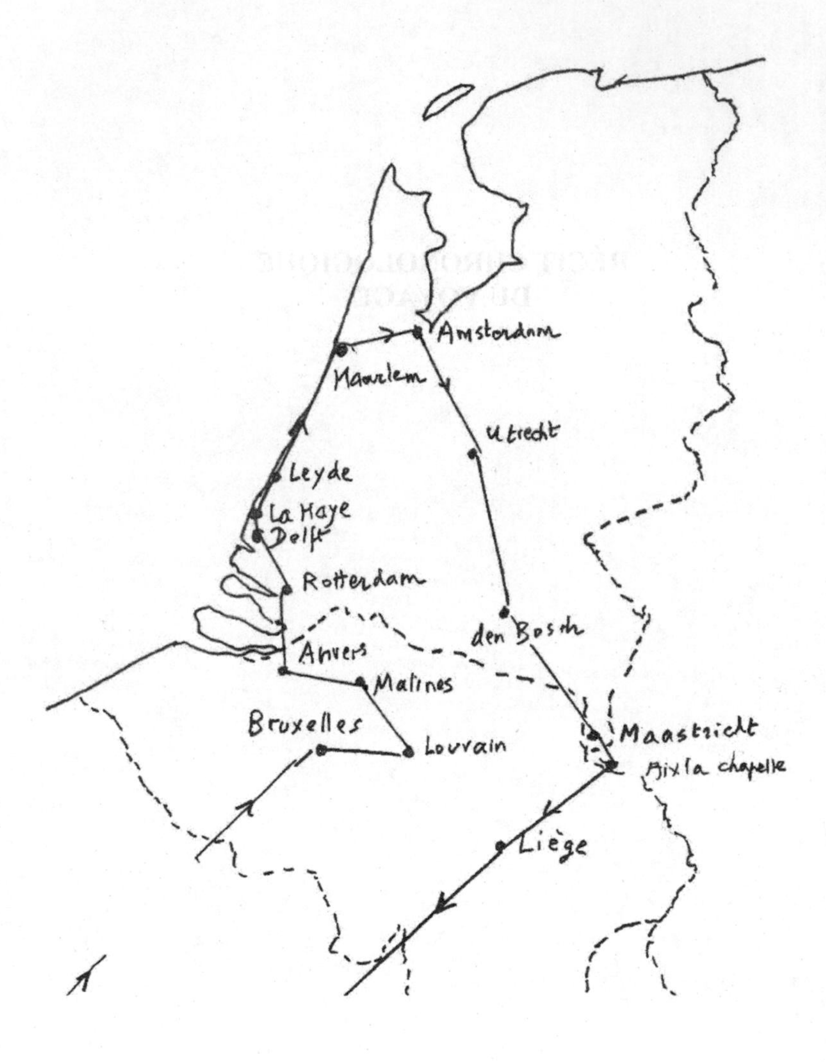


Fig. 1 : Route de Lalande (D. R.)

## VOYAGE DE HOLLANDE
## 1774

**Le 21 avril 1774**

**Page 3**

J'ai reçu mes passeports pour la Hollande et des recommandations pour M. le marquis [*Emmanuel Marie Louis*] de Noailles, ambassadeur du Roi près les Etats des Provinces-Unies.

M. l'abbé [*Etienne Gastebois*] Desnoyers, ministre.

J'ai à voir les canaux, p. 45 [1], 20, 149, hauteur des eaux 75-89.

Les moulins à papier, à vents 35, 37, 83, 87, 82.

Les marées 145, 14, 24.

Correspondance astronomique.

Mémoire sur Struick [*Nicolaas Struyck*], [*Johan*] Lulofs, voir le 2 e volume de l'édition hollandaise de mon *Astronomie*.

Livre de Struick, cartes hollandaises, critique de Chape [*Jean Chappe d'Auteroche*] chez [*Marc Michel*] Rey [2].

Mesures du païs p. 188, 194, 49, 37, 25, 21, 29-98, 75.

Portraits gravés [*Petrus van*] Musschenbroek dans son livre.

Monoyes p. 11, 27, 109, 80, 194

1. Lalande renvoie aux pages de son *Journal*

2. *Antidote, ou Examen du mauvais livre superbement imprimé intitulé : Voyage en Sibérie, fait par ordre du Roi en 1761, contenant les mœurs, les usages des Russes, & l'état actuel de cette puissance […] par M. l'Abbé Chappe d'Auteroche,* Amsterdam, Marc Michel Rey, 1771-1772. L'ouvrage a été attribué, entre autres, à Catherine de Russie.

| | |
|---|---|
| Florin = | 42 sols 1 denier |
| Ducat | 11 livres 1 sol 1 denier |
| Escalin de Bruxelles | 12 sols 10 deniers |
| ½ florin | 36 |
| Florin de Brabant | 36 sols 8 deniers $^{40}/_{49}$ |
| 50~~0~~ florins = 562 livres 6 sols | |

Livres p. 76, 155, 198.
Impôts 31, 39, 50, 93.
Histoire de Hollande 187.
Adresses 190, 73, 174.
Route détaillée 189.
M. [*François Joseph*] Nogué 119.
Cabinets de physique 85, 87, 84, 65, globes 87.
Machine de Steiz 87.
Moulins 85, 83, 87, 35.
Girouettes 77, anémometres 71.
[*Christiaan*] Huygens 32, 60, 46, 16, 81[?] Musschenbroek 65.
Promesses de M. [*Henri*] Fagel et [*Pieter van*] Bleiswick 58, de M. [*Abraham*] Perrenot 143.
[*Jean Nicolas Sébastien*] Allamand.
Notes pour Paris 143.
Fête sur l'Yacht 86, chez M. [*Hamme*] Klinkert 83-84.
Observatoires 77, 97, 72, 82.
Md. de Charrières 101, 102, Mle. Gurlet [?], [*Willem*] Feitama 93.
Gouvernement 148, populations 41, 133.
Binocle 42.

4 [blanc]

5 **Le 9 mai 1774**

Parti à 6 h ½ du matin avec mad. de Canisi [*Canisy*] en carrosse de remise.

| | |
|---|---|
| 6.34' | De S. Chaumont. |
| 7.45 | Au Bourget. |
| 7.51 | 6 $^{e}$ mille. |
| 8.21 | 8 $^{e}$ |
| 9.10 | Vaugrelan [*Vaudherlan*]. |
| 9.30 | 11 $^{e}$ |

| | |
|---|---|
| 9.45 | 12 mille, Louvres nous avons pris le cabriolet de Mr. d'Etouilly [*Antoine Claude François Bouzier d'Estouilly*] |
| 10.25 | Partis. |
| 10.44 | 14 e |
| 11.12 | 16. |
| 11.30 | La Chapelle [en Serval]. |
| 11.47 | 18 e mille. |
| 0 40 | 22 e Senlis. 10 10, bon pain, bonne bière. |
| 3 40 | Partis de Senlis |
| 3 45 | 23 e à gauche est la route de Péronne. |
| 4 28 | 26 e mille. |
| 4 58 | 28 e Villeneuve [sur Verberie]. |
| 5 29 | 30 e ensuite la descente de Verberie. |
| 5 42 | Verberie en Valois où est M. l'abbé [*Claude*] Carlier. |
| 5 47 | 31 e. |
| 6 30 | 34 e La Croix [Saint Ouen] dans la forêt de Compiègne. |
| 6 58 | 36 e nous nous sommes promenés. |
| 7 30 | Abaye de Royallieu. 37 e mille. Mad. [*Françoise Pâris*] de Soulanges. |
| 7 45 | Compiègne 38 e mille à la poste. Beau pont sur l'Oyse, fait il y a 40 ans, 1730. |

**le 10 [Mai]**

| | |
|---|---|
| 7 h 52' | parti de Compiègne. |
| 8 1 | 39 e mille. |
| 8 1 | 43 e. |
| 9 15 | 44 e. Près de Cambronne, c'est la dernière pierre. |
| 11 h 20' | Noyon. |

## [Noyon] 6

Noyon, ville de mille âmes en Picardie, Noviomagum (urbs noviomensis) évêché de 70.000 livres, droit de sterlage [1] sur tout le blé du marché 1/100 et 6 liards par sac de 270 livres sur l'avoine, les menus grains.

S. Médard et S. Gildard, nés à Salancy. S. Médard transféra le siège de Verman [*Vermand*] à Noyon. Mort en 545.

1. Droit de sterlage : impôt dû sur la vente des grains et farines : en hollandais 'stapelrecht'.

La rosière de Salancy, le 8 juin, jour de S. Médard.

Fondation de S. Médard. M. Pelletier de Morfontaine [*Louis Le Peletier de Mortefontaine*] a augmenté la fondation. Elle est de 200 livres. Le seigneur prétend deux baux ; on choisit sur trois, *Mémoire* de M. de La Croix, on plaide en décembre 1774, il a perdu son procès. *Mercure de France*, 13 juillet 1782, p. 53.

90 chanoines de 2400 livres, 6 dignitaires. Voir [*Jacques*] Le Vasseur, *Annales de Noyon*, 2 vol 4°, 1633 [1].

Le cours et fossés, le batoir entre la porte Damejourn [*Dame-Journe*] et

la porte S. Eloy vers l'abaye, cathédrale rétablie par Charlemagne sacré à Noyon.

M. Trudaine, parent de l'intendant des finances y [2].

Fontaine élevée en 1770 pour le mariage de M. le Dauphin [3].

Il y avoit un château royal du temps de Dagobert.

Ce fut la 1ère ville qui se rendit à Hugues Capet.

3 ou 4 carrosses, Lafond [*De La Fons*], Trudaine, l'abbé de Commel [?]. L'évêque est comte et pair ecclésiastique.

Dîner chez M. l'abbé [*Pierre Armand*] Liessar de Richoufft, chanoine.

Patrie de [*Jean*] Calvin, il avoit été chapelain, lui son frère et son cousin, et curé de Pont l'Evêque, à un quart de lieue. Voir l'*Almanach de Picardie*, imprimé à Amiens il y a quelques années. Interrompu-1768.

St. Eloy, évêque de Noyon.

Cendres de Beaurains à un quart de lieue, excellente pour chauffer les terres, terre noirâtre qui s'échauffe et brûle d'elle-même.

Il y a eu plusieurs papes de Noyon. Innocent VI.

Abbaye d'Ourscamp, Bernardins, de plus de cent mille livres, à une lieue et demie. 1129.

10 paroisses.

Belle châsse de St Eloy, du travail le plus riche, les orfèvres de Paris se disputent l'honneur d'y travailler. Vu les deux bornes où l'évêque prête serment à genoux. On a pratiqué dans l'église des caches murées en plain.

1. Jacques Le Vasseur, *Annales de l'église cathédrale de Noyon, jadis dite de Vermand. Avec une description et notice sommaire de l'une & l'autre ville, pour avant-œuvre,* Paris, Robert Sara, 1633.

2. Phrase non terminée.

3. Le mariage du Dauphin, futur Louis XVI, avec Marie-Antoinette a eu lieu le 16 mai 1770.

Une ancienne prison pour les chanoines ; ils relèvent directement de l'archevêque de Rheims, ils ont leur official, leur prison, leurs usages, sont maîtres de l'église.

Parti de Noyon à 4 h 0'.

4.10' Guiscard, château de Mr. le duc [*Louis Marie Augustin*] d'Aumont, beau potager [1].

Mr. [*Edme Louis Billardon*] De Sauvigny étant allé à Senlis vers 1766, fit *La Rose de Salency* avec *Pierre Le Long*, petit roman qui a fait connaître cette fête [2],

## [En route vers Saint-Quentin]

7

5 h 50' Golancourt.

Ensuite traverser le nouveau canal, qui est commencé sur toute sa longueur [3].

6 27 Ham, et un quart de lieue plus loin, Etouilly.

Ham, ville de 200 âmes, abaye de Génovéfains, 25 mille livres à l'évêque de Boulogne.

Château bâti par le connétable de S. Paul où il fut enfermé, tour de 108 pies de haut, et autant de diamètre.

Le canal ancien part de la Somme à Saint-Quentin, descend au midi de 7 milles jusqu'à S. Simon, puis à l'orient de 8 milles jusqu'à La Fère et une petite branche vers Chauny dans l'Oise ; le nouveau part de S. Simon, va à Ham, Péronne et Amiens.

**Le 11 [Mai] au matin**

J'ai été voir la Somme, les marais, les plantations, le belvédère, on court la couronne à cheval [4] un quart de lieue.

4 10' Parti d'Etouilly en cabriolet pour aller à Saint-Quentin.

5½ Roupi [*Roupy*] où est la poste.

1. Le duc d'Aumont fit aménager le parc de Guiscard vers 1770 par Pierre Morel, architecte du prince de Conti, qui en fit une description dans sa *Théorie des jardins*, publiée en 1776.

2. Edme Louis Billardon de Sauvigny, *L'Innocence du premier âge en France, ou Histoire amoureuse de Pierre le Long et de Blanche Bazu, suivie de La Rose ou La Fête de Salency et L'isle d'Ouessant, musique de Monsigny,* Paris, De Lalain, 1768. [Cette référence est inscrite comme une note en bas de page].

3. Canal de Picardie.

4. La couronne est la partie du pied du cheval qui forme un bourrelet au-dessus du sabot.

640 **S. Quentin**, en passant par la rue S. Martin et la rue du gouvernement, la place entre deux. Beau puits. J'ai fait le tour des ramparts en ¾ d'heure. J'ai vu le pré Thomas ou le batoir, et de loin, les 4 buries [1] ou blanchisseries qui sont dans les environs.

J'ai couché au gouvernement et soupé chez M. [*Joseph*] De La Ville [*de Mirmont*] au doyenné avec Mr. [*l'abbé Jean Baptiste*] de L'Artigue.

**Le 12 [Mai].**

M. [*Jean Nicolas*] Raison, lieutenant de la ville [2], m'a fait voir l'hôtel de ville, m'a donné l'inscription, le mémoire sur les droits de franc alleu et sur les exploits de S. Quentin.

Il y a 3 portes : au midi la porte S. Martin ou de Paris, à l'orient la porte d'Isle ou de La Fère, à l'occident la porte S. Jean ou porte de Flandres.

La loge de l'Humanité a un procès contre la loge S. Jean.

La ville a 450 toises et 10.000 habitans. A une lieue de la porte d'Isle à l'orient est Serisy [*Cérisy*] où se donna la bataille de Saint-Quentin ou de S.Laurent en 1557. Il y a encore le cimetière S. Laurent, on y trouve des ossemens. Le thrésor de la Collégiale est beau, il y a des usages et un ordo de cette église. Belle salle de comédie. L'Abbaye royale de Fervat, [*Ferlaque*] où l'on tient des pensionnaires entre la porte S. Jean et S. Martin.

Il y a 13 paroisses. 8 à 10 personnes à carrosse.

Le village de Fonsommes, 2 lieues au Nord, est la source de la Somme. Le canal commence au midi de la porte S. Martin où est le port.

## 8 [De Saint-Quentin à Cambrai]

**Jeudi 12 mai 1774, jour de l'Ascension.**

Je suis parti de S. Quentin à 8 h ¼ dans un cabriolet.

J'ai été entre Magny et Etricourt, à 11 h vers l'entrée du canal.

Parti à midi et demie.

Bellicourt où est la poste.

1. Ou buerie, terme picard ou flamand pour blanchisserie.

2. Dans *l'Almanach historique et géographique de la Picardie pour l'année 1774* il est précisé que le lieutenant Raison est avocat et procureur fiscal. Il pourrait donc s'agir de Jean-Nicolas II, 1732-1778, d'après Généanet.

1.32 Le chemin de Cambrai traverse le canal.

1.55 Le Catelet [*Castelet*], 4 lieues, moitié chemin de S. Quentin.
A Cambrai, dîner.
Dépense 10 livres 10 sols + 12 sols + 3 livres + 3 livres + 3 livres + 18 livres = 39 livres en ~~36~~40 lieues + 2 livres 10 sols.

3.30 Parti du Catelet.

5.0 Grenouille [*La Grenouillère*], maison près de laquelle est un petit

5.0 Grenouille [*La Grenouillère*], maison près de laquelle est un petit port sur l'Escaut près de l'embouchure du canal de S. Quentin.

5.25. Bonavis, poste où l'on prend la grande route de Paris alignée exactement sur la flèche de Notre-Dame de Cambray près de laquelle on voit les clochers de S. Georges, de S. Aubert, de S. Martin.

5.55 Long village de Magnières [*Masnières*].

**[Cambrai]**

7. 10 Cambrai.

J'ai passé par la place du S. Sepulchre et par la grande place. J'ai été voir la cathédrale. La paroisse de S. Martin, les augustins de S. Aubert, chanoines réguliers, violets, S.Georges, S. Giri [*Géry*], le portail des jésuites, la citadelle où est une belle méridienne, l'esplanade, le rampart planté d'arbres tout autour.

Il y a 4 portes : la porte de France qui va à Paris, la porte de Selle [*Selles*] à Douay, de Notre-Dame à Valenciennes, de Cantépré [*Cantimpré*] à Arras et à Bapaume. Il y a 7 paroisses. Grande place où est l'hôtel de ville, Martin et sa férule frapent les heures.

Samuel Berthoud, libraire, place au Bois.

L'archevêché vaut 200 mille livres.

Il y a des canonicats de 6 et 10.000 livres.

Une 20e de carrosses, dont 10 de chanoines.

Horloge singulière.

M. [*François*] De Fénelon, archevêque. Carolus, 1764 (batard) [1].

A S. Sepulchre, 9 beaux tableaux de [*Martin Joseph*] Geeraerts d'Anvers, 1756 ; ils font illusion complète pour le relief en pierre.

1. 1764 : mort de Charles de Saint-Albin, fils illégitime du Régent et d'une danseuse de l'Opéra, archevêque de Cambrai depuis 1723.

4 bataillons : Normandie 3. 1 de dragons de Damas [1].
A Bouchain il n'y a qu'un seul bataillon de Dillon irlandois, 7 à 8 cents habitans, rien de beau.

9 **Le 13 [Mai]**

9h 40' Parti par le grand chariot tout seul : 2 livres 10 sols.
La diligence partie de Paris le 12, a dîné aussi à Cambrai et part à midi pour Valenciennes.
10 20 Ecodeuf [*Escaudoeuvres*].
11 30 Ivuy [*Iwuy*].
0 40 Bouchain à 300 toises sur la gauche.
2 36 Sorti de l'auberge, près Bouchain.
3 23 Douchy[-les-mines].
4 20 Passé l'Escaut.
4 26 Rouvigny [*Rouvignies*].
5 35 Commencement des fauxbour.
5 55 Valenciennes.

à Bouchain, vin à 24 sols, feux récurés, tables en toile cirée, pentures en cuivre [2], graines de colsat.

Vis à vis sont les champs de Denaing [*Denain*] 1712 [3].
J'y ai reçu la nouvelle de la mort du Roi, arrivée le 10 à 3 h 5' du soir, porté à S. Denis le 11. On prend le deuil dimanche pour 8 mois. Réduit ensuite à 7, jusqu'au 15 décembre.
Il y a des mines de charbon jusques dans les fortifications de Valenciennes.

1. Le régiment d'Artois-dragons cantonné à Cambrai en 1774, levé par ordre du 5 février 1695 a porté le nom de ses mestres de camp jusqu'au 20 mai 1774, jour où il fut donné à Charles Philippe comte d'Artois, le mestre de camp était alors Jean-Pierre de Damas d'Anlezy marquis de Thianges.

2. Ferronnerie souvent ouvragée fixée transversalement et à plat sur le panneau mobile d'une porte, d'un volet de manière à le soutenir sur le gond.

3. La bataille de Denain, le 24 juillet 1712 voit la victoire française qui permet de signer la paix d'Utrecht en avril 1713 mettant fin à la guerre de succession d'Espagne.

### [Valenciennes]

Entré par la porte N. Dame.

Bel hôpital général où il y a 500 orphelins ou vieilles gens, des foux. Belles dentelles.

Grande place, belle façade uniforme, statue du Roi.

Place verte, petite promenade.

Abaye S. Jean, chanoines réguliers de S. Augustin. Esplanade, grande et belle citadelle, promenade.

Eglise S. Giri [*Géry*], dentelières qui ne gagnent pas 400 livres et font de la dentelle à cent écus l'aune.

Evêché d'Arras et de Cambrai.

Lombard où l'on prête sur gages.

Intendance, beau jardin. M. [*Louis Gabriel*] Taboureau [des Réaux], intendant.

Befroi sur la place où l'on veille pour le feu.

Horloge singulière à l'hôtel de ville.

Toutes les maisons de Valenciennes sont de briques, moins belles qu'à Cambrai, mais plus peuplées.

M. [*André Ignace Joseph*] Dufresnoy, médecin de l'hôpital militaire m'est venu voir et m'a promis de faire la commission de M. [*Jean François Clément*] Morand pour le charbon de Mons [1].

40 livres 10 sols + 3 +3 + 1 livres 10 sols + 2 livres +13 livres + 3 = 66 jusqu'à Valenciennes inclusivement, 2 livres à Mons.

### [En route de Valenciennes à Bruxelles, via Mons]

10

**Le 14 mai 1774**

A 4 h 15' du matin, sorti de Valenciennes dans une diligence à 12 personnes.

5 h 5' Couroupe [*Quarouble*], dernier village de France, corps de garde, le chemin est alligné sur le clocher de Quiévrain.

5 h 42' Dernier bureau de France. Blanc Musseron [*Blanc Misseron*]

5 h 46' Maison du corbeau et petite rivière qui fait la limite des deux états, le pavé commence à devenir petit et mauvais.

5 h 54' Quiévrain, bureau des droits de S.M. impériale, royale et apos tolique, où l'on visite avec soin et où l'on paye pour tout ce qui

1. Morand avait publié en 1773 *L'art d'exploiter les mines de charbon de terre*, un des volumes de la *Descriptions des arts & métiers*.

est neuf. Ici les femmes commencent à porter des voiles et l'on trouve des barrières où l'on paye sur le chemin.

6 30 Parti de Quiévrain.
7 30 Bossut [*Boussou*]
7 45 Parti de Bossut.
8 Vis à vis St Guillain [*St Ghislain*].
8 h 25 Carignon [*Quaregnon*]
8 45 Gemap [*Jemappes*] sur la Trouille, rivière.
9 15 A la porte de Mons, 7 lieues de Valenciennes.

Nouvelle visite très rigoureuse.

J'y ai acheté des manchettes de filet 48 sols.

Il y a 400 soldats qui en font.

J'y ai bu du vin de coteau à deux escalins la bouteille, blanc et doux qui vient d'Anjou par mer jusqu'à Ostende, par le canal jusqu'à Gand, il paye 6 sols d'entrée.

Midi 15' Sorti de Mons
0 28 Limi [*Nimy*]
1 17 Casteau.
2 20 Saugny [*Soignies*], bel hôpital, l'impôt territorial est ici 1/20.
2 37 Parti de Saugny.
3 18 Braine le Comte, près de Steenkerke [*Steenkerque*], bataille 1692 [1].
4 0 La Genette, moitié chemin, parti à 4 h 12'
4 48 Tubise, en Brabant, parti a 5 h 0' près Enghien.
5 36 Hale [*Hal*], vierge miraculeuse, riche, 1400 [2].
6 5 Parti de Hale.
7 30 Viewye [*Veewyde*], parti 7 h 40.
7 54 Anderleck [*Anderlecht*], village fameux par son beurre.
8 8 Porte d'Anderleck à Bruxelles. Autre visite.

7 barrières en 10 lieues, 1 sol par voiture, 1 sol par cheval.

1. Le 3 août 1692, Louis XIV y remporte une victoire contre les puissances européennes coalisées dans la guerre de la Ligue d'Augsbourg

2. La ville de Hal (en néerlandais Halle) est depuis le Moyen Age un centre important de de pélerinages mariaux, l'église et la chapelle Notre Dame devenant trop petites pour les accueillir une nouvelle église fut édifiée et inaugurée en 1410. La statue de la vierge, est partiellement recouverte d'argent, l'oxydation du métal lui donne sa couleur noire, d'où son appellation de vierge noire.

Impôts vers Quiévrain : une hutulée de terre de 550 livres du pays paye 20 patars ou 20 sols de vingtième à la Reine, outre la dixme et le terrage au seigneur [1]. 11

7 patars ou 7 sols font un escalin (12 sols ½).

10 sols font la livre du pays (18 s.).

Il y a des couronnes de 9 escalins et des ½ couronnes de 4½ ; des ducatons de 10 escalins et un sol.

Nos écus de France passent pour 9 escalins et 9 liards ou 7 liards.

4 liards font le patard ou sous (21 deniers).

Le florin vaut 20 sols (= 35 sols $^{5}/_{7}$ de France).

Les louis d'or passent pour 35 escalins et 8 deniers, ce qui fait pour l'escalin 12 sols 10 deniers, $^{121}/_{261}$.

Plaquete est le demi-escalin ou 3 sols ½.

Les louis = 26 livres 2 sols = 11 florins d'Empire.

Pièce de 9 deniers moins un liard.

En or, demi souverain 1½ ducat de Hollande = 25½ escalins.

1 pistole vaut 30 escalins.

-----------------------------------------------------------------------

Les louis d'or en Hollande passent pour 11 florins et 6 sols, quelquefois 8 ; à 11. 6, le florin nous revient à 42 sols ½ et le ducat à 11 livres 3 sols.

On m'a donné 11. 8. à Amsterdam.

A 11.8 le florin revient à 42 sols 1 denier et le ducat à 11 livres 1 sol 1 denier.

## [Bruxelles] 12

**Dimanche 15 mai 1774**

Bruxelles, ville de 70.000 âmes ou 90 au X [e] siècle.

Ste Gudule, Collégiale, chapelle du S. Sacrement, *S. Pierre rendant les clefs*, de Rubens.

L'Arsenal, aux écuries de la Cour, berceau de Charles Quint. Anciennes armes.

Aux Annonciades, l'*Epiphanie* de Rubens.

Chapelle de la vielle Cour, chapelle du Sablon ; aux Capucins [2], J.C. qu'on ensevelit, beau Rubens.Tableaux de Mrs. ~~Orien~~ Veroutst [?].

1. Impôt dû en nature sur les blés ou autres produits de la terre.

2. Couvent supprimé en 1796, puis rasé, où il y avait une *Descente de Croix* de Rubens ; Lalande veut-il parler ensuite du tableau d'Otto Venius qui s'y trouvait ?

Eglise du béguinage, 3 ou 400 filles qui voient du monde.
La grande place où est l'Hôtel de ville, la tour S. Michel – 364 pieds de hauteur – ou place S. Michel, grand marché de la monoie où est la comédie.
Grand Sablon.
Rampart près la grande tour et tout le tour de la ville.
Allée verte le long du canal 1.900 verges d'Angleterre, 900 toises de France.
Le Parc près la Cour.
Le prince [*Charles Joseph*] de Ligne &c. ont de beaux tableaux, beau livre en découpures.
La Cour ou palais du prince [*Charles de Lorraine*], ses cabinets, bibliothèque.
Salle de comédie. Commence à 6 h, on paye 2 escalins au parterre un gros écu au parquet. 4 étages, loges convergentes éclairées en dedans.
Sur la place du grand Sablon fontaine élevée en 1751 aux frais de Milord [*Thomas*] Bruce [1].
Autour de la grande place, maison des brasseurs, des boulangers. Bureau de la distribution des lettres Me Du Chesne [?], M. Hornier [*Horgnies*].
Bailles de la Cour (Balustrade) ; cour brûlée en 1731.
La chambre des Etats à la maison de ville.
L'abaye de Caudenberg [*Coudenberg*], tableaux de Rubens, S. Alphonse, Isabelle, Albert [2].
Beaucoup de fiacres. Réverbères dans les rues.
Les noms des rues écrits, balcons dorés, ornemens dorés, pots de chambre brillans comme comme l'argent.
Terwuren [*Tervuren*], château de S. A. R. à 3 lieues de Bruxelles [3].
Petite Kermester, fête de la dédicace, dimanche après l'Ascension. Balcon de l'hôtel de ville tapissé, procession de S. Christophe.

1. Par dispositions testamentaires Thomas Bruce offre cette fontaine -qui sera érigée par Jacques Bergé- pour remercier la Ville de l'hospitalité dont il a bénéficié de 1696 à sa mort.

2. L'archiduc Albert d'Autriche (1559-1621) et l'infante Isabelle d'Espagne (1566-1633).

3. Tervuren : château détruit en 1782.

## [Bruxelles]

13

Mr [*Jean Joseph*] de la Borde et M. [*Antoine Laurent*] de La Live ont épousé des filles [1] de Madame [*Barbe Louise Stoupy*] Nétine, banquière.

M. [*Jean Baptiste Joseph de Sahuguet d'Amarzit*] d'Espagnac, une fille de madame [*Marie Alexandrine*] Bayre [*Beyer*] près S. Lazare, fille d'un maître des com[p]tes.

Mgr. le prince [*George-Adam*], de Staremberg [*Starhemberg*], ministre chargé de tout.

Mr le Comte [*Jean Balthasar*] d'Adémar [*Adhémar*], ministre de France,

hôtel d'Angleterre ou hôtel du ministre de France près Ste Gudule et de l'hôtel de Ligne.

Les Jésuites ont cent florins tous les 3 mois en attendant un sort, église S. Michel qui leur apartenoit [2].

M. [*Henri-Jacques*] de Croes, cul de sac près des Minimes.

M. [*Jean-Baptiste*] Chevalier, aux bailles de la Cour.

M. [*John Turberville*] Needham, vers les bénédictines angloises.

M. Lassone [?], près des Ursulines, rue du prévôt, hôtel de Hornes.

M. Maleck [*de Werthenfeld*], directeur du cabinet d'histoire naturelle, montagne de la cour.

M. [*Eugène d'Olmen*], le Baron de Poederlé l'aîné, rue des parloirs, des jésuites ou de Ruysbroek.

M. [*l'abbé Jacques-Louis de*] de Viquesney, aumônier, pour la bibliothèque de Son Altesse Royalle.

M. [*Jean*] de Witt, conseiller d'Etat, Haute rue.

M. de La Place [?], est ici, près de l'*Empereur*, vers la halle au blé.

L'Académie, fondée en 1769 sous M. [*Charles Jean Philippe, comte*] de Cobenzel [*Cobenzl*] [3]. Assemblée de l'académie tous les mois. Mr [*John Turberville*] Needham, directeur, est en Hollande. Lettres patentes 1772.

M. [*Georges Joseph*] Gérard, petite rue neuve, près de Ste Gudule, sainte du pays, IX$^{e}$ siècle. M. Gérard pour l'histoire, un peu pédant, bavard.

1. Rosalie et Marie Louise Josèphe. Voir J.-F. Delmas, « Le Mécénat des financiers au XVIII$^{e}$ s., étude comparative de cinq collections de peinture », *Histoire, économie et société,* vol. 14, 1995, p. 51-70.

2. La Compagnie de Jésus est supprimée le 21 juillet 1773 par le pape Clément XIV. Cette suppression prend effet dans le Pays-Bas autrichiens en septembre 1773.

3. Cobenzl fonde en 1769 la Société Littéraire de Bruxelles, qui donna ensuite naissance à l'Académie Impériale et Royale de Bruxelles (1772).

~~M. [*Eugène d'Olmer*], le Baron de Poederle, l'aîné rue des parloirs, des jésuites ou de Ruysbroek.~~

Bibliotèque publique, rue Isabelle, 6 mille volumes.

M. l'abbé [*Louis Hyacinthe d'Everlange de*] Vitry [*Witry*], pour la physique, chanoine de Tournay.

M. [*François*] Du Rondeau, médecin, a remporté le prix sur les belges [1].

M. [*Josse Jean Hubert*] Vunck [*Vounck*] de Louvain, pour la chymie.

M. [*Jean-François*] Tisbart [*Thijsbaert*] à Louvain a la g. de c. de M. [*Nathaniel*] Pigott, donne des leçons de physique.

M. [*Joseph*] de Crumpipen, chancelier de Brabant, président de l'académie.

[*Nicolas*] Cossin [*Caussin*], aumônier, histoire.

M. [*Jean*] Des Roches, secrétaire de l'académie qui m'a écrit en 1778.

14

## [Bruxelles]

Plan de Bruxelles chez Le Rouge 1745 [2]. On en grave un à Bruxelles, M. [*Pierre*] Le Fèvre, ingénieur, l'a levé [3].

Porte d'Hall au midy, vers le fort de Monterey.

Orient : porte de Namur et de Louvain.

Nord : porte de Lach [*Laeken*] va à Anvers.

Porte du Rivage où est le canal.

Occident : porte des Flandres et d'Enderlecq [*Anderlecht*].

La Senni [*Senne*] y entre par deux bras au couchant.

La Cour est en haut à l'orient et S. Gudule plus au nord.

Grosse tour, de 80 pieds de haut et 40 de diamètre (observatoire des [?]) près la porte de Namur, elle est inclinée.

Tour de Maline, 333 pieds d'Angleterre.

1. François Du Rondeau obtient la médaille d'or au concours de 1772 (prix d'histoire) pour la réponse à la question : « quel était l'habillement, le langage, l'état d'agriculture, du commerce, des lettres et des arts chez les peuples de la Belgique avant le VII e siècle ? », mémoire publié à Bruxelles, chez d'Ours en 1774.

2. *Plan de la ville de Bruxelles,* Paris, Le Rouge, 1745.

3. En 1774, Pierre Lefèbvre d'Archambault dresse un plan détaillé de la ville de Bruxelles, c'est le premier plan parcellaire de Bruxelles. *Cf.* L. Danckaert, *Bruxelles, cinq siècles de cartographie,* Tielt, Lanoo, 1989, et *Le Palais du Coudenberg à Bruxelles, du château médiéval au site archéologique*, Bruxelles, Mardaga, 2014, p. 246.

M. le Chevallier [*Henry C.*] Englefield, anglois, l'a mesurée et m'a promis les mesures du Brabant.

M. [*Eugène d'Olmen*] de Poederlé, d'autres mesures flamandes.

Le canal de Bruxelles va à Villebrouck [*Willebroek*] dans la Rupel, où il y a une écluse.

Voir *Les Délices des Pays-Bas,* édition du père [*Henry*] Griffet, mort à Bruxelles. Il y a trois ans, 5 volumes in-8 [1].

A Malines il y a jusqu'à 6 pieds de marée dans la Dyle 1730.

Voir : *Le grand théatre du Brabant*, à la Haie, 1734, 2 volumes folio [2].

*Missel* de 1488, belles peintures pour Mathias Corvinas, roi de Hongrie [3].

*Miracles de la Vierge* en grisaille d'un Brueghel de Velours [a tiré ?] beaucoup.

Vésale étoit de Bruxelles.

*Geographie* de Ptolémée 1482 en velin [4].

M. le chevalier [*Henry C.*] d'Englefield a trouvé que la différence de la pression de l'air explique la diminution de la pesanteur du P. [*Etienne-Joseph*] Bertier de 1/300 [5]. La cloche de S. Gudule qui a 7 pieds anglais de diamètre et 6 pieds de haut fait osciller le baromètre d'environ cinq mille de pouce anglois (à vérifier). Elle pèse 16 milliers, livres de 16 onces. Le mouvement seul ne faisoit rien.

Cheval de l'infante Isabelle [6].

1. Jean Baptiste Christyn (c.1635-1707), *Les Délices des Pays-Bas, ou Description géographique et historique des XVII provinces Belgiques. 6 e éd., revue, corrigée, & considérablement augmentée de remarques curieuses & intéressantes par Henri Griffet,* Liège, Bassompierre, 1769. Cet ouvrage constitue à l'époque le principal manuel de l'histoire des 17 provinces des anciens Pays-Bas.

2. Antonius Sanderus (1586-1664) [traduit en français par Jacques Le Roy], *Le grand théâtre sacré du Duché de Brabant, contenant la description générale et historique de l'église métropolitaine de Malines et de toutes les autres églises cathédrales, collégiales et paroissiales, des abbayes, prévôtés, prieurés et couvents [...] qui se trouvent dans l'archvêché de Malines, les Evêchés d'Anvers et de Bois le Duc comme aussi ceux qui sont au Wallon-Brabant,* La Haye, Van Lom, 1730.

3. Ce missel, réalisé entre 1485 et 1487, illustré par Gabriello di Vante dit Attavante degli Attavanti (1452-1517/25) est conservé à la Bibliothèque royale de Belgique.

4. Claude Ptolemée, *Cosmographia* [contenant la Geographie], Ulm, L. Holle, 1482.

5. Voir Sir Henry C. Englefield, « Observations faites sur la tour de Ste. Gudule à Bruxelles en 1773, relativement à l'effet que le son produit sur le baromètre », *Bibliothèque universelle des sciences, belles-lettres, et arts* 20, 1835 [vol. 59 des *Sciences*], p. 99-102.

6. Cheval que l'infante Isabelle montait lorsqu'elle fit son entrée à Bruxelles en 1604. Ce cheval a porté une selle garnie de diamants et de rubis, de 200 000 florins.

Arsenal, vis a vis de Coudenberg, anciennes armes, berceau de Charles Quint, flèches empoisonnées, peau d'un turc, des chemises de maille en fil de fer.

15

## [Bruxelles]

Médaille des de Witt que M. le conseiller [*Jean*] de Witt m'a fait voir [1] :

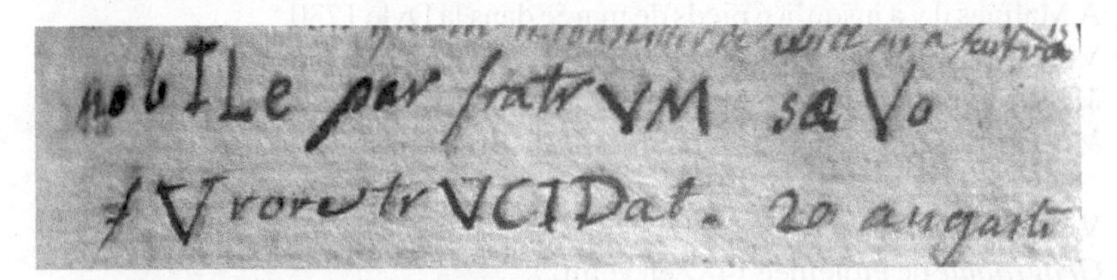

« nobILe par fratrVM saeVo
fVror ore trVCIDat. 20 augusti »

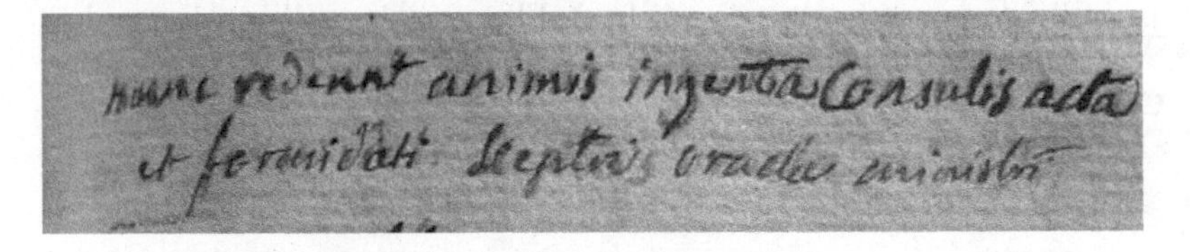

« nunc redeunt animis ingentia consulis acta
et formidati sceptris oracla ministri »

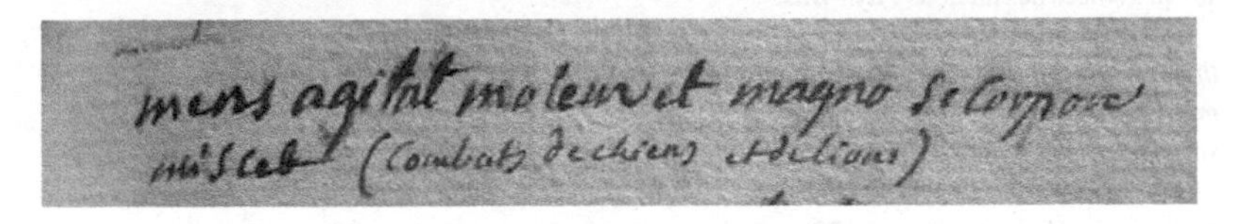

« mens agitat molem et magno se corpore
miscet » (combats de chiens et de lions)

1. La fin tragique des frères Jean et Corneille de Witt a donné lieu à 7 médailles décrites dans Gérard Van Loon, *Histoire métallique des Pays-Bas depuis l'abdication de Charles-Quint jusqu'à la paix de Bade en MDCCXVI, traduite du hollandais,* La Haye, P. Gossse, J.Neaulme, P. de Hondt, 1732.

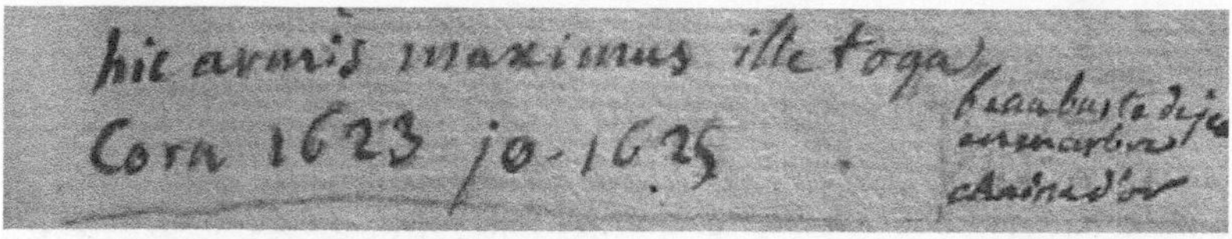

« hic armis maximus, ille toga »
Corn. 1623 Jo. 1625
beau buste de Jean en marbre, chaîne d'or

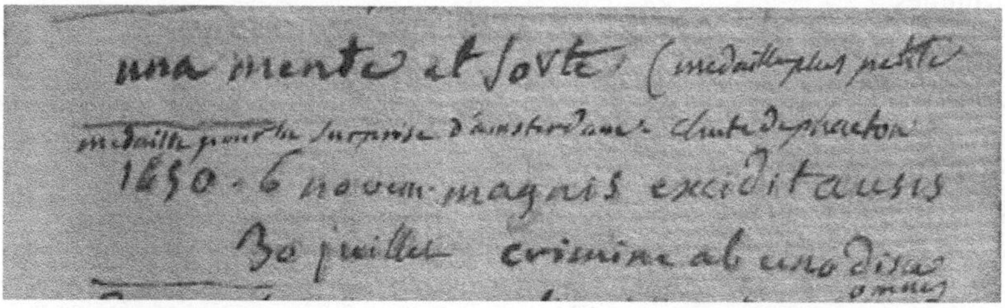

« una mente et sorte » (médaille plus petite)
Médaille pour la surprise d'Amsterdam, chute du Phaéton [1] :
« 1650. 6 novem. Magnis excidit ausis »
30 juillet « crimine ab uno disce omnes »

Route superbe de Louvain à Malines, 4 lieues, tirée au cordeau. On y feroit une belle base [2]. On voit S. Rombaut de Malines et la tour de César de Louvain, où Charles Quint a été élevé.
[*Zeger Bernhard*] Vanespen étoit de Louvain, 1728.
Anvers est déserte il n'y a pas 30.000 âmes.
*Description de la ville de Bruxelles*, 1743, 232 p. in-12 [3]

1. Les magistrats d'Amsterdam firent battre une médaille commémorant la tentative de Guilllaume II d'attaquer la ville en 1650. Elle comporte d'un côté un soleil sortant de la mer et sur le rivage un cheval fougueux s'élançant vers la ville avec les paroles de Virgile « Crimine ab uno disce omnes », et de l'autre un phaéton foudroyé pour son audace avec ce ½ vers d'Ovide : « magnis excidit ausis ».
2. Lalande pense à une base de triangulation géodésique.
3. *Description de la ville de Bruxelles,* Bruxelles, Fricx, 1743.

*Abrégé chronol. de l'histoire de Flandres* par A. J. Panckoucke à Dunkerque 1762, in-8° [1].

5 juin 1568 le comte d'Egmont et le Comte de Hornes décapités sur la grande place de Bruxelles.

Manufacture de belles tapisseries sur la Monoye, à côté de la Comédie. Basse lisse.

16

## [Bruxelles]

A Malines :

M. [*Alexàndre J.F.G.*] le Comte [de] Respani, antiquaire.

M. [*Abbé Jean*] de Marcy, chancelier de l'Université et prévôt de la collégiale à Louvain.

**Lundi 16 mai**

J'ai été avec le P. [*Vajkard*] Hallerstein voir le beau cabinet du Prince Charles [*de Lorraine*], bureau de la reine Christine [2].

112 arts en pyramides, antiques ; la chambre des lacques chose unique ; 180 mille pièces de porcelaine, il y en a au plafond ; une centaine d'oiseaux vivans, écureuil volant ; cabinet des portraits de famille ; galerie en tableaux, chapelle ; cabinet de desseins et derrière, des bas-relief en bois ; oiseaux où le prince a fait peindre les plus jolies femmes de Bruxelles ; Hercule Farnèse [3], au pied de l'escalier où sont les 12 travaux d'Hercule en relief, dorés le long de la rampe ; le plafond où sont les 12 signes du zodiaque.

Le prince a 4 millions de rente, c'est lui qui a fait bâtir le château.

Hôtel d'Aremberg, où a logé le roi et où demeuroit [*Jean-Baptiste*] Rousseau. Le duc [*Léopold Philippe Charles Joseph*] d'Aremberg, lui

1. André Joseph Panckoucke, *Abrégé chronologique de l'histoire de Flandres [...] depuis Baudouin 1er dit Bras de Fer jusqu'à Charles II roi d'Espagne,* Dunkerque, De Boubers, 1762.

2. Charles de Lorraine a acquis en 1754 le bureau de la reine Christine de Suède. Voir la description de ce cabinet p. 328-380, de l'ouvrage de Dezallier d'Argenville, *La Conchyliologie ou histoire naturelle des coquilles, 3 ème édition,* Paris, De Bure, 1780. Voir aussi Michèle Galand, « Le Cabinet d'histoire naturelle de Charles de Lorraine, une description autographe », *Nouvelles annales du Prince de Ligne,* 7, 1992, p. 159-182.

3. L'Hercule Farnèse (ou Hercule au repos) est un type statuaire dont l'original est une sculpture grecque antique attribuée à Lysippe (IV e siècle av. J.-C.).

donnait une pension [1]. Son portrait est chez Mr [*Henri Jacques*] Croes et l'original à l'Hôtel d'Aremberg.

Le soir, j'ai été voir la salle des Etats, la foire à l'hôtel de ville et sur la grande place.

La fille [*Marie Christine Léopoldine*] de la princesse [*Franziska Xavieria Maria de Liechtenstein*] de Ligne est l'une des plus jolies et des plus aimables personnes.

Les femmes n'y sont pas belles ; les hommes y ont peu d'esprit.

Les Etats accordent les subsides demandés par le chancellier au nom de la Reine.

Biscuits de patate qu'on fait à Mons et à Bruxelles et qu'on pourroit distinguer.

Bois de Sogne [*Soignes*] à ¼ de lieue par la porte de Namur, 200 mille bonies de superficie et appartient à Sa Majesté.

---

68 livres = 5 livres + 3 livres + 4 + 4 à Malines le 19
+ 24 jusqu'à Roterdam = 119 livres.

## [de Bruxelles à Louvain] 17

**Mardi 17 mai**

Dîner chez M. l'abbé Fromont, qui demeure chez M. le chancelier de Brabant [Joseph de Crumpipen]. Celui-ci m'a mené chez M., le prince de Starenberg [*Georg Adam* de *Starhemberg*], ministre ; de là, je suis venu dîner avec M. [*Jean*] de Marsy [*Marcy*], prévot de Louvain, à l'*Empereur.*

Parti à 3 h 20' de la porte de Louvain

4 [h] 47 Cotenberg [*Kortenberg*] jusqu'à 5 h 7'. C'est là qu'est la 3 [e] grande barrière de ce chemin. La culture est superbe. Il n'y a pas un coin de perdu, on cultive même des fleurs, les buissons sont taillés, le chemin a 4, 5, 6 rangées d'arbres.

1. Le duc d'Arenberg avait accueilli le poète et dramaturge Jean-Baptiste Rousseau lorsqu'il se réfugia à Bruxelles en 1722 après avoir été exilé de France suite à des querelles mondaines.

6 h 17' arrivé à **Louvain**, porte de Bruxelles. Louvain ville de 25 mille âmes, dont 2 ou 3 mille étudians. Université fondée en 1425 pour dédomager la ville de 40 mille drapiers qu'on fut obligé de chasser.

M. [*Jean Noël*] Paquot, accusé de sodomie, a fait les mémoires pour servir à l'histoire littéraire des 17 provinces des Pays Bas, 1763 etc. [1].

Vers 1682, l'université de Louvain n'ayant pas voulu prendre parti et écrire contre le clergé de France, commença à être persécutée par la Cour de Rome et les Jésuites.

En 1726 le P. [*Etienne*] Amiot [*Amiodt*], confesseur de l'archiduchesse [2], continua. Sous prétexte de jansénisme, [*Zeger Bernhard*] Vanespen fut obligé de prendre la fuite et mourut vers 1728.

La physique de [*René*] Descartes est la seule qu'on y connoisse, quoiqu'il ait été lui-même persécuté à Louvain.

Cette université a les plus beaux privilèges, elle nomme à tous les bénéfices, elle a son tribunal qui juge au criminel et au civil. Le recteur s'élit tous les cinq mois.

Valerius Andreas a fait un commencement d'histoire de cette université mais fort rare [3].

Les professeurs ne font guères plus de 120 leçons par an et ils ont 15 à 1800 livres. La cour et le magistrat les nomme.

Valerius Andreas a ébauché une histoire de l'Université.

J'ai été me promener en arrivant au canal, belles maisons neuves, porte du rivage, château de César.

Le jardin des Pietremans [4], ou des lovanistes (étendars de S. Pierre), près la fausse porte de Tirlemont, un autre à la porte du canal et un dans la rue de Bruxelles. Ils sont à des sermants ou confrairies.

M. [*Jean Joseph*] Michaux, botaniste, est chargé du jardin académique.

1. Jean Noël Paquot, *Mémoires pour servir à l'histoire littéraire des dix-sept provinces des Pays-Bas, de la principauté de Liège et de quelques contrées voisines*, 18 vol., Louvain, impr. académique, 1763-1770. Voir Pierre M. Gason, *Savants experts, hérétiques pervers. Les liaisons dangereuses de Jean Noël Paquot,* Université de Liège, Sciences historiques, 2002, et aussi, *Analecta Bruxellensia* 7, 2002, p. 75-96.

2. Le P. Amiodt suivit à Bruxelles en 1727 l'archiduchesse Marie-Élisabeth d'Autriche, il se distingua par son zèle à combattre le jansénisme et soutint les vexations exercées par le cardinal d'Alsace, archevêque de Malines, contre Van Espen qui, accusé de jansénisme, fut réduit à chercher un asile en Hollande.

3. Valerius Andreas, *Fasti academici studii generalis lovaniensis edente Valerio Andrea,* Lovanii, Ioannem Oliverum et Corn. Coenesteyn, 1635 ; autre édition : Lovanii, Hieronymum Nempaeum, 1650.

4. 'Pieterman' : on désigne ainsi les habitants de Louvain.

[*Josse Jean Hubert de*] Vounck, professeur d'anatomie a chez lui des préparations. [*Karel*] Van Bouchoult [*Bochaute*], professeur de chymie.

## [Louvain]

18

Il y a 42 collèges [1] pour des boursiers, qui étoient excellens mais qui sont mal administrés. Il y a 16 professeurs de philosophie. Un seul collège pour les basses classes au Vieux marché qu'on appelle le gaspinage, le collège de la Trinité.

Neuf collèges. 5 professeurs et 6 classes :

La 1ère les principes, rudiment.
2 la grammaire
3, 4 syntaxe
5 poésie
6 rhétorique

A la halle, où étoient autrefois les drapiers, bibliothèque de 40 mille volumes, beau vaisseau. 4 auditoires : médecine, droit civil, droit canon, théologie ; boutique de libraire en bas. Les auditoires de physique au château, collège ou 4 pédagogies :
1h ½ de leçon le matin, au Lys, nom d'un logis acheté,
1h ½ de leçon le matin, au Faucon, et le soir, au Porc.

« Ficum ou vicum », l'école des arts où se font les actes publics et les leçons de physique. Cabinet formé par M. [*Jean François*] Tisbard [*Thijsbaert*].

[*Adriaan*] Van Rossum et Van der Belan [*Martijn van der Belen*], professeurs primaires de médecine, partagent tout et cette partie languit.

M. [*Rombault*] Davitz, directeur de la librairie ; sa femme [Marie-Thérèse Raysouche de Montet] est soeur de Mad. Guérin ; il a été libraire à Paris.

La Cour ne donne que 12 à 13 mille florins.

5 paroisses, beaucoup de couvens et de refuges.

Baromètre portatif de [*Jesse*] Ramsden, 5 guinées.

Perspectives illuminées.

1. L'Université de Louvain était une réunion de plus de 40 collèges, fondations et pédagogies gardant leur autonomie. 4 portaient le nom de Pédagogie : le Lys, le Château, le Faucon, le Porc. Les étudiants y étaient logés. Les cours des 4 autres facultés, théologie, droit civil et canon, médecine, mathématiques se donnaient aux Halles.

On s'imprime des cahiers de mathématique et ensuite de philosophie pour ne plus dicter.

| | | |
|---|---|---|
| 600 | philosophie | pensions 120 florins. |
| 700 | théologie | 54 écus de 8 escalins chacun. |
| 500 | juristes | les écoliers donnent 6 escalins par mois pour |
| 200 | médecine | les professeurs de philosophie qui partagent tout. Escalin = 12 sols ½ [voir] page 11. |
| 500 | humanités | |
| 2.500 | étudians [au total]. | |

Théologie, 4 ans de baccalauréat, 7 ans licence, 10 doctorat, mais on n'en fait que pour le strict collège.
Médecine et droit, 3 ans d'habitation.
Pour le doctorat, point de temps limité.
Voir le *Calendrier* de la cour de Bruxelles pour les noms des professeurs [1].

19

## [Louvain]

**Louvain**

[*Juste*] Lipse.
[*Philip*] Verheyen.
Vaneipen [*Zeger Bernhard van Espen*].
Grande fabrication de bière, appellée 'Pieterman', qui faisoit mourir beaucoup de Lovaniens par l'excès.

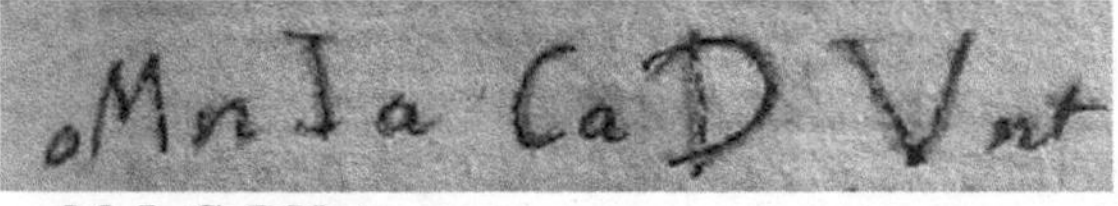


« oMnIa CaDVnt »
chute du clocher de S. Pierre 1606.
C'est Juste Lipse qui fit ce chronographe allégorique [2].

1. *Calendrier de la cour de son altesse royale le duc Charles-Alexandre de Lorraine et de Bar,* Bruxelles, J. Vanden Berghen, 1774.
2. De Foppens, l'auteur des *Délices des Pays-Bas,* dit que Juste Lipse apprenant la chute du clocher de la collégiale St Pierre fit ce chronographe et mourut immédiatement après.

[*Pieter Josef*] Verhaegen, peintre, vient de faire une belle *Epiphanie* pour l'abaye du Parc, belle draperie, revenu d'Italie, le plus grand peintre des Païs Bas.

Aux Dames blanches, près la porte d'Isle, belle *Epiphanie* de Rubens ; sa tante, religieuse dans ce couvent.

Amphitheâtre d'anatomie fort orné, boisé, préparations d'anatomie, toute une famille pendue, histoire naturelle.

Aux Dames angloises, jolie église, près le jardin de botanique.

10. pieds 7 lignes ¼, pied de Louvain.

M. le prévôt m'a mené dans son carrosse aux halles et à Heverle[e], chez le duc [*Charles Marie Raymond*] d'Aremberg, de Croy.

A *La ville de Cologne* on est à Louvain.

A table d'hôte, les juristes donnent 2 escalins à dîner, 1½ à souper, sans vin.

Chez M. [*Jean-Joseph*] Vogels chirurgien, qui a guéri le prince Charles [*de Lorraine*], il n'a plus sa tête. C'est un gros Pieterman fort bourru.

M. le professeur [*Jean François*] Tisbard [*Thijsbaert*] m'a mené par toute la ville. Il a écrit en 1775 qu'il vouloit rédiger un abrégé d'astronomie d'après le mien.

Louvain a 1270 toises de diamètre, suivant le plan que j'ai vu à Malines.

## [De Louvain à Malines]

20

**Jeudi 19 mai**

Parti de Louvain à 7 h ¼ dans une belle barque. Il y en a deux par jour, tirée à deux chevaux. Elle a 13 pieds de large.

8 heures, écluse de Thildon, double. La 1ère a 4 pieds de chute, la seconde six, quoique je n'y aie trouvé que 51 pouces.

Les portes ont 24 pieds de Brabant d'ouverture. Deux cabestans avec une chaîne et un mât les font manœuvrer, un criq de fer sert à lever les vannes des portes.

Le bassin de cette écluse a 93 pieds sur 40 pieds de Brabant et 10 pieds d'eau, mesure de Paris.

Il y a 4 canaux en Brabant :

I de Bruges à Gand.
II d'Ostende à Bruges.
III de Bruxelles à Villebrouck.
IV de Louvain à Malines.

Celui-ci a 4 lieues, il a été commencé le 9 février 1750, fini en 1753. Fait à deux fois. On prétend qu'il a coûté 2 mille [*milions ?*] de florins à la ville de Louvain, que cela a ruiné. Les brasseurs en sont actuellement chargé.

9 h Écluse de Campenhoudt, 10 pieds de chute et 10 pieds d'eau ; grand bassin fort large pour plusieurs barques. Les voyageurs passent d'une barque à l'autre et on en change ici.
Près de là, le canal traverse la fameuse chaussée alignée sur la chapelle du château dc César à Louvain (non sur la tour de 'Verloren cost' (dépense perdue), qui est sur le rampart de Louvain, et de l'autre côté sur S. Rambaut de Malines.

9 h ¾ Écluse de Nort Mirebeck [*Noord Merelbeke*] double. 50 pouces de chute à chaque bassin. Une grande barque paye une pistole, 30 escalins ou 10 florins ½ pour le passage de toutes les écluses. Les petites barques à proportion.

10 h ¾ Acqueduc qui passe sous le canal près Muysen [*Muizen*]

11h ¼ Malines.
Le canal va plus loin se jetter dans la Dyle [*Dijl*], celle-ci dans l'Anet, de là dans la Rupelle, et enfin dans l'Escaut.

21

## [Malines]

A Anvers, dans l'église 'Bork-Burgh-Kerk' [1] : Jésus Christ, élevé en croix de Rubens.

A Newport [*Nieuport*] le P. [*Théodore*] Man [*Mann*], prieur de la chartreuse .... il m'a écrit sur les canaux.

-------

**Malines**, ville de 25.000 âmes au plus, 800 pieds de diamètre.

Cathédrale S. Rombaud [*Rombaut*], Rumaldus.

Notre Dame où il y a deux tableaux de Rubens ; S. Jean, 7 Rubens en comptant 2 doubles ; le Leliendal, couvent de norbertines, chaire extraordinaire d'une belle sculpture ; l'église du grand béguinage ; le grand conseil ; l'archevêché où l'on bâtit ; la comanderie de Spitzenbourg [*Pitzembourg*] [2], beau jardin ; la grande place ; la place

1. Il s'agit de l'église paroissiale de Saint Walburge d'Anvers ou église du bourg, la plus ancienne de la ville. Lalande parle d'Anvers plus loin.

2. Pitzemburg : l'Ordre des chevaliers teutoniques s'établit à Malines à la fin du XII e siècle, le siège de Pitzemburg gère l'ensemble des biens de l'ordre en Flandres et en Brabant, il relève de la commanderie Coblence.

aux vaches ; le marché aux grains ; aux Recolets, [*Antoon*] Van Dyck ; la paroisse de Sainte Catherine.

Les glacis font une belle promenade hors de la ville.

J'ai vu l'école des canoniers, où l'on travaille à une carte topographique des Pais Baz à un pouce pour 160 toises sous la direction de M. [*Joseph Damien*] Gilis [1]. Mais il n'y a point eu d'observation, ni de latitudes, ni de direction.

Lieue de Brabant : mille verges de 20 pieds = 2800 toises.

M. [*Alexandre J.F.G.*] le comte de Respany, arrière petit-fils de Rubens, m'a fait voir l'épée que le Roi d'Angleterre lui donna en le créant chevalier. Il m'a offert un logement chez lui et m'a écrit obligeamment à Paris le 21 avril 1775.

M. [*Pierre-Alphonse Livin*] de Coloma, gentilhomme riche et lettré.

*Voyage pittoresque* de Deschamps, in-8 pour les Pays Bas [2].

## [Malines et départ pour Anvers]

22

Il y aura le dimanche après le 1er juillet 1775 un jubilé, un fameux jubilé de S. Rombaud depuis l'an 775. On prépare 8 chars allégoriques dont l'un coûte 2 500 livres dans lequel sont des enfans qui représentent la maison d'Autriche.

Le soir à 5 h ¼ parti de Malines par la porte d'Anvers dans une diligence de 10 personnes. Pris une belle route alignée sur le clocher de Walem. [*Waelhem*]

5 h ¾ Walem.
Pont sur l'Alet [*la Nette*] que la marée a quelquefois couvert.

6 h ½ Conticq [*Kontich*], village charmant. Parti à 6 h ¾.

7 h ½ Laitagen [*Luithagen*]

7h 50 Berghem [*Berchem*]

8 h à la porte S. Georges à Anvers, Antwerpen.

8 h 1/2 Madle Geirardi, Coppend straat, vers le cimetière Notre Dame à Anvers, où j'ai pris le thé et qui m'a fait beaucoup d'amitiés sans me conoitre que de la diligence.

1. L'Ecole de mathématiques du corps d'artillerie de Malines dirigée par le capitaine Cogeur, puis à partir de 1774 par Gilis, lève sous l'autorité du comte de Ferraris la carte topographique des Pays-Bas autrichiens entre 1771 et 1778. *Cf.* C. Lemoine-Isabeau « La carte de Ferraris, les écoles militaires aux Pays-Bas et l'école d'hydraulique à Bruxelles », *Revue belge d'histoire militaire,* XVIII, 1969. Voir aussi p. 118 du *Journal.*

2. Jean Baptiste Descamps, *Voyage pittoresque de la Flandre et du Brabant,* Paris, Desaint, 1769.

23

## [Anvers]

**Vendredi 20 [mai]**

Anvers, Antwerpen : 970 toises de long, sur 770 de large.

L'Escaut a 200 toises de large.

Du VI e siècle 60 mille âmes.

*Le Grand Laboureur*, place de Maire [*Meir*] est la meilleure auberge. Esplanade.

Rampart depuis la porte de Kipdorp à l'orient par la porte St George, la porte de fer le long de l'Escaut, et de là revenir par la maison de ville.

Les P. [*Joseph*] Gherckiere [*Ghesquiere*], bollandistes [1], [*Corneille*] De Bye, [*Jacques*] De Bue, [*Ignace*] Hubens, logent encore aux grands jésuites. Il y a les petits jésuites et le Convit, ou maison professe, 4 tableaux différents pour le grand autel et plusieurs belles peintures sur le marbre ; dans les 2 sodalités ou congrégations, il y a aussi de beaux tableaux.

Églises :

- Notre Dame
- St. Walbourge [*Sainte Walburge*] *Jésus Christ crucifié*.
- S. Jacques, toute sa famille chapelle et tombeau de Rubens.

A la Bourse, académie de peinture.

- abaye S. Michel, de Prémontrés, *Epiphanie* &c. immense tableau d'Erasme Quellin.

Aux grands Carmes 2.

Aux Récollets.

Aux Dominicains, *Flagellation* &c… voyés la description imprimée en 1774 chez Berbi, près de la Bourse, *Description des peintures d'Anvers* [2].

Aux Augustins, un fameux tableau de Van Dyck ; un Rubens.

Aux Récollets, un crucifiement de Rubens.

1. La Société des Bollandistes est une société savante belge, exclusivement composées des jésuites (jusqu'en 2000), fondée au XVII e siècle par Jean Bolland, dont le but premier est l'étude des vies des saints et plus généralement de leur culte. Fondée à Anvers, c'est la plus ancienne société savante toujours en activité en Belgique.

2. *Description des principaux ouvrages de peinture et sculpture ; actuellement existans dans les églises, couvens & lieux publics de la ville d'Anvers,* Anvers, Gerard Berbie, 1774.

Il y a 20 imprimeurs qui ne font que des prières. Celle de Moretus, successeur des Plantins, marché du vendredi [1].

[*Joannes*] Grangé a imprimé le dictionnaire flamand de M. [*Jean*] Des Roches, qui loge vis à vis des Minimes [2].

M. [*Joannes Batista*] de Buni [*Beunie*], médecin qui a remporté le prix à Bruxelles [3].

~~Rue de~~ 'Cammer straat' : rue des peignes.

## [Anvers]

24

**Vendredi 20 mai**

J'ai été voir le rempart, l'esplanade, la porte de fer, canal de St Jean qui vient de la place de Maire [*Meir*]. Au delà sont plusieurs autres canaux. 'Kraen' la grue pour décharger les bateaux près la porte du quai ou 'verf poorte'. 'Oster huys' [*Oosterhuis*], près les brasseurs, où est la machine qui tire de l'eau pour tous vers 'Slyk poorte' [*Slijkpoort*] au nord ; Notre Dame, épitaphe de Christophe Plantin de Tours, mort en 1589.

La plus belle maison d'Anvers est la maison Fraula sur la place de Mer [*Meir*], bâtie par M. Van Susteren [4].

Pline de 1468 sur vélin [5], de Venise, que [*Guillaume-François*] de Bure évoque [...] [6].

1. La maison Plantin est située sur la place du Vendredi où chaque vendredi on vend publiquement tout ce qui se présente.

2. Jean Des Roches, *Grammaire pour apprendre le flammand avec un vocabulaire, des dialogues, des lettres sur différents sujets & c. en françois et flamand,* Antwerpen, J. Grangé, c. 1770.

3. A remporté le prix proposé par l'Académie en 1771 pour le mémoire suivant : '*Antwoord op de vraege : welke zyn de profitelijkste planten van dit land, ende welk is hun gebruyk zoo in de medicyne als in andere konsten ? Die den prys behaelt heeft, a° 1771 door d'heer Jo. Bapt. De Beunie,* Brussel, d'Ours, 1772.

4. Joan Alexander van Susteren, entrepreneur et négociant, fit bâtir, en 1745, une riche demeure sur le Meir par l'architecte Jean Pierre Van Baurscheit (1699-1768). A sa mort en 1764, la maison devint la propriété de Joseph de Fraula. Elle passa ensuite entre les mains de divers propriétaires, devint résidence royale, et est connue comme "le Palais-Royal". *Cf.* Jean de Bosschère, *Edifices anciens, fragments et détails. Anvers,* Anvers, J. Buschmann, 1907. Auparavant, en 1737, ce même architecte avait construit l'hôtel Fraula dans le Keizerstraat, seule la façade en est aujourd'hui conservée.

5. *C. Plinii Secundi Naturalis historiae libri XXXVII,* Venezia, Johannes de Spira, 1469.

6. Guillaume-François de Bure, *Bibliographie instructive ou Traité de la connaissance des livres rares et singuliers*, 9 vol., Paris, De Bure, 1765-1768.

Mss de Kempis [1].

Citadelle 1567 par le duc d'Albe, assiégée par les françois en 1746 [2].

Les hollandois ayant l'embouchure de l'Escaut par le traité de Bavière, le commerce est fini ; quand Fréderic Henri [*de Nassau*] voulut prendre Anvers, les marchands d'Amsterdam secoururent les espagnols tant ils craignoient qu'Anvers ne les rivalisât, étant mieux située.

Le P. [*Joseph*] Gheschiere [*Ghesquière*] m'a mené voir la nouvelle écluse de la citadelle pour remplir et vider les fossés par 8 cricqs de fer.

L'Escaut monte de 20 pieds par la marée, il a été jusque dans Notre-Dame.

Les privilèges singuliers d'Anvers font que la Cour ne les aime pas. M. [*Charles Jean Philippe, comte de*] Cobenzl la haïssoit.

Elle ne reçoit point de soldats, ne paye que ce qu'elle veut, mais elle ne peut faire venir de gros vaisseaux, ni vaisseaux de guerrre.

M. [*Jean*] Clé est enfermé aux Chartreux de Bruxelles, [*Donatien*] Dujardin est à Ypres, M. [*François*] Lenssens va à Vienne, ce sont ceux qui avoient promis avec M. [*Philippe*] Cornet les *Analecta belgica* [3].

25

## [Anvers]

Les Bollandistes ont une imprimerie à eux, des magasins, impriment à leur frais, choisissent un successeur, ont un frère pour expédier, ils sont propriétaires de leurs fonds, les Jésuites ne leur ont rien pris, ni rien

1. Thomas a Kempis (c. 1380-c. 1471). Moine allemand, auteur d'un livre de dévotion chrétienne, *L'Imitation de Jésus-Christ*.

2. Pendant la guerre de Succession d'Autriche (1746-1747) des troupes françaises occupèrent une grande partie des Pays-Bas autrichiens, y compris Bruxelles et Anvers, mais aussi les villes de la République néerlandaises de Bergen op Zoom et Maastricht. Ce n'est qu'après la paix d'Aix-la-Chapelle (1748) que la souveraineté autrichienne a été restaurée sur les Pays-Bas du Sud.

3. Dans les années 1760, le comte de Cobenzl avait eu l'idée de faire écrire une histoire ecclésiastique et civile des Pays-Bas en faisant rechercher les sources manuscrites dans les abbayes, chapitres et prieurés. Le projet a du mal à prendre corps mais en 1772, François Lensens de Malines est désigné pour y travailler. En 1773 l'ouvrage est annoncé sous le titre *Analecta belgica* avec comme objectif la recherche de tout ce qui concerne les peuples et les provinces des Pays-Bas, l'origine des villes, l'idiome, la religion, les usages, mœurs, sciences, arts, agriculture, commerce des anciens belges. La première partie est un abrégé chronologique en forme d'annales. Philippe Cornet, prêtre de Bruxelles, Donatien Dujardin d'Ypres sont adjoints au projet. Mais la suppression de l'ordre des Jésuites stoppe un temps l'entreprise qui reprendra en 1778 sous la direction du Père Ghesquière.

donné, ils ont acquis par leur oeconomie : le 51e volume est presque fini, on parle de les réunir à l'académie de Bruxelles.

| Pied | Le Page, *Arithmétique*. Louvain, 1760. |
|---|---|
| | Rhinland 1.000 |
| Paris | 1.036 |
| Brabant | 909 = 10 pieds 6 lignes 35 |
| Dort | 1.050 |
| Middelborn | 960 |
| Mons Namur | 930 |
| Liege S. Lambert | 927 |
| Bruxelles | 978 |
| Gand | 877 |

20 pieds à Louvain, et à Anvers, font le 'roede', (perche), et 400 perches carrées font la bonnié, 'Bunder'.
Salle de comédie vers les Carmes déchaussés.
Le mont de piété dans Venis straat (tourbière).
On prête sur gage à 6 pour cent.
Fabrique de toiles peintes hors de la porte rouge.
'Den Dam', le dam ou la chaussée.
Le blé coûte 5 florins le viertel, 2 viertels font un sac.
Le sac 11 florins, 4 sols. Le seigle 6.4 le viertel de seigle, 116 livres de froment 126. de 16 [...].
M. [*Jean*] Desroches a 4 pensionnaires vis à vis des Minimes ; littérateur, il a remporté des prix à Bruxelles, donné un dictionnaire flamand [1].
La taille des diamans a fait des fortunes à Anvers.
Il y avoit des tapisseries. On a encore des fabriques d'étoffes, de soye.
A S. Michel est l'épitaphe d'Ortelius le géographe.
Breugle, de Vos, Voermans, Teniers.
Bavé [*Bavay*] à 8 lieues de Mons entre Mons, Rheins, Cambrai, Soissons étoit le centre des romains dans la Belgique ; toutes les voies romaines y passent on les appelle chaussées de Brunehaut, qui les fit réparer ; elle étoit reine d'Austrasie on voit à Bavet des antiquités.

1. Jean Des Roches, *Nieuwe Nederduytsche spraek-konst,* Antwerpen, J. Grangé, 1761.

26

## [D'Anvers à Rotterdam]

**Samedi 21 mai [1774]**

Parti à 5 h d'Anvers seul dans une mauvaise chaise, 30 escalins et 4 sols, pour Roterdam.

5 h 20 Marksom [*Merksem*], joli village.

6 h 0 ~~Brascot~~ Brakshoten [*Brasschaat*].
Parti a 6 h 15' dans les sables, bruyères, marais.

7 30 Achterbroek
Parti à 7 h 40 de Achterbroek, sables, marais.

9 h 10 Assen [*Essen*] on brûle ici des gazons de bruières, c'est la moitié du chemin d'Anvers au Moerdyck [*Moerdijk*]

9 h 25 Parti.

9 h 36 Arbre qui fait les limites de Hollande où il y a les armes de la reine.

10 h 27 Rukveen (Rupfen) [*Rucphen*], j'y ai mangé des œufs et du lait, avec du sucre, on m'a donné de la morue avec des patates, des haricots.

11 h 20 Partis de Rupfen ou Rukveen.

11 h 54 Dans les eaux et les marais.

0 h 23 ~~Cruistraat~~ 'Kruis straat' (rue de la croix).

0 h 39 Parti, car il faut boire et donner l'avoine partout, mais aussi les chevaux vont grand train. Il y a de la culture.

1 h 0 On voit Breda.

1 h¼ Chaussée plantée.

1 h 22 ~~Sevenberg Forns~~ 'Zevenbergen veer' (bac).
On passe le canal ~~de Breda~~ à Roterdam, qui joint le Merk [*Mark*] et le Rouvaart [*Roode vaart*], bras du Dintel [1]. Des barrières à chaque instant dans le chemin pour arrêter les bestiaux, où l'on paye aux enfans.

1 h 50 Zevenbergen, beau village planté d'arbres taillés, canal, jolies barques, trotoirs pavés de briques, maisons paintes, alignées.

1. Le 'Mark' traverse la ville de Breda où il fait partie des canaux d'enceinte de la vieille ville, il se jette près de Standdaarbuiten dans le Dintel qui se jette via le 'Volkerak' dans le 'Hollands Diep'.

2 h 45 Villages de Zumberg [*Zevenbergse Hoek*] et Moerdyck, où je suis entré dans une barque à voiles qui m'a mis en une demie heure de l'autre côté du HollandS Diep ou front de Hollande, vulgairement le Mordic [*Moerdijk*].

14 juillet 1711, le prince Jean Guillaume Frison, grand père du Stathouder y fut noyé. Il étoit père de Guillaume IV. Il y périt beaucoup de bateliers en hyver pour passer la poste à minuit. Il y a plus de 60 pieds de profondeur vers le canal, en 1709 il n'étoit pas gelé [1].

3 h 15 ~~Striinsas~~ Stryense [*Strijensas*], entre Willemstad et Gertruidenberg [*Geertruidenberg*] où se jette la vielle Meuse, 'Oude Maas'.

## Monoyes de Hollande

27

Stuivre [*Stuiver*] 1 sol ; doubliquet 2 sols, 'dubbeltje'.
Sestale [*sesthalf*] [2] 5 sols ½ ; florin 20 sols = 42½ de France ;
Pièces de 28 sols ; pièces de 30 sols : dalder [*daalder*].
Pièces de 50 sols [3] ; pièces de 52 sols de Zélande, on les refuse.
3 florins = 3 livres, 7 sols ½ ; Ducatons : 3 florins 3 sols, rare [4].
Ducats : 5 florins 5 sols [5] = 11 livres 3 sols ; demi ryder : 7 florins, 'halve rijder'.
Le stuver contient 4 duid [*duiten*] [6] qui sont comme nos liards.
Ducats doubles sont rares [7].
M. [*Pierre*] Gosse m'a donné 11 florins et 8 sols pour un louis d'or [8].
A Ro[t]terdam on ne m'a donné que 11.6.
Les deniers sont des demi duts ou des seisièmes de sols [9].

1. Cette note se trouve en bas de la page suivante comme une suite à cette page.
2. Le dubbeltje vaut donc 2 stuiver (double stuiver) le 'Sesthalf' 5½ stuiver.
3. Le 'rijkdaalder' ou 'Zilveren Ducaat' : monnaie d'argent valant 50 stuiver.
4. 'Ducaton' ou 'Zilveren Rijder' : monnaie d'argent d'une valeur de 60 stuiver, mais en 1774 le cours était de 63 stuiver.
5. 'Ducaat' : monnaie d'or d'une valeur de 5 florins et 3 stuiver = 63 stuiver.
6. 'Duit' : monnaie de cuivre d'une valeur de 1/8 stuiver.
7. 'Dubbele Ducaat' : monnaie d'or d'une valeur de 11 florins et 6 stuiver = 126 stuiver.
8. 'Louis d'or' : monnaie d'or française.
9. 'Denier' ou 'Penning' : monnaie de cuivre d'une valeur de ½ duit, ou 1/16 stuiver.

28 **Le 21 mai** **[Arrivée à Rotterdam]**

3h 30' Parti de ~~Strinsas~~ Stryense dans un petit cabriolet découvert à un seul cheval. J'ai été au travers des prairies et des canaux, par mille détours sur les digues.

4 h.25 ~~Petershough~~ Putershoek [*Puttershoek*]

5 h Eriesdam (Her ians dam) [*Heerjansdam*], beau village.

5 h 30 Parti d'Eriesdam.

5 h 45 Barendrecht, campagnes charmantes.

6 h Toleushen, 'Tol huys', maison du péage sur le bord de la Meuse, vis à vis de Roterdam près Isselmonde [*IJselmonde*]. Ici l'on voit la tour de S. Laurent [à Rotterdam] au-dessus d'une belle chaussée ou digue plantée d'arbres qui conduit à Ysselmonde.

7 h 0 Arrivé au *Maréchal de Turenne,* près de la bourse, où j'ai logé n° 15, où l'on paye un florin ou 20 sols pour dîner, 15 pour souper, 12 pour la chambre.

J'ai payé 2 sols au canal, 19½ au Mordick [*Moerdijk*], 2½ à la Viele Meuse, 14 vis à vis de Roterdam, 38 sols de Hollande 4 livres et 22 livres pour la voiture et les étrennes, total 26 livres de France.

J'ai été à la place d'Erasme, à la Bourse, au caffé françois.

A la poste, chez M. le Dr [*Lambertus*] Bicker, j'ai reçu une lettre de M. [*Jean Nicolas Sébastien*] Allamand de Leyde qui m'attend ; je lui mande que j'irai mercredi à Delft, jeudi à La Haie, et mercredi à Leyde [1].

Point de visite de douanne, si incommode à Quiévrain, à Mons, à Bruxelles.

La ville est un triangle de 700, 800, 900 toises de côté, et de 60 000 âmes ou plus.

Il y a 20 églises à Amsterdam [*i.e.* Rotterdam] dont une françoise, 2 jansénistes non romaines. Les ministres ont environ 1700 florins de revenu. M. Geraud se distingue dans l'église françoise. Les ministres ont ici plus de respects exterieurs que de crédit effectif.

J'ai été adressé à M. J[*ean*] Boudet, negotiant à Rot[t]erdam, à M. [*Salomon de*] Monchy, professeur en médecine, je les ai vus une fois chacun.

Jassen, jeu de cartes, à 4 [joueurs] ; 8 cartes chacun comme le marias.

M. le doct. [*Lambertus*] Bi[c]ker a fumé 20 pipes dans un jour.

1. En fait Lalande rejoindra Leyde le samedi 4 juin.

## [Rotterdam] 29

**Le 22 mai**

A Ro[t]terdam, M. [*James*] Manson, anglois, m'a mené promener.
M. [*Frédéric*] de Rainville, maître de langue françoise, naturaliste.

M. [*Steven*] Hoogendik [*Hoogendijk*] m'a mené voir les canaux de la nouvelle ville qui communiquent à la Meuse, et de l'ancienne ville, qui est au-delà de la rue haute, qui formoit l'ancienne digue, l'écluse qui les sépare, pour que la marée ne remplisse pas ceux-ci.

La ville nouvelle a été prise au dépend de la Meuse qui avoit autresfois 4 lieues de large. Les canaux conservés amènent les vaisseaux devant les maisons, ce qui fait qu'on n'y fait point d'écluses. On observe des maladies particulières dans la vielle ville, fièvres putrides, rares dans la nouvelle ville.

J'ai vu la maison d'Erasme près St. Laurent, inscription en 3 langues.

Marée ordinaire de la Meuse 4 pieds, quelquefois 14 de différence, quand les vents forcent d'un côté ou de l'autre.

Collège de l'Amirauté, bâtiment à l'orient.

Maison de ville où s'assemble le Magistrat : 24 conseillers dont 4 bourguemestres, dont deux changent tous les ans. Ces conseillers sont només par le Prince, les bourguemestres élus par le conseil, et le Prince, sur 8, en choisit 2.

Yacht des Etats, du Prince, 5 mille florins.

L'académie hollandoise de Harlem s'opposoit à l'établissement de l'académie batavique de Roterdam, dont le titre est plus général, mais l'objet plus limité [1].

'Morgen', mesure des terres, 600 'roeds' carrés ou 2 'gemeten'. Voir le dictionaire : *Groot en volledig woordenboek der viskunde etc.* de Bordus, Amsterdam, 1758, in-4° [2], qui pourra servir au traducteur des ouvrages hollandois que je voudrois entreprendre.

1. En 1769, la 'Hollandse Maatschappij der Wetenschappen' (fondée en 1752) a protesté furieusement contre la création d'une deuxième société scientifique dans la province de Hollande, la 'Bataafsch Genootschap der Proefondervindelijke Wijsbegeerte te Rotterdam'. Voir M. J. van Lieburg & H. A. M. Snelders, *De bevordering en volmaking der proefondervindelijke wijsbegeerte. De rol van het Bataafsch Genootschap te Rotterdam in de geschiedenis van de natuurwetenschappen, geneeskunde en techniek (1769-1988*, Amsterdam, Rodopi, 1989.

2. Willem La Bordus (éd.), *Groot en volledig woordenboek der wiskunde, sterrekunde, meetkunde, rekenkunde* [traduit de l'allemand par J. L. Stammetz], Amsterdam, Esveld, 1758.

Il y a une académie à Flessingue dont il y a 2 volumes in-8° de mémoires [1], de toutes les sciences et la litterature. M. [*Justus*] Tjeenk, pasteur, secrétaire.

[*Hendrik*] Beman, libraire, Hogh straat.

[*Reinier*] Arrenberg, libraire de l'académie, gazetier, fera traduire mon *Abregé* [2]

Je ne pouvois trouver dans la ville un endroit pour pisser jusqu'à ce que j'aie apperçu qu'il y avoit des boëtes pour cela.

30

## [Rotterdam]

**Rotterdam, 22 mai**

Académie de philosophie expérimentale [3], 1769, logée à la Bourse, pour laquelle M. [*Steven*] Hoogendyck a fourni 150 mille florins. Il y a un volume sous presse, in 4°, en hollandois : sur les rivières ; sur l'optique ; pyromètre, histoire naturelle par [*Petrus*] Camper de Groningue [4]. [*Steven*] Hoogendyck, horloger, avoit une nièce qui n'a pas voulu se marier à sa fantaisie, il l'a déshéritée. Frère perruquier.

Compagnie des Indes, 16 directeurs, et le Prince, Gouverneur. De 16 parties, Amsterdam a 8, Zélande 4, Roterdam 1, Delft 1. Horn. [*Hoorn*] 3, Enchuysen 1. Assemblées 2 fois l'an.

Il y a un ouvrage là dessus, 11 volumes 8° : *Etat présent de la Hollande*, fort curieux [5].

Histoire de Hollande, Wagenaar, 21 volumes. 8° [6].

1. *Verhandelingen uitgegeven door het Zeeuwsch Genootschap der Wetenschappen te Vlissingen*, Middelburg, Gillissen, 1769-1790.

2. L'*Abregé* a été publié en français chez B. Vlam à Amsterdam, en 1774. La traduction hollandaise ne paraîtra pas.

3. La 'Bataafsch Genootschap der Proefondervindelijke Wijsbegeerte te Rotterdam', voir p. 29 du journal.

4 . *Verhandelingen van het Bataafsch genootschap der proefondervindelijke wijsbegeerte te Rotterdam*, Rotterdam, R. Arrenberg, 1774-1798.

5. François Michel Janiçon, *Etat présent de la République des Provinces-Unies et des païs qui en dépendent*, 2 vol., La Haye, J. van Duren, 4 e éd., 1755. Il se peut aussi que Lalande renvoie au livre *Tegenwoordige staat der Vereenigde Nederlanden*, Amsterdam, Tirion, 1739 ; plusieurs réimpressions ultérieures.

6. Jan Wagenaar, *Vaderlandsche historie vervattende de geschiedenissen der nu Vereenigde Nederlanden, inzonderheid die van Holland, van de vroegste tyden af.*, Amsterdam, Tirion, 1749-1759.

*Délices de la Hollande*, chez Mortier, 1728, 2 volumes, in-12° [1].
Cartes de Hollande d'Isaak Tirion, à Amsterdam.
Carte des 7 Provinces en 4 feuilles, Christian Sepp à Amsterdam, bien gravée, c'est celle qu'il faut avoir. Il y en a chez Ottens de bonnes.
La Compagnie emploie 32 vaisseaux tous les ans. Amsterdam 16 etc...
La chambres des 17 décide les affaires, le Prince nomme les directeurs, 6 dans chaque petite chambre, ou 7. Amsterdam, 28. Les actions de 3.000 florins primitifs en coûtent 18 mille. Le dividende est quelquefois de 15-40 pour cent. Les directeurs vont à tour de rôle à l'assemblée des 17.
Voir *Naam register* Amsterdam, chez Schouten [2].
*Bericht* etc., à La Haye, chez Thierry, autre almanac [3].
Il n'y a que la province de Gueldres où la régence soit choisie par le peuple, encore le Prince s'en est-il emparé depuis quelques années.
On montre la maison de [*Pierre*] Bayle à Roterdam, il faisoit la cour à la femme de [*Pierre de*] Jurieu [4], ce qui occasiona leurs disputes : *l'Avis aux réfugiés* attribué à Bayle, le *Dictionnaire* où Jurieu, intolérant, trouvait des hérésies. Son histoire des dogmes et des cultes est un livre profond [5].

## [Rotterdam]

31

Impôts
L'impôt revient à 130 florins pour une maison loüée 1.000 florins ; 164 florins pour une maison de 20 mille florins de capital, qui se louerait 1.000.
L'accise sur le vin est d'environ 30 florins pour une barrique de 500 pesant.
Chandele 5 sols ou 6 sols ; bougie 24 sols, huile 12 sols la meilleure. Le tabac coûte 8 sols la livre tout râpé ; le sel 4 1/2 les 3 livres

1. [J.-N. de Parival], *Les Délices de la Hollande [...] avec un abrégé historique depuis l'établissement de la république jusques à l'an 1710*, 2 vol., Amsterdam, Mortier, 1728.

2. *Naamregister van de ed. mog. heeren Gecommitteerde Raden in de Collegien ter Admiraliteit, als mede de [...] bewindhebberen van de Oost- en West-Indische Compagnie*, Amsterdam, P. Schouten & R. Ottens, 1772.

3. *Bericht wegens de gesteltenisse der hooge vergaderingen en collegien, in 's Gravenhage [...]. Voor den jare 1773*, 's Gravenhage, J. Thierry, [1773].

4. Heleine du Moulin.

5. Pierre Jurieu, *Histoire critique des dogmes et des cultes bons et mauvais, qui ont été dans l'Église depuis Adam jusqu'à Jésus-Christ, où l'on trouve l'origine de toutes les idolâtries de l'ancien paganisme expliquées par rapport à celles des Juifs*, Amsterdam, F. L. Honoré, 1704.

(de 16 onces chacune) ; le beurre 8 à 10 sols il y en a à 5 ou 6 sols d'Irlande ; fromage de 2 à 5 sols, il y en a à 1½, girofle, cumin.

Pour 1 domestique 4 florins, pour 4........60 environ, y compris thé café.

Suivant d'autres :

1 : 7 florins

2 : 8 pour chacun

3 : 9 pour chacun

4 : 10 pour chacun

~~L'accise sur~~ Le prix du blé, 250 florins, pour un last [1] dc ~~5000~~ 4.000 livres pesant mais le last de froment pèse 4.600.

Impôt ou accise 116 florins au moulin,

Pour 2 sacs 105.10 font un last, le sac pèse 180 livres, 190 celui du Cap, et coûte 11.2 florins, 10 à La Haye

12½ pour cent de mutation de frère à sœur, 5 de mari à femme.

3/80 ~~pour cent~~ des obligations avec hypoteques.

Le boeuf coûte 5 sols la livre, et le veau 6 sols, 4½ en campagne, l'un portant l'autre.

Du côté de Schiedam on paye pour les bonnes prairies 9 florins par 'morgen' de terrein.

Un cheval de louage avec un cabriolet ou un cheval de main coûte 5 florins par jour.

On tire beaucoup de blé du Cap de Bonne Espérance.

Le peuple a du pain à 4 sols les 3 livres, pain de pâte ferme, mal levé ; blanc, le meilleur à 7 sols les 3 livres ; un pain de 3 livres paye 9 duyd d'accise ; de la viande à 3 sols la livre, le veau à 5 sols.

Le blé coûte 20 scalins [2] le sac de 230 livres poids de marc, et 12 d'accise.

Pain de seigle, 5¼ les six livres, il y a 1 sol d'accise. Les bourgeois en mangent. C'est Roterdam qui fixe le prix du blé en Hollande.

On paye 26 florins de droit pour un cheval.

Le sucre rafiné coûte 5½ sols la livre, le sucre royal 8½.

On paye 2 sols sous chaque pont à Roterdam pour un navire ordinaire, 6 pour un gros.

100 florins une barique de vin de Bordeaux de 2 ans, sans compter 30 d'accise ; 6 florins pour une barique de bière et 4½ d'accise ; eaux de vie 45 florins actuellement, 80 une barrique d'eau de vie de

1. 'Last' : mot hollandais signifiant 'lourd' mesure qui exprime le poids de 2 tonneaux de France.

2. 'Schelling'. Monnaie hollandaise d'une valeur de 6 stuiver.

Languedoc ; l'impôt est plus fort que celui de vin ; celle de genièvre 30 florins ; vin blanc de Bergerac, où l'on met du sucre, 80 florins.

32

## [Rotterdam]

M. [*Theodore*] Tronchin quitta Amsterdam après une préface plaisante de [*Jean*] Rousset [*de Missy*] qui est mort à Bruxelles il y a 12 ou 15 ans, à qui le roi de Prusse avoit fait donner des coups de bâton. On regarde Tronchin comme un charlatan.

Statue d'Erasme en bronze, de grandeur naturelle, avec 4 inscriptions ; voici la principale :

> « Desiderio Erasmo magno scientiarum atque litteraturae politioris vindici et instauratori ; viro saeculi sui primario civi omnium prestantissimo ac nominis immortalitatem scriptis aeviternis jure consecuto S.P.Q. Roterodamus ne quod tantis apud se suosque posteros virtutibus praemium deesset statuam hanc ex aere publico erigendam curaverunt »

Né en 1467 mort en 1536 à Basle.

Toutes les maisons et les allées sont pavées de marbre blanc d'Italie, souvent le dehors même de la porte ; escaliers rapides, en échelle. Pyramides de porcellaine.

'Gemeenlands huys' : sur la digue, où s'assemblent les directeurs de Schieland, belle maison [1]. **[Fig. 1]**

s'Gravesante [*'s Gravesande*]. Cette s est la marque du génitif comme 'Van der' qui est le génitif féminin, ou seigneur, ou natif.

*Rivierkundige verhandeling* etc... door Cornelis Velsen, Harlingen (en Frise) 1768. 271 p. in-8° [2]. On y traite du Rhin, de la Meuse, Waal, Merwede, et Lek avec des cartes ; Merwede est la Meuse depuis Gorcum [*Gorinchem*] jusqu'à Dort [*Dordrecht*], Roterdam, Delfshaven.

Zuilichem, château dans le Bommeler Waard, isle entre le Waal et la Meuse, province de Gueldres qui apartenoit à Huigens (il est écrit ainsi) dans la *Géographie* de Hubner, augmentée par Bachiene et Cramerus,

1. Siège de l'administration du gouvernement des eaux, chaque région avait sa Gemeenelands huis, celle de Rotterdam est celle de la région du Schieland.

2 . Cornelis Velsen, *Rivierkundige verhandeling afgeleid uit waterwigt- en waterbeweegkundige grondbeginselen en toepasselyk gemaakt op de rivieren den Rhyn, de Maas, de Waal, de Merwede en de Lek*, Amsterdam, Tirion, 1749/Harlingen, Van der Plaats junior, 1768.

Amsterdam, 1769, 6 vol. 8°, en hollandois [1]. C'est une faute, on doit écrire 'Huygens'. Entre Bommel et Gorcum, sur le bord du Vahal.
~~Le Leck se forma quand Corbulo voulut creuser rompit 'la digue du Rhin pour inonder le pays des Bataves en se défendant contre les romains'~~

Fig. 1 : « Gemeenlandshuis van Schieland » à Rotterdam.
Dessin de J. Bulthuis (Rijksmuseum, Amsterdam)

33

## [Rotterdam]

**Lundi 23 mai**

M. [*James*] Manson m'a mené en voiture à Delfshaven où il y a beaucoup de vaisseaux, [à] Schiedam, l'une des 14 villes de Hollande, à Maas Sluis [*Maasluis*] – ou Maas land Sluis – où il y a aussi beaucoup de vaisseaux.

M. [*Jacobus*] Koole, médecin, m'a fait voir la femme qui a rendu des pierres biliaires cubiques, les bâtimens de la pêche du hareng, depuis juillet jusqu'en octobre aux isles de Shetland.

Vlaerdingen beau village. Tout ce chemin se fait le long de l'ancienne digue de la Meuse.

A Nord land [*Noord-Nieuwland*], chez M. [*Hugo Cornets de*] de Groot, belle maison ; Groot ou Grotius. Hugo né en 1593. Pierre 1615. Hugo 1658. Pieter 1684. Hugo 1709. M. Brand a écrit sa vie [1].

1. Johann Hubner, *Algemeene geographie of Beschryving des geheelen aardryks* [trad. en hollandais W. A. Bachiene, corrigé, augmenté et préfacé par E. W. Cramerus], Amsteldam, Pieter Meijer, 1769.

De dedans la salle où nous avons mangé, on voit le fanal de Briel, une demie lieue à l'occident, au-delà de l'isle de Rosenburg qui s'est formée depuis un siècle, habitée.

Près de là est Hoek van Holland, Cap de Hollande [2], où 700 hommes travaillaient cet hyver pour lier la digue de sable avec des fagots.

A Dort (voir cy devant) la Meuse se sépare en deux bras qui embrassent l'isle d'Yssilmonde [*IJsselmonde*], l'une en bas qui est la vielle Meuse, Oude Maas, et l'autre à Roterdam qui est la Meuse ou Newe (Meuse) [*Nieuwe Maas*]. L'Yssel, ou petit Yssel vient de Tergou ou Gouda, il vient du Rhin, tombe vers Roterdam dans la Meuse d'Ysselstain près d'Utrecht. Le nouvel Yssel, *Fessa drusiana*, vient du Rhin au vieux Yssel. Le vieux Yssel (Ouden Yssel) tombe dans le Zuiderzee [3] et vient du duché de Clèves ; c'est l'Yssel de Gueldres ; il paroit dériver encore du Rhin mais c'est à cause de la communication faite d'Arnhem à Doesburg.

J'ai vu une 'wiel' ou rupture de la digue. Les riverains sont obligés de les entretenir, on les visite deux fois l'an. Schiedam veut dire chaussée du canal.

Tout est inondé l'hyver et on va sur la glace avec des patins.

J'ai vu les bonnets des femmes à la Nort Hollande qui sont collés comme une perruque, sur lesquels on met des chapeaux de paille. Il fait encore très froid le 23 de mai. Les prairies sont couvertes de troupeaux qui y passent la nuit.

On donne 4 duid [*duiten*] aux enfants qui ouvrent les barrières à toutes les demi-lieues.

On ferme les portes de Roterdam a 8 h ½, et pour un sol le portier ouvre, jusqu'à 10 h ½ ce sont ses profits.

M. [*Hugo Cornets*] de Groot est directeur général des postes, mais lui-même n'a pas ses ports francs.

Un 'Kolfbaan' où l'on joue au 'kolven' avec des batoirs de [sa – don ? laiton ?]

Il y en a 200 aux environs de Roterdam, beaucoup de particuliers y jouent.

1. Caspar Brandt, *Historie van het leven des heeren Huig de Groot, Beschreven tot den aanvang van zijn gezantschap wegens de Koninginne en Kroone van Zweden aan't Hof van Vrankrijk*, Dordrecht/Amsterdam, Adrian van Cattenburgh/J. van Braam en G. onder de Linden, 1727.

2. A l'embouchure de la Meuse.

3. 'Zuiderzee' nommé aujourd'hui : 'IJsselmeer' par les hollandais.

34 **[Rotterdam]**

**Mardi 24 mai 1774 Roterdam**

Collège de physique où 50 souscripteurs achètent des instrumens. J'ai été reçu dans l'Académie [1] par une assemblée extraordinaire.

Manufacture de M. [*Fréderick Bicker*] Caarten, au bout de la digue. 100 ouvriers ; 24 milliers par semaine. Tabac de Virginie, Maryland pour fumer, de Gueldres ou d'Ammersfort. Les femmes gagnent jusqu'à 6 florins par semaine. Les hommes 6 florins aussi, et leur pièce. Le tabac est en toile et corde six semaines. Sauf le particulier, 17 florins les 104 livres. Pour l'Allemagne, la Suisse, en France par contrebande. Moulin à vent pour le mettre en poudre. Machine pour hacher le tabac à fumer. J'ai vu le jardin de M. Caarten, serres à l'an et fumier, ananas pour le mois d'aoust. Bureau singulier de 10 louïs.

Lanternes devant toutes les maisons. Maisons légères, tremblantes, larges croisées, petits trumeaulx étroits, murailles de deux briques d'épaisseur.

M. Bogard [*Paulus Boogaert*], Praeses magnificus Societatis. Observatoire très élevé, instrumens de physique. Je voyais Dort, La Haye, la Briel, Middelbourg, Utrecht.

M. le Bourguemestre [*Abraham*] Gevers a un cabinet d'histoire naturelle que j'ai vu le 25 et qui est superbe [2].

M. [*Jacob*] Kley fait des instrumens de physique, de navigation fort proprement, il est de Roterdam ; il étoit charpentier. Il a beaucoup de talent pour l'histoire naturelle.

M. [*Pierre*] Havart, négotiant a une belle collection d'oiseaux.

M. [*Reinier*] Arrenberg, libraire de l'académie près de la bourse, fait la *Gazette de Roterdam ;* il y a mis mon voyage le 26 mai [3].

Les jugements criminels se rendent par le ballif et 7 échevins en dernier ressort. Il y en a un qu'on vouloit assassiner parce qu'il avoit fait exécuter un meurtrier involontaire, par animosité.

1. La Bataafsch Genootschap der Proefondervindelyke Wysbegeerte, *cf.* p. 29 du *Journal*.

2. En 1787 la collection a été vendue : Friedrich Christian Meuschen, *Museum Geversianum*, Rotterdam, Holsteyn, 1787. Voir A. J. Gevers & A. J. Mensema, *« Deeze Weergadeloozen Verzaameling ». Het kabinet van zeldzaamheden van Abraham Gevers te Rotterdam*, Zwolle, Gevers en Mesema, 2000.

3. Le *Rotterdamsche Courant* du 26 Mai 1774 n'a pas été retrouvé. La même annonce est parue dans le *Groninger Courant* du 31 Mai 1774. Voir *Weekenstroo*, 2012, p. 243.

La maison de 500 orphelins est un bel établissement je les ai vu passer tous, bien habillés, bien nourris.

J'ai été à l'assemblée des directeurs de l'académie. On boit on fume. J'y ai été reçu membre correspondant de l'académie et la *Gazette* en a fait mention le 26.

keeren.
ROTTERDAM den 25 May. De Heer *de la Lande*, ſterrekundige van de Koninglyke Maatſchappy der Weetenſchappen te *Parys*, en Lid van de voornaamſte Academien van *Europa*, eene reis naar *Holland* ondernoomen hebbende tot het doen van verſchillende waarneemingen, heeft eenige dagen in deeze Stad doorgebragt, en is by die geleegenheid verzogt tot *Lid correspondent van het Bataafſch Genootſchap der Proefondervindelyke Wysbegeerte te Rotterdam.*

Fig. 2 : *Groninger courant* 31-05-1774

Le Lombard est pour le comte [le compte] de la ville, l'interêt n'est que de 4 pour cent.

Les pommes de terre sont d'une ressource infinie pour le peuple. La consommation de blé est devenue moindre. Le sarrazin, le ris de Caroline leur sert aussi.

M. [*Gerard*] Meerman, mort en 1771, étoit célèbre par son érudition.

### [Rotterdam] 35

**M. [*Steven*] Hoogendyck [Fig. 3]**

Sur une superficie d'eau de 500 'morgen' un moulin enlève un pouce par jour en faisant 15 tours des ailes par minute. Il coûte de 11 à 14 mille florins. On ne parle plus du déssechement de la mer de Harlem dont on parle depuis 200 ans [1] où il y a 33 mille 'morgen' de superficie à déssecher, 10 pieds d'eau et 10 pieds de vase.

1. Le lac d'Haarlem [*Haarlemmermeer*] a été drainé entre 1845 en 1852.

Fig. 3 : Steven Hoogendijk
(Coll. Bataafsch Genootschap der
Proefondervindelijke Wijsbegeerte, Rotterdam. Perdu 1940)

Pyromètre de deux pignons et deux rateaux, ou un quart de ligne sur une règle de 10 pouces fait faire un tour entier du cadran, la respiration y fait 4° en une demi-minute.

Yacht à deux gouvernails sur les 2 côtés de la poupe. Les roues d'un moulin ordinaire ont 18 pieds de diamètre, hauteur 45 à 50 pieds. Les ailerons 90 pieds de long ; la hauteur 45 à 50 pieds, quelque fois au-dessus d'un socle de 50 pieds.

Il y a 8.000 'morgen' à déssecher auprès de Roterdam.

Du côté d'Ost Poort, à l'orient, où j'ai été voir un grand 'water molen' [*moulin à eau*] ou 'wind water molen' fait sur les desseins de M. [*Steven*] Hogendyck, où il y a une seconde roue beaucoup plus large que les anciennes. Le long des prairies et du canal de Leyde il y a de petits 'water molen' pour des petits terrains.

La tour de St Laurent étoit inclinée, on la redresse par un secret qui consiste à miner d'un côté pour la faire baisser. Les ponts levis se lèvent avec deux balanciers qui font presque équilibre et s'arrêtent avec deux verrouils.

On trouve dans plusieurs quartiers des échelles pour les incendies, qui sont peintes et à couvert.

Il y avoit une loge de francs-maçons, elle ne subsiste plus.

Les cuisines, les fournaux, les commodités, sont revêtus de carreaux de fayance, ou de terre vernissée.

Il y a deux églises romaines à Rotterdam.

Il n'y a pas de cabinets de tableaux depuis la vente de celui de M. [*Jan*] Bischop [*Bisschop*] [1].

Serrures fort mauvaises.

### [Rotterdam puis départ et arrivée à Delft]

36

### Mercredi 25 mai 1774

J'ai été voir les chantiers de l'Amirauté et de la Compagnie à la pointe orientale de la ville. Il y a des vaisseaux en construction, on les lance à l'eau, en mettant des bois à flot en travers qui se rompent et brisent le coup.

J'ai vu chez M. [*Reinier*] Arenberg mon article de la *Gazette* **[Fig. 2]**. Il va faire faire la traduction de mon *Abrégé d'astronomie* [2].

M. le Bourguemestre [*Abraham*] Gevers m'a fait voir son cabinet [3].

M. Muscaer [*Arnout Vosmaer*] de La Haye, est directeur de ce cabinet. J'y ai vu des madrépores de toute beauté, des papillons, des insectes, des animaux qu'il a eu vivans, des veuves d'un pied, blanches, grises, jaunâtres, cent tiroirs de coquilles dont quelques unes presque uniques, des polipiers qui sortent d'un grand vase d'éponge, un oiseau singulier qui a une crête et une barbe rouge, des découpures en papier, qui font tableaux, et même relief.

J'y ai bu de très bon vin de Constance.

M. [*François-César Le Tellier, marquis*] de Courtanvaux a tord de dire que sa qualité de directeur de la Compagnie ait contribué à son Cabinet.

M. [*James*] Manson m'a fait voir après dîner :

1ᵉ édition du *Systema Naturae* Linnaei 1735, Leyde, grand in folio [4].

1. *Catalogue de pieces rares et précieuses, laissées par monsieur Jan Bisschop ; Contenant une superbe collection de vieilles porcelaines du Japon, de la Chine & de Saxe [...] Tous les articles ci-dessus seront vendus par [...] Laurent Constant et fils, lundi 15 juillet 1771, & les jours suivants*, Rotterdam, J. Bosch, J. Burgvliet & R. Arrenberg, [1771].

2. Aucune traduction hollandaise de l'*Abrégé de l'Astronomie* de Lalande n'a été publiée.

3. *Cf.* plus haut, 24 Mai 1774, p. 34 du *Journal*.

4. Caroli Linnaei, *Systema naturae, sive Regna tria naturae systematice proposita per classes, ordines, genera et species*, Lugduni Batavorum, J. Haak, 1735.

Dessin original des corps des 2 frères de Wit suspendus à des poteaux la tête en bas et dévorés par des chiens [1].

*Linnaei amoenit.* t. 7. 1769 [2].

*A view of the deistical writers that have appeared in England.* Le Land, 1764 [3].

M. [*Frédéric*] de Rainville demande des gramen à 100 pour 10. Bier Straat (Rue de la bière) Roterdam.

A 5 h ¼ je suis parti par la barque de Delft, il y en a toutes les heures, près la porte neuvc ou porte de Delft, 5 h 14' ; on paye 5 sols.

5 h 52' Overschie, beau village, tout le chemin est comme un jardin.

5 h 14' [*sic*] arrivé à Delft vis a vis du magazin des Etats de Hollande hors la porte de Roterdam.

Logé au *Doel*, maison qui appartient à la ville, où l'on fait les repas, les fêtes ; cela veut dire but où l'on tire au blanc avec le fusil.

J'ai été voir le marché où est l'église neuve, et vis à vis l'hôtel de ville, la porte de La Haie, la porte des vaches, la porte d'Orient ; les places et les canaux plantés d'arbres taillés en éventail, le marché aux bêtes, le marché aux chevaux.

119 livres + 16 livres jusqu' à Delft + 7 livres 10 sols jusqu'à La Haye.

37

## [Delft]

J'ai rencontré en chemin de beaux yachts avec des compagnies, des glaces tout autour, un homme pousse de dessus le rivage, l'autre de dessus le pont.

Il y a cinq églises, une françoise où va la régence et même les gens comme il faut. Une église romaine.

Le cuisinier est de Normandie près du Havre, il a 100 florins [de] gages.

1. Cet événement est relaté de façn romancée dans le roman d'Alexandre Dumas *La Tulipe Noire*. *Cf.* aussi p. 15 du *Journal*.

2. Caroli Linnaei, *Amoenitates academicae, seu, dissertationes variae physicae, medicae, botanicae : antehac seorsim editae, nunc collectae et auctae. cum tabulis aeneis*, Holmiae, 1749-1790.

3. John Leland (1691-1766), *A View of the principal deistical writers that have appeared in England in the last and present century, with observations upon them*, 4 [e] éd., London, 1764.

**Jeudi 26**

M. [*Johannes*] Van der Wall à Delft, ville riche qui acheteroit La Haye.

Nous avons été ches M. [*Johan*] Berghuys, organiste et astronome par goût, qui m'a fait entendre le carillon [de] 1659, 38 cloches, cylindre de 6 pieds de diamètre [1].

14 à 15 000 âmes. Deux paroissiales, un hôpital, où l'on prêche ; l'église wallone en françois, ces 4 ont des cloches ; 2 romaines, 2 jansénistes, 1 luthérienne, 1 d'Arminiens ou Remontrans. Les Récollects ont pris la place des Jésuites.

Magasin des Etats de Hollande, 100 mille fusils : le 'Het Hollands magasin'. Magasin des Etats généraux : 'Generaliteits magasin'.

Princen hof [*Prinsenhof*] où il demeuroit et où il fut tué, Guillaume I. Inscription au-dessus des deux trous des balles. On y mettra les écoles de latin.

La profondeur est de 5 dans les canaux quelques fois 4 pieds ½ ; dans les petits canaux il y en a moins. La superficie est plus haute que les basses eaux de la Meuse en été, ou en hyver, s'il y a un vent d'est de deux ou trois jours. Les canaux de la campagne, 'polder water', sont de 3. 4 pieds 6. 4, plus bas que les canaux des villes qui se rendent à la Meuse. Il y a des moulins qui élèvent de 10 pieds, l'ordinaire 5 pieds, et il y a plusieurs étages de moulins quand on a plus d'eau à épuiser. Comme dans les 'droogmakerijen' où l'on a fouillé pour avoir de la tourbe 2000 'morgens' quelques fois 400.

Mesures :

Le Roeder [*roede*] de 12 pieds de long [2]. 600 'roeden' carrés font le 'morgen' 1240 toise [3].

Dans le Delftland il y a 100 moulins, pour épuiser les eaux sur 3 lieues de long (20 au degré [?]) [=1] 'uuren gaans' – heure chemin – [4]. Les miles sont de 5/4 heures

1. C'est en 1660 que la nouvelle église hérita pour la première fois d'un carillon. Celui-ci fut d'abord composé de 36 cloches réparties en 3 octaves, travail du fondeur de cloches François Hemony.

2. Le "Rijnlandse roede" (*tige rhénane*) est une ancienne mesure de longueur hollandaise. Un Rijnlandse roede = 12 Rijnlandse voeten (*pieds*) = 144 duimen (*pouces*) = 1728 lijnen (*lignes*) = 3,767358 mètres.

3. Un "vierkante Rijnlandse roede" (*tige rhénane carré*) est une ancienne mesure de superficie hollandaise. Le "morgen" est une autre ancienne mesure de superficie hollandaise (=3,767358 x 3,767358 = 14,19 m2). Un 'Rijnlandse morgen' = 600 Rijnlandse roeden *carré* (= 8515,8 m2).

4. Un 'uur gaans' = une heure de marche à pied.

38

## [Delft]

**26 mai à Delft**

Les tourbières vont de 2 à 12 pieds de profondeur. La superficie n'est pas bonne à un demi pied, mais on la mêle, elle a besoin d'une année pour sécher, on la tire avec des filets. Elle coûte 12 sols le tonneau sans compter l'impôt. Plus de 100 tourbes, un cercle de fer et un bâton avec le filet.

M. le Bourguemaistre [*Nicolaas*] Kraayvanger a 12 télescopes, un des 6 directeurs de la Compagnie des Indes.

40 conseillers de la ville, perpétuels, dont on choisit 4 bourguemestres et 7 échevins ; le Prince recommande, et le conseil élit le[s] nouveau[x] conseillers qui manquent.

Les 'hoof participanten' [1] nomment 3 directeurs et le Prince en choisit un pour directeur à vie.

Fondation [2] pour instruire 12 ou 18 orphelins, navigation, mathématique, chirurgie. Il y en a 2 ou 3 cent dans la grande maison.

Autre, pour fournir des médicamens aux pauvres de la ville, et visites de médecins.

Mont de piété, on ne laisse point voir le magasin : 'Stands leen' – prêt 'bank' [*stadsleenbank*].

Grand marché le jeudi en bêtes, blé, etc.

Porte de Roterdam au midi, et de Ketel, Skiedam [*Schiedam*], toutes les trois fort près l'une de l'autre. 'Ost porte' [*Oostpoort*], Koe poorte' – de la vache –, 'Hage poorte' au nord. Il y en a deux des deux côtés ; 'School poorte', 'Water sloot' – petit canal – 'poorte', occident.

J'ai donné pour ma couchée 2 florins 10 sols = 5 livres 6 sols et M.V. m'a dit qu'il avoit payé 8 florins à Roterdam pour une couchée.

J'ai été voir les 2 églises, tombeau de Guillaume I, de [*Marteen*] Tromp, et le monument en marbre, pyramide, tête, inscription de Antonius a Leeuwenhoek, né en 1632 à Delft mort en 1723 près de là, et, dans la nouvelle église, [*Hugo*] Grotius sans épitaphe mais ses armes sont fort haut.

Il y a plusieurs écoles françoises particulières où l'on envoie les enfans ; il y a beaucoup d'anglois à Delft.

1. 'Hoofdparticipant' = Actionnaire de la Compagnie des Indes orientales dont l'apport en capital doit être d'au moins 3 000 à 6 000 florins. Ce groupe d'actionnaires principaux nomme les nouveaux directeurs.

2. Fondation de Renswoude, voir p. 40 du *Journal*.

2400 catholiques à Delft et dans les environs.
Le territoire à l'orient m'a paru fort inondé, on y tire encore de la tourbe.
Les districts sont séparés par des digues, et l'on peut inonder l'un sans l'autre, cela fait la sûreté du païs.

## [Delft]

39

Dans la province de Hollande :

| | | |
|---|---|---|
| Pour un domestique | | 4 florins [1]. |
| Redemptie geld (famille exempte de logemen) | | 1.16 sols. |
| Quand on en a deux, pour chacun, | | 7 |
| Redemptie Geld | | 3.6 |
| 3 | | 8 |
| | 3.12 | |
| 4 | | 9 |
| | 3.18 | |
| die vyf domestique – chacun | | 10 |
| redemptie geld | | 4.4 |

Au-delà de cinq, cela croît uniformément, en sorte que 2 domestiques font 19 florins, sans compter le thé et caffé. Le thé et le caffé, 4 florins pour chaque domestique.
L'année prochaine on espère diminuer. Chaque année on les établit de nouveau, et pour l'année seulement.
On paye le 20e de la vente des bêtes au marché.
Il y a peine corporelle contre ceux qui exposent des enfants, et l'on fait des informations exactes, aussi cela est très rare, mais à Amsterdam on est moins rigoureux pour les recherches.
La tourbe est comme de la boüe, on l'étend sur des aires, on la foule aux pieds, on la coupe en morceaux, on la fait sécher, le charbon vient d'Angleterre, l'accise égale presque le prix.
Les plaines des environs de Delft sont inondées presque tous les hyvers.
Quand le Zuyderzee est gelé, il a l'air d'une ville, couvert de patineurs, de traîneaux, de barques à voiles.

1. « Dans la province de Hollande » est écrit dans la marge gauche, et : « Ajoutés le dixième » dans celle de droite.

40

## [Delft]

### Le 26 mai 1774 à Delft

J[*ohannes*] Van der Wall, né à Delft, 40 ans, maître ès arts, docteur en philosophie, examinateur des pilotes de la Compagnie, lecteur en mathématique, physique et astronomie, (titre que la régence donne), premier instructeur dans la fondation de Madame Renswoude [1], inspecteur des ouvrages de la ville, des canaux et de plusieurs commissions particulières ; il enseigne toutes les mathématiques et la physique. Cette dame a fait de semblables fondations à La Haye 1756, et à Utrecht. Elle a laissé 3 millions de florins pour l'instruction et la nourriture dans une maison particulière, de quelques orphelins. Il y en a un à Paris, chirurgie, il y en a en Angleterre pour la construction.

Il m'a mené chez M. [*Nicolaas*] Kraayvanger à la campagne, j'y ai reçu mille politesses ; il m'a donné la *Gazette de Roterdam* où mon voyage est annoncé ; il m'a renvoyé dans son carrosse à Delft où j'ai pris la barque de La Haye a 8 h 55', 3 sols ½ et ½ pour le postillon. **[Fig. 4]**

Fig. 4 : Barque ('Trekschuit') entre Delft et La Haye.
Dessin par Jacob Elias La Fargue, ca. 1770
(Bibliothèque Universitaire de Leiden)

1. Marie Duyst Van Voorhout veuve du seigneur de Renswoude, fit une fondation pour établir des institutions à La Haye, Delft et Utrecht, où serait dispensé à des orphelins doués un enseignement en mathématique, physique ou chirurgie.

M. [*Johannes*] Van der Wall m'a dit que le Prince [*Guillaume V*] a beaucoup de mémoire, d'esprit, d'affabilité, et de crédit, que, s'il veut témoigner quelque envie de faire distinguer ceux des pilotes qui auront travaillé en astronomie cela suffira, et qu'il se chargera de les instruire. C'est lui qui a mis cette école sur le meilleur pied ; il y a une grande maison où ils sont nourris et instruits ; des machines de physique qu'ils ont fait eux-mêmes. Une biblioteque de livres françois, mathématique, architecture. Une salle pour les assemblées des régents et des régentes ; de la belle batterie de cuisine.

Il faisoit beau hier au soir, aujourd'huy le vent est très fort et froid, et le soir grosse pluye, mais on ne fait du feu nulle part parce que les cheminées sont récurées. On ôte même les grilles de dedans les cheminées de peur que la pluye ne les gâte.

On trouve des allées pavées de marbre blanc à Delft comme à Roterdam ; des tapis de pied partout, ils sont peints là où il n'y en a pas de véritables ; les meubles de mahogoni et les portes peintes en couleur du même bois, de même que les rampes d'escalier. Et les meubles qui n'en sont pas.

## [Delft et arrivée La Haye]

41

Je n'ai pu copier les épitaphes de [*Maarten Harmansz*] Tromp et de Guillaume I, mais on doit les trouver dans une description de Delft en hollandois [1], et dans le grand ouvrage en 11 volumes [2].

Je n'ai pu voir le château de Riswick [*Rijswijk*] en passant à cause de la nuit.

M. [*François-César Le Tellier*] de Courtanvaux, dans son voyage de Hollande, donne des éloges à des gens qui ont fort peu de mérite [3].

On ne peut voir l'arsenal sans une permission du député qui est à La Haye.

Le carillon de la nouvelle église sonne à tous les quarts d'heure. On change les airs tous les deux mois, c'est un travail d'environ 6 heures pour

1. Reinier Boitet (1691-1758), *Beschryving der stadt Delft, behelzende een zeer naaukeurige en uitvoerige verhandeling van deszelfs eerste oorsprong, benaming, bevolking, aanwas, gelegenheid, prachtige en kunstige gedenkstukken en zeltzaamheden*, Delft, Boitet, 1729.

2. *Tegenwoordige staat der Vereenigde Nederlanden*, vol. 4 : « Behelzende eenen [...] beschrijving der stad Delft », Amsterdam, Tirion, 1744, p. 428-497 et p. 469-601.

3. François César Le Tellier de Courtanvaux, *Journal de voyage de M. le marquis de Courtanvaux sur la frégate l'Aurore pour essayer par ordre de l'Académie, plusieurs instruments relatifs à la longitude. Mis en ordre par M. Pingré... de concert avec M. Messier...*, Paris, Imprimerie royale, 1768.

l'organiste et autant pour le serrurier qui met les écrous derrière chaque dent. On a joüé longtemps pour moi. J'ai vu la ville du haut de la tour.

M. [*Johannes*] van der Wall croit que la traduction de mon *Astronomie* ne réussira pas pour le libraire, non plus que le livre de M. [*Johan*] Lulofs [1] : il y a trop peu de lecteurs en Hollande [2].

M. [*Nicolaas*] Kraayvanger croit qu'il y a bien 3 millions d'habitans dans les Sept Provinces, d'autres disent entre 1½ et 3 ou 2¼.

Les troupes 40 mille. Le jeudi 26 le Prince a fait la revue à une lieue de La Haye, les carrosses coûtoient 7 florins. Il a été en Prusse, et les troupes sont sur le pied prussien.

Il y a fort peu de garnison dans les villes de la barrière, seulement pour conserver le droit.

Il y a des Hollandois qui ont été ruinés par la diminution des intérêts des papiers françois.

10 18' arrivé à La Haye, logé au *Lyon d'or* près de la Cour, chez M. Dubois, françois. Chambre à 12 sols, prix fait au rez de chaussée, fort agréable. 5 sols ½ pour porter mon paquet. 7 florins de dépense en 8 jours.

42

## [La Haye]

**Vendredi 27 mai 1774 à La Haye**

s' Gravenshague- parc du comte.

J'ai été voir M. [*Pierre*] Gosse, M. l'abbé [*Etienne Gastebois*] Des Noyers, M. [*Denis*] Diderot, M. [*Arnout*] Wosmaër [*Vosmaer*] qui m'a mené au Cabinet.

La chambre des Etats de Hollande. L'antichambre des Etats généraux. La salle des gardes du Prince Stathouder.

Chez M. [*Louis*] de Joncourt, M. [*Dirk*] Klinkenberg, il a été charpentier. M. [*Samuel*] Konig qui étoit bibliotécaire de la princesse l'attira ici, et lui fit bâtir un observatoire sur la cour.

Chez M. [*Frans*] Hemstruys [*Hemsterhuis*], fils de Tibère, habile philologue grec, fort curieux en optique ; il [a] un télescope de 12 pieds qui grossira 2.000 fois par le moyen de 3 occulaires achromatiques, fait par

1. Johan Lulofs, *Inleiding tot eene natuur-en wiskundige beschouwinge des aardkloots*, Leyden/Zutphen, J. and H. Verbeek/A. J. van Hoorn, 1750.

2. La liste de souscription pour la traduction de l'*Astronomie* de Lalande – 's *Sterrekunde* – fait état de 423 personnes qui ont acheté 477 exemplaires au total.

[*Jan*] Van der Bilt a Franeker, il y est encore ; petite lunette de [*Jan*] Van Deyl – Deyl 1767 [1] – à Amsterdam, est le meilleur instrument d'optique qu'on ait fait, 110 florins, 8 pouces ; 250 [florins], 3 pieds, petite ouverture, grossit 110 fois, égales à celles de [*John*] Dollond de grande ouverture.

Binocle, ou lunette double, où l'on a une sensation d'un champ plus vaste et où l'on peut juger des distances. Cela conserve les yeux. [*Jean-Etienne*] Montucla, [*Alexis*] Clairaut, [*Jean le Rond*] d'Alembert ont eu tord d'en parler mal, M. [*Frans*] Hemstruys [*Hemsterhuis*] en a plusieurs. Voir M. Bailly à l'occasion du Père [Schyrl] de Rheita et les *Mémoires* de 1787, p. 404 [2]. **[Fig. 5]**

Fig. 5 : Binocle, ou lunette double, conçue par Frans Hemsterhuis et fabriquée par Peter Dollond à Londres (Musée de l'Université d'Utrecht)

M. [*Denis*] Diderot s'est fait tord par la liberté de parler d'athéisme, presque tout le monde se retire de lui. Il fait un éloge extraordinaire de la czarine et de sa cour, il fait imprimer la traduction de ses réglemens, faite par M. Clerc [3]. Il a son portrait très ressemblant en agathe onyce.

1. Delyl 1767, précision rajoutée au-dessus de la ligne.

2. « Mémoire sur les lunettes nommées binocles », *Histoire de l'Académie royale des sciences avec les Mémoires tirés des registres de cette académie pour l'année 1787*, Paris, Imprimerie royale, 1789, p. 401-411.

3. D. Diderot (éd.), *Les plans et les statuts des différents établissements ordonnés par sa Majesté impériale Catherine II pour l'éducation de la jeunesse et l'utilité générale de son Empire écrits en langue russe par M. Betzky et traduits en langue françoise d'après les ori-*

Elle a payé son voyage, il n'a rien voulu de plus, elle a répondu à 132 questions sur son gouvernement et son empire.

Madame de Bintink de Rhone [*Charlotte Sophie van Aldenburg, épouse de Willem Bentinck van Rhoon*] étoit devenue folle d'un général, elle le suivit à Venloo en habit de postillon. Son mari et elle se sont séparés avec promesse qu'elle ne viendroit jamais où il seroit. Elle a fait des enfans partout.

~~J'ai du regret de ne pas pouvoir observer la réapparition de l'anneau de Saturne, qui peut-être commenceroit à paroitre aujoud'huy~~ (c'est en juillet).

Le Prince va à Loo en Gueldres ; voir la carte.

Revenu du Prince, 18 cent mille florins y compris ses 4 principautés.

En 1774 il y a eu une inondation universelle aux environs de La Haye, cela ressembloit à l'Egypte. Le canal débordoit sur le chemin.

Aujourd'huy il y a eu inondation le soir à Amsterdam, 66 au dessus du [Bel---- ?]

On ne fait point de feu du 1er mai au 1er novembre quoiqu'on meure de froid.

43

## [La Haye]

**A La Haye**

| | |
|---|---|
| M. [*Constantijn*] Gabry | West Eynde. Son frère [*Pieter Gabry*] mort, faisoit les observations [1]. |
| [*Jean-Jacques*] Blassière | Jan Hendryck Straat. A le college de physique près la 'groote kerk'. |
| [*Dirk*] Klinkenberg | Clerc de la secrétairerie de Hollande, Nort Eynde. |
| [*Frans*] Hemstreus [*Hemsterhuis*] | West cingel. Angle occidental de la ville. |
| Prince [*Dimitri Alekseyevich*] Gallizin, 109 Voorhout | M. [*Denis*] Diderot |
| [*Rodolphe*] Henzy | 57. Maître de mathématique des pages. |
| [*Arnout Vosmaer*] Wosmaer | Buytenhof (M. sur le plan). |

*ginaux par M. Le Clerc*, Amsterdam, M. M. Rey, 1775. *Cf.* Georges Dulac, « Diderot éditeur des plans et des statuts des établissements de Catherine II », *Dix-Huitième siècle,* 16, 1984, p. 323-344.

1. Pieter Gabry a effectué des observations météorologiques et astronomiques. Voir H. J. Zuidervaart, « A plague to the learned world : Pieter Gabry, F.R.S. (1715-70) and his use of natural philosophy as a vehicle for gaining prestige and social status », *History of Science,* 45, 2007, p. 287-326.

[*Hendrik*] Van Wyn — Het Spuy, angle oriental.
[*Louis*] Joncourt Noort Eynde.
[*Pierre*] Gosse junior [1] — Houtstraat 84. Il a la *Gazette de Hollande ;* les 4/5 de l'*Encyclopédie d'Yverdon*, 1200. Il se retire de la librairie.

*LYON D'OR* — Hof Straat
*HÔTEL DE FRANCE.* — Princessegragt [*Prinsessegracht*] 111.
M. [*Etienne Gastebois*] l'abbé Desnoyers.
[*Hendrik*] Van Wyn — Conseiller pensionnaire de Briel. Het Spuy

Carmes françois à l'église catholique.

M. [*Jacob Baart de*] Lafaille, lecteur en physique dans Noble straat a un beau cabinet de physique et payé par la ville depuis 20 ans pour la fondation de Madame Rynswoud [*Renswoude*].

M. [*Abraham*] Perrenot, chez M. [*Jacob Carel*] Reigersma (108), trésorier du Prince.

M. [*Archibald*] Hope dans le Pleyn, pour qui M. [*Hendrik*] Van Wyn m'a remis des lettres.

Cabinet de tableaux de M. Van Eetren [*Adriaan Leonard van Heteren*], Voorhout.

Oud Hof [*Het oude Hof*], maison du Prince dans Nord Einde un fameux Dow [*Dou*], un de Rubens et Breugle [*Brueghel*].

La maison de Zuidwyck [*Zuydwijk*] à une demi lieue de Leyde, deux lieues de La Haye, M. le Comte Opdam [*Jacob Jan van Wassenaer-Obdam*] ; la maison du Bois [*Huys ten Bosch*], beaux tableaux, très grands, cycle de Rubens.

Zorfliet [*Zorgvliet*], maison du Comte de Bentink, jardins à l'angloise amateur de tout, premier seigneur du pays.

Beau chemin de Scheveningen est creusé dans les dunes, ½ heure à pied, arbres taillés, autrefois il faisoit berceau.

M. [*Pierre*] Lyonnet, cabinet de coquilles [2].

M. [*Jacob Baart de*] La Faille, instituteur des orphelins de la fondation, a un cabinet de physique.

M. [*Friedrich Christian*] Meuschen, naturaliste, brocanteur.

1. Dans la marge : 'p. 73'.

2. Voir P. Smit [*et al.*], *Hendrik Engel's Alphabetical list of Dutch zoological cabinets and menageries*, Amsterdam, Rodopi, 1986, n. 962.

L'ambassadeur d'Angleterre [*Joseph Yorke, Lord Dover*] n° 87 du Plein de La Haye.

--------------- d'Espagne [*Alvaro de Navia Osorio y Villet*] [n°] 110.

--------------- de Prusse [n°] 117 Tulmeyer [*Friedrich Wilhelm von Thulemeier*].

M. [*Pieter van*] Bleiswick [*Bleiswijk*] [n°] 87.

M. [*Henri*] Fagel, Nord Einde, la plus belle bibliotèque de la province, estampes, tableaux et médailles.

44 **[ La Haye]**

M. [*Johan*] Meerman a la bibliothèque de son père [*Gerard*], livres rares, manuscrits des Jésuites de Paris, qu'on arrêta à Rouën, il en abandonna pour 3.000 florins, on lui envoya le cordon de Saint Michel, et son nom n'a jamais été sur *l'Almanach*.

M. [*Charles Pierre*] Chais, ministre, a travaillé à trois journaux, a fait un commentaire sur la Bible. Apôtre de l'inoculation, avoit écrit 6 mois avant M. [*Charles Marie*] de La Condamine là-dessus.

---

Il y a des 'water mole' qui élèvent 700 toneaux par minute de 5 ¼ pieds cube à 4 pieds ; on compte 250 pour toute l'année, l'un portant l'autre.

45 **[La Haye]**

Canaux. M. [*Dirk*] Klinkenberg, **27 mai**.

Le canal depuis Roterdam jusqu'à Delft, La Haye, et Leytsendam [*Leidschendam*] est tout de niveau. A l'écluse de Leitsendam on change de district.

Le vent de N. E. rend les eaux plus hautes en Rhinland [*Rijnland*], et [celui de] S. O. en Delftland [1]. La différence est 5 à 6 pouces, rarement un pied.

Au-delà de Leytsendam dans le Rhinland on va de niveau jusqu'à Harlem et jusqu'à l'écluse de Hallweg [*Halfweg*] (moitié chemin) ; on change de barque pour passer dans l'Amsteland [*Amstelland*] au-delà de la digue.

1. La gestion des eaux en Hollande est réglementée depuis le Moyen Age par l'Office des eaux (*Hoogheemraadschap*) de Rijnland et Delftland.

Il y a là 3 écluses entre Harlem Meer et l'Ye [*Het IJ*] qui est plus haute, exceptés quand le vent de S.O. abaisse les eaux de l'Ye et qui peut varier jusqu'à trois pieds pour quelques heures. Un pied de marée, toutes les eaux du Rhinland se décharge[nt] dans la mer de Harlem [*Haarlem*].

Il n'y a de chemin pour les grandes barques à voiles que par l'écluse de Sparendam [*Spaarndam*] et par le Sparen qui est de niveau avec Harlem Meer.

La mer du Nord a 5 pieds de flux, et dans les basses marées ordinaires, la superficie de Harlem Meer [*Haarlemmermeer*] est plus haute que la mer, mais il y a 12 pieds d'eau, le fond est toujours plus bas de 6 ou 7 pieds que la mer. Les eaux qui sont entre la digue de l'Ye et le canal de Harlem à Half weg se déchargent dans ce canal par le 'water mole', car le canal est plus élevé que la campagne et vers l'Ye brugg [*IJ-brug* [1]], à ½ d'heure de Harlem, il y a un pont où le canal se met de niveau avec la mer de Harlem. Il y a bien 172 'water mole' dans le Delftland, 3 ou 4 lieues de long.

M. Reydelikeid [*Cornelis Redelijkheid*].

La différence des eaux intérieures est 2½ alternativement entre Rhinland et Delftland.

La différence des eaux extérieures des rivières [est] 12 à 14 pieds, même 20.

M. Bruinings [*Christiaan Brunings*], inspecteur général des rivières entre Harlem et Amsterdam à Halfwegen. Carte des progrès de la mer de Harlem depuis 1531 jusqu'en 1740 que les Etats ont fait graver, mais qu'on ne communique pas. Machine pour récurer les canaux avec des leviers de la garouste. Harlem Meer augmente de [?] [2] pieds quand le Zuyderzee est poussé par le vent par dessus les digues, il y a 2 pieds de différence entre les grandes et les petites eaux.

1. 'IJ-brug' : au hameau 'Vinkebrug', le long du canal entre Haarlem et Amsterdam.
2. Chiffre raturé.

46 **[La Haye]**

**Samedi 28** chez M. [*Rodolphe*] Henzy qui a fait le voyage de la Nort Hollande avec M. de Boisset [1]. Ils ont beaucoup écrit.

M. [*Isaac de*] Pinto a fait remarquer une erreur considérable dans le traité de paix au sujet de Masulipation [*Masulipatnam*] [2] ; on lui a fait une pension de 600 livres sterling.

Mr. C.P. [*Christianus Paulus*] Meijer, négotiant, demeurant sur le Heere gracht à Amsterdam.

Mr. Kramer [*Pieter Cramer*], négotiant.

Mr. [*Arnout*] Vosmaer, directeur du cabinet de Son Altesse à La Haye.

M. [*Rodolphe*] Henzy, fils de celui [*Samuel*] qui fut décapité à Berne en 1748 pour avoir assemblé les bourgeois afin de demander aux magistrats le redressement des torts du bourguemestre.

M. [*Louis*] de Joncourt m'a fait voir la bibliothèque. Petit manuscrit de toutes sortes d'écritures de Charles IX et Catherine de Médicis ; manuscrit de Tycho ; instrumens de physique avec lesquels il a fait le cours du prince ; manuscrit de Mézeray, envoyé au prince Guillaume Henry, la note est signée Huÿgens de Zuÿlichem.

M. [*Etienne Gastebois*] Des Noyers estime les revenus des Etats généraux 50 millions [?] de florins, 33 mille hommes, 20 vaisseaux, mais ils peuvent en fournir beaucoup plus.

Les cloches de l'heure et de la demie sont différentes ce qui distingue, quoique l'heure sonne à toutes les demies.

A la banque d'Amsterdam chaque particulier dépose son argent en payant ¼ pour cent, et on commerce cet argent sans déplacer. En 1672, chacun voulut être remboursé, on le fit sans difficulté.

M. [*Jean-Jacques*] Blassière m'a montré une lunette de nuit œil de chat [3], donnée au prince Stathouder par le fils [*John Albert*] du Comte de Bintink [*Bentinck*] qui s'en étoit servi pour prendre un vaisseau françois.

1. Il s'agit peut-être de Pierre Paul Louis Randon de Boisset (1708-1776), financier et collectionneur français qui effectua un voyage aux Pays-Bas en 1766 en compagnie de François Boucher pour compléter sa collection de tableaux. Boisset avait tenu un journal de ce voyage.

2. Traité de Paris en 1763. *Cf.* L. S. Sutherland, « The East Indian Comany and the Peace of Paris », *English historical Review,* 62, 1947, p.179-190. 'Masulipatnam' : ville de la côte de Coromandel en Inde, dans l'état de l'Andhra Pradesh, fut le siège de la Compagnie hollandaise des Indes Orientales (VOC) de 1605 à 1756.

3. En hollandais '*Kat-oog*' : lunette avec une grande lentille d'objectif pour utilisation dans la nuit.

On plante le 1 mai des arbres en couleurs devant les portes. Le Prince en a six. On les ôte à la fin du mois.

## [La Haye]

47

Le Roi faisant part à leurs Hautes Puissances de son avènement : Très chers grands amis alliés et confédérés et signe : votre bon ami allié et confédéré 12 mai 1779 [*i.e.* 1775].
Louis

J'ai été voir la salle des Etats généraux, 28 sièges, la salle des audiances, chambre de Trêve [1] ; dans toutes deux sont les portraits des stathouders, les uns en buste les derniers en pied. Sur les cheminées la *Force* et la *Prudence* [2].

Chambre de l'Amirauté où les députés des 4 amirautés de la Meuse, d'Amsterdam et de Hollande, de Frise, de Zélande.

Chambre des députés des Etats de Hollande, 12 petits tableaux qui représentent l'histoire de Clodius Civilis [3] et des anciens bataves, de Otto Venius, maître de Rubens. Il y a une bibliotèque des Etats qu'on ne montre pas.

La salle des Etats de Hollande. La *Guerre* et la *Paix* [4], sur les cheminées.

Celle de 'Comiteer de Raden' [*Gecommiteerde raden*] [5], conseillers deputés dont le 1er des nobles est président.

La grande salle où sont les libraires, où l'on fait les ventes, où sont les drapeaux de Malplaquet, Fleurus, Oudenarde etc... en nombre prodigieux avec des inscriptions, cela comprend l'inscription de la porte St. Denis.

La salle suivante où se plaident les causes ordinaires et où se rendent les jugemens criminels, où [*Johan Olde-*] Barneveld fut condanné. La suivante où est la cour de justice, il y a d'assez bons tableaux.

1. Ainsi nommée en commémoration de la trêve entre les Provinces-Unies et l'Espagne qui y fut signée en 1609.

2. *Force* et *Constance*, tableaux peints par Jacques Parmentier, 1658-1730.

3. Claudius Civilis ou Gaius Julius Civilis (25-?), mentionné dans les *Histoires* de Tacite comme le chef de la rébellion des Bataves contre les Romains dans les années 69 et 70.

4. Tableau d'Adriaan Hanneman (1604-c. 1671)

5. '*Gecommiteerde Raden*' : Conseil exécutif des différentes villes coopérantes des Provinces-Unies.

C'est devant le perron de ce vieux bâtiment que [*Olde-*] Barneveldt fut exécuté, et l'on montre dans la tour du coin, auprès de l'observatoire, la fenêtre du Prince, d'où Maurice regardoit l'exécution.

M. [*Jean-Jacques*] Blassière m'a fait voir aussi le lieu des exécutions (68) où les deux de Wit furent attachés [1], la prison en dedans de la cour du palais, d'où ils sortoient quand ils furent massacrés. N sur le plan.

J'ai été chez M. de Bintink, ou le comte de Rhoon [*Willem Bentinck van Rhoon*], savant, il n'a plus de crédit, il s'est repenti d'avoir donné un tyran à son païs et l'on lui en a su mauvais gré.

La soirée avec [*Denis*] Diderot et le prince [*Dimitri Alekseyevich*] Galizzin, souper chez moi.

La maison du prince Galitzin étoit celle de [*Olde-*] Barneveldt, ses armes y sont encore, et la date, 1612.

48

## [La Haye]

**Le 29 may**

M. [*Abraham*] Perrenot, conseiller des domaines à Kuilenburg [*Culemborg*] près d'Utrecht, m'a promis les mesures sèches, il est de la famille des Granvelles d'Ornans en Comté.

J'ai été voir l'observatoire **[Fig. 6]**, 2 télescopes, point de pendule, ni de quart [de cercle].

Fig. 6 : Observatoire astronomique sur le dessus de la Tour de Maurice à La Haye (fragment d'un tableau de Van der Burgh, Gemeentemuseum Den Haag)

1. Voir ci-dessus, p. 36 du *Journal*.

La grande église, le tombeau d'Opdam, [*Jacob Van Wassenaer d'Obdam*] en forme d'autel, et celui du prince de Cassel.

Janus Secundus, poète latin.

Le Prince et la Princesse y étoient.

La nouvelle église, sans aucune colonnes, l'église catholique où l'on disoit la messe.

Déjeuner chez M. [*Jean-Jacques*] Blassière.

J'ai vu passer le gros duc de Brunswick [*Ludwig Ernst von Braunschweig-Wolfenbüttel*], que l'on trémousse pour l'empêcher d'étouffer. Précédé de deux coureurs. Il avoit été élu duc de Courlande, son frère est duc régnant, son neveu le consulte en tout.

Le Prince alloit seul à pied, grand chapeau, uniforme. 12 gardes à cheval en sentinelle dans des guérites.

Il a cent gardes à cheval et 100 suisses et il ne s'en sert que dans les cérémonies, mais on monte la garde chez lui. J'ai vu ses appartemens qui sont fort ordinaires, ceux de la Princesse sont plus riches, mais encore fort simples.

On n'est point si propre et si laveur à La Haye qu'à Amsterdam.

Les Etats généraux du temps de [*Johan van Olde-*] Barneveldt vouloient avoir une jurisdiction à La Haye, les Etats de Hollande s'y sont opposés, il n'y a qu'eux qui y soient maîtres.

Il y a garnison des gardes de Hollande, à pied et à cheval.

Suivant un livre de M. Dirken [*Johan Pieter Dierquens*], 1774, contre M. [*Albrecht von*] Haller, on vit plus à La Haye que dans tout autre pays de l'Europe [1]. La ville est sur des dunes.

J'ai dîné chez le prince [*Dimitri Alekseyevich*] Galizin, princesse charmante [*Adelheid Amalie von Schmettau*], belle voix, grande musicienne, physicienne, très lettrée. Il a des dettes à Paris on vouloit faire arrêter ses équipages.

Diderot m'a raconté sa *Fable du lézard*, son *Conte du mexicain*, le *Chien de Le Breton, les Cochons de l'incendie, la P. sincère*. Il croit que *l'Antiquité devoilée,* le *Bon sens*, le *Système de la nature*, la *Politique Naturelle,* le *Système social, l'Examen des apologistes* sont du même auteur [2], qui n'a jamais écrit sous son nom, et que [*Marc Michel*] Rey même ne le conoit pas. Il reçoit tout cela sans adresse.

1. J. P. Dierquens, *Verzameling van naauwkeurige lijsten opgemaakt uit oorsponkelijke registers*, La Haye, 1774. La *Bibliothèque des sciences et des beaux-arts*, vol. 41, La Haye, 1774, p. 174-191 a fait écho des divergences de point de vue entre Haller et Dierquens.

2. Paul Henri Dietrich baron d'Holbach.

Souper chez M. [*Louis*] de Joncourt avec ses 3 filles, son gendre, et 2 angloises.

Les ministres ont 1.800 florins, leur retraite, égale. Il y en a à 500 dans les villages, la province les paye. Les luthériens par le troupeau, les épiscopaux par l'Angleterre.

49

## [La Haye]

Mesures. M. [*Jean-Jacques*] Blassière.

*Grond-beginselen der Wynroey peil-kunde* -~~principe~~ fondement, commencemens jauge et jaugeage-, door Johan Lulofs, Leyden, 1764, Honkoop, in 8° [1].

p. 105 les noms de mesures des liquides.
1392 pieds Rhinland
1254.776 [pieds] Amsterdam
140,7345 'taerling' – cubique – 'duimen' – pouce –,
Rhinland = 'stoop' d'Amsterdam, p. 118

On l'a fixé partout pour le payement des droits, uniformément.

'Stoop' se divise en 2 'mingelen', ou en 3 'pinten', qui font les bouteilles du païs.

'Aam' contient 64 'stoopen' à Amsterdam.

4 'ankers' font un 'aam', ainsi un 'anker' fait 16 'stoopen'.

(Morgenster, in-8°) : sur les mesures sèches, autre ouvrage à consulter [2].

'oxhoofd', barrique de Bordeaux, contient ordinairement
200 'mingelen'
100 'stoopen'

Les mesures varient d'un lieu à un autre, à tout instant, il y a même à La Haye deux sortes de poids.

[p.]130. un pied cubique de Rhinland d'eau de pluye pèse 62,3485 livres d'Amsterdam ; 45,6674 = 45 livres 10 onces 5 drag. 26 grains, poids d'Amsterdam.
mais le poids de Troy a 2 grains par once de moins que celui d'Amsterdam, ainsi le pied cube d'eau, poids de Troye est :
62,609375 = 62 livres 9 onces 6 drag.

1. Johan Lulofs, *Grond-beginselen der wynroey-en peil-kunde*, Leyden, Wed, A. Honkoop & Zoon, 1764.

2. Johannes Morgenster, *Werkdadige meetkonst : tonende klaar en beknopt, hoe dat al 't gene een ingenieur en landmeter te meten voorvallen kan, wiskonstig met en gevoegt een verhandeling van roeden en landmaten…door ; overgezien…door Johann Hermann Knoop.* 2 [e] druck, 's Gravenhage, Van Thol, 1757. A nouveau cité quelques lignes plus loin.

Le thermomètre de ~~Fahrenheit~~ [*Hendrik*] Prins étant a 67° le 18 juin 1763.

*Werkdadige meetkonst tonende klaar en beknopt &c.* Joh. Morgenster.
– pratique geometrie montrans clairement et brievement, édition de Knoop, La Haye, 1757, Van Thol, in 8° : à la page ~~749~~ 711, il y a une table des pieds, verges et arpens de toutes les villes de Hollande.
'Mudde', mesure de blé, ½ de last à Amsterdam.
M. [*Abraham*] Perrenot m'a promis ce détail des mesures de blé, je lui ai donné ma demande par écrit, et M. [*Jean Nicolas Sébastien*] Allamand.
On compte l'eau par tonneaux : 'ton water' de 4 pieds cubes, 5¼ suivant Allamand.
Un moulin en donne 400 par minutes, quelques fois 700. On compte 250 continuellement, l'un portant l'autre.

Les barques ont 48 ou 50 pieds de long.

50

## [La Haye]

Les fonds où il y a de la tourbe : depuis 300 jusqu'à 1200 florins le 'morgen', et les terreins mauvais 20-30 florins, dans les landes, les dunes. La tourbe coûte 18 sols dont 6½ d'impôt le tonneau de 100 ou 110.
M. [*Jean-Jacques*] Blassière en brûle 50 tonnes par cheminée bourgeoise. Le particulier qui n'a pas 300 florins, rien.
De 300 à 600 sans domestique, 4 florins de café, 36 sols de 'redemptie gelt' ou exemption de logement. Gens de guerre.
M. Blassière fait venir du vin de Bordeaux à 6 sols ½ la bouteille, y compris l'impôt de 2 sols par bouteille, mais la bouteille est beaucoup plus petite que la nôtre ; les marchands la vendent 10 et 11 et il est moins bon.
Un carrosse à 4 chevaux coûte 1 800 florins à La Haye, en comptant le cocher et l'entretien.
M. [*Pierre*] Gosse dit que le sien lui coûte 4 florins 5 sols par semaine.

**1er juin.**
Le meunier m'a dit que le sac de 180 ou 190 livres coûte 11 florins, et 3 florins, 3 sols d'accise.
Une servante a 50 florins de gage et coûte environ 150.
Une paire de souliers, de 3 à 4 florins.
Chapeau fin, de 7 florins.
Le lait, 6 duds la bouteille.

Vin du Cap, un et jusqu'à deux ducats la bouteille.

Le Roi Guillaume paya 24 livres pour deux œufs est-ce qu'ils sont si rares ? Non, mais ce sont les rois qui sont rares.

51 **[Rijswijk & La Haye]**

**Lundi 30 mai 1774.**

Encore froid. M. [*Abraham*] Perrenot m'a mené à Riswyck [*Rijswijk*], grand château, beaux jardins. Sallon à 4 portes pour l'entrée simultanée des ministres. Chambre de la signature, on montre l'encre sur le parquet.

Chambre d' [*Nicolaas*] Hartsoeker, son thermomètre ancien. Serres chaudes : 72 ° de Fahrenheit en hyver, 88° en été. On fait du feu de 3 en 3 heures, on a des raisins depuis mars jusqu'en janvier. Des cerises aussi, grands filets pour couvrir les cerisiers en pleine terre. On change les serres de place, pour ne pas épuiser les seps, il y en a 4 ; les vignes ne gèlent pas en pleine terre. C'est au petit Loo [1] que sont les pêches.

Le Prince a 10 maisons, 300 mille florins d'entretien, et il est obligé de négliger celle-là.

Vis d'Archimède pour vider les bassins, 20 pieds de long, que 4 hommes font tourner. Le terrein est assez élevé pour ne pas être inondé.

Les caves de La Haye, dans les maisons où il y en a, sont voûtées et enduites de ciment par dedans et par dehors.

La Princesse a des assemblées en hyver, à la vielle Cour, parce qu'à la Cour elle est trop étroitement logée. Chez elle il y a le soir des parties de jeu et des soupers mais où l'on ne va que quand on est invité ; elle est timide et parle peu, on ne peut juger si elle est fort instruite. Elle lit cependant. Il y aura cercle le 2 juin.

M. [*Mathieu*] Maty étoit fils d'un ministre de Leyde qui fut persécuté pour ses opinions et s'en alla en Angleterre.

M. [*Louis*] de Joncourt est né à S. Quentin.

On fait venir beaucoup de gouverneurs et instituteurs pour les enfans de Genève et du païs de Vaud, les refugiés ne fournissant plus.

1. Guillaume III, Prince d'Orange achète en 1684 à Appeldoorn le château de 'Het Loo' (XIV e-XV e s.). Dès 1687, son épouse Marie II Stuart fait entreprendre la construction d'un nouveau château : la propriété aura ainsi deux maisons de plaisance, le Grand et le Petit Loo. Cette propriété était non loin de la Maison du Bois 'Huis ten bosch', *cf.* p. 53.

J'ai été présenté au Prince, à qui j'ai proposé d'encourager l'astronomie dans la marine hollandoise, et qui m'a parlé de comètes, et m'a dit qu'il étoit enchanté de connaître une personne de ma réputation et de mon mérite. La *Gazette* du 1. juin en a parlé **[Fig. 7]** ; ensuite à la Princesse, qui m'a parlé de Berlin, d'inoculation ; au grand pensionaire Bleswick [*Pieter van Bleiswijk*], au secrétaire [*Henri*] Fagel fort aimé à l'ambassade d'Angleterre.

Giſteren heeft de Heer *de la Lande*, Lid van de Koninglyke Academie der Weetenſchappen te *Parys*, de eer gehad, om aan Hunne Doorlugtigſte en Koninglyke Hoogheden, den Prins en Prinſes van Oranje en Naſſau gepreſenteerd te worden, en den Heer Erfſtadhouder te onderhouden over de noodzaaklykheid van het beoeffenen der Sterrekunde, ter bevordering van den Zeevaart. Deeze geleerde is voorneemens door zonder de Kanaalen, die tegenwoordig een onderwerp van verſcheidene groote onderneemingen in Frankryk zyn, in aanmerking te neemen.

Fig. 7 : *Groninger Courant,* 3 Juin 1774

**[La Haye]** 52

M. [*Carel George van*] Wassenaer [*-Obdam, seigneur de*] Twickel, a été président de son Altesse à 20 ans.

M. [*Pierre Chrisostome d'Usson*] de Bonac lui dit haut et puissant poliçon. Cela déplut, mais il l'étoit en effet.

J'ai été chez M. le duc Louïs de Brunswick [*Ludwig Ernst von Braunschweig-Wolfenbüttel*] ; chez les ambassadeurs, et dîner avec M. l'abbé [*Etienne Gastebois*] Desnoyers.

Le soir à Sorvied [*Zorgvliet*], maison et beaux jardins du Comte [*Willem*] de Bintink [*Bentinck van Rhoon*] : fontaine en gerbes, orangerie, bosquets à l'angloise, gasons très vastes, allée superbe, alignée sur Scheveningen, rangées d'arbres, sans compter les bosquets adjacents.

Barrière où l'on paye, rend 2800 florins à la ville, 4 sols par carrosse. Village de pêcheurs, 2400 habitans, une partie a été engloutie, qui étoient prêts de partir le soir pour la pêche. Il y a une prairie au bord de la mer, où il y a du blé et un pâturage derrière les dunes.

Le soir, observer Saturne avec la lunette achromatique de M. [*Frans*] Hemstruys [*Hemsterhuis*], de 3½ de [*John*] Dollond. L'anneau ne paroissoit point encore ; cependant on voyoit la bande noire, quoique le temps fut un peu embrumé. v. p. 55.

« Nord Molen », que le Prince d'Orange donna à une paysanne.

M. [*Willem*] de Bintink s'est brouillé avec le duc [*Ludwig Ernst*] de Brunswick parce qu'il comptoit être président du Conseil du Prince comme auparavant, et que le duc se fit nommer seul conseiller, puis parce que le duc de Brunswick avoit fait rendre au Roi de Dannemark des honneurs que le président seul devoit ordonner, à la parade.

Auprès de Catwick [*Katwijk aan zee*] on a vu, de mer basse, les ruines d'un ancien bâtiment appellé Britten [*Place forte de Brittenburg*] qu'on croit être un château des romains, entrepôt des blés d'Angleterre. v. p. 62.

Un bourguemestre de La Haye, M. [*Johan Pieter*] de Dierquens, a calculé exactement qu'un dousième des habitans de La Haye avoient passé 80 ans. 39 centenaires sur 25.000 ; un de cent vingt en 19 ans, deux centenaires par an, où il ne meurt que 1.350 personnes. Dans la *Bibliothèque des sciences* [1], M. [*Jean-Daniel*] de Lafite met la liste des morts de la Haye à la fin de chaque année, l'âge des morts, et les maladies dont on est mort. Quand on a passé 60 ans on a une grande espérance d'aller à 100. On n'enterre personne sans un billet. Chaque 10ème année de la vie paroît avoir plus de danger que les autres.

53

## [La Haye]

**Mardi 31 mai.**

Beau temps. J'ai été voir les microscopes de M. [*Louis François*] Dellebarre, sa femme, aimable, qu'un de ses amis entretenoit, et lui a fait épouser.

M. [*Pierre*] Gosse m'a mené à la maison du Bois [*Huis ten Bosch*], beau sallon. Vie de Fréderic Henri [2].

A la ménagerie, zèbre, vautour, faisans.

A Voorburg, beau village ; sur le chemin de Leyde jolis riens tout le long du canal.

Nous avons passé en sortant de la ville devant la maison de M. [*Johan François van*] Hogendorp, receveur général des Etats, fort belle.

1. *Bibliothèque des Sciences et des Beaux Arts,* La Haye, Pierre Gosse, 1754-1765, 49 vol. Rédigée par Charles Chais, avec la collaboration d'Elie de Joncourt, Jean-Daniel de La Fite et son épouse Marie-Élisabeth, C.-G.-F. Dumas, *et al.*

2. Frederick Henry, prince d'Orange, fit construire en 1645 pour sa femme, Amélie de Solms-Brunfels, le palais 'Huis ten Bosch' dans le plus grand bois subsistant en Hollande. A sa mort, son épouse y fait exécuter par de grands artistes, Gerrit van Honthorst, Jacob Jordaens, Jan Lievens entre autres, des peintures à la gloire du Stathouder.

Toute la plaine est inondée l'hyver, on peut aller en 3 heures de temps à Amsterdam avec des patins, tout au plus en 5 heures, c'est un art fort cultivé en Hollande que les patins.

Chez M. le prince [*Dimitri Alekseyevich*] Galitzin où M. Tulmayer [*Friedrich Wilhelm von Thulemeier*], envoyé de Prusse, m'attendoit et où j'étois invité.

Chez M. le Comte de Bintink, dîner, vin de Constance, glaces. Il m'a prié de dire à M. [*Henri-Louis*] Duhamel [*du Monceau*] qu'il est enchanté de ses ouvrages, et qu'il voudroit trouver l'occasion de lui prouver sa considération et son attachement.

Après dîner j'ai été à Loosduynen, pays de chasse, de blés, de légumes, qui fournit la province. J'ai vu de loin la tour de s'Gravesande -sables du Comte- où les anciens comtes de Hollande avoient une habitation.

J'ai vu des dunes défrichées, on fait des avantages à ceux qui l'entreprennent.

J'ai fait le tour des ramparts de La Haye qui sont très beaux. Le Prince Graft [*Prinsengracht*], beau quartier.

Devant la maison d'un solliciteur de la guerre, espèce de financier qui escompte les ordonnances et qui paye les troupes, il se fait au moins 20 mille florins de rente.

J'ai été faire des visites et j'en ai reçu de l'ambassadeur d'Espagne [*Don Alvaro de Navia Osorio y Villet*], de celui d'Angleterre [*Joseph Yorke, lord Dover*], du duc de Brunswick [*Ludwig Ernst von Braunschweig-Wolfenbüttel*], j'ai reçu à midi une lettre de Madame [*Nicole Reine*] Lepaute, on est infiniment content du Roi, de son oeconomie.

J'ai payé 25 sols de blanchissage pour 5 chemises et 5 mouchoirs.

J'ai eu une conférence sur les eaux avec M. Radelykheid [*Cornelis Redelijkheid*] sur le Prince Gracht [*Prinsengracht*].

## [La Haye]

54

**1. juin 1774** à La Haye, beau temps.

M. [*Pierre*] Lyonnet m'a fait voir un cabinet de 6.000 espèces de coquilles ramassées de tous les cabinets. Cedet nulli, on en a offert 3 600 florins : c'est une volute, ou un amiral dont les taches blanches sont bordées de fauve. Navet à ramages noirs que Madame [*Marie-Anne-Catherine*] de Bandeville a achetée 1700 livres. Marteau de couleur d'ambre très rare. Il m'a fait voir l'instrument avec lequel il a fait son anatomie de la chenille du saule, dont il a gravé les planches et qui lui a coûté 2400 florins de papier et d'impression. 1760. 500

pages [1]. L'anatomie du papillon est faite, il y a vu 220 yeux, chacun comme une lunette à 3 verres, 2400 muscles dans la chenille.

De là, j'ai été chez M. de Reidlieked [*Cornelis Redelijkheid*] causer sur les eaux, il m'a donné une échelle des niveaux.

Chez M. l'ambassadeur d'Espagne [*Don Alvaro de Navia Osorio y Villet*], belle collection d'oiseaux, oiseau de paradis velours noir. Collection complète d'insectes formée par ~~Gronovius à Leyde~~. Papillons de la Chine de 8 pouces, insecte à 6 jambes, de 8 pouces.

Dîner chez M. l'abbé [*Etienne Gastebois*] des Noyers avec M. Guy. Il fait venir dc l'auberge, et fait des mémoires à la cour de la dépense.

Avec M. [*Jean-Jacques*] Blassière, voir le moulin de Messieurs Eckart [*Antoine George et Frederik F. Eckhardt*], dont l'un a été secrétaire du dernier Pensionnnaire. Roue inclinée de 45°, qui chasse l'eau obliquement à 5 pieds de hauteur. Ils ont imaginé encore d'autres machines, que je n'ai pas le temps de voir.

Un moulin à tabac ou 4 plaques hachant le tabac dans un sceau qui tourne par le même moulin, après quoi on le passe sous une meule, et enfin un tapis de crin. Le même moulin fait aller deux meules sur la pierre qui sert à faire le ciment en le mêlant avec la chaux. Moulin à blé qui a coûté 60 mille florins, il mout 150 sacs de 190 livres par jour.

A la vielle Cour il faut voir surtout le *Taureau* de Potter, 1647.

Belle *Présentation*, de Rembrand, *Paradis terrestre* de Breugle et Rubens.

*Adam et Eve* de [*Francesco*] Trevisani.

*Le Berceau* de Gerard Dow [*Dou*].

*Abraham*, d'André del Sarto.

Des [*Frans van*] Mieris,

2 portraits par [*Peter Paul*] Rubens.

Sainte Vierge de [*Antoon*] Van Dyck.

*Vénus et Adonis* de [*Peter Paul*] Rubens.

Des Vovermans [*Philips Wouwerman*]

*Le médecin*, [*Jan*] Steen.

55

## [La Haye]

La cérémonie du harang frais au moment que le premier vaisseau arrive est célèbre dans tout le Nord. A Hambourg on dépêche des courrier[s] pour en envoyer partout. Chacun en veut manger tout crud. C'est une fête universelle, ainsi que le départ de la Meuse.

1. P. Lyonet, *Traité anatomique de la chenille qui ronge le bois de saule*, La Haye, 1760.

Dépôt des cendres de tourbes, que l'on vend pour engraisser les terres.

Moulin à chevaux pour le cas où il manque de vent, on ne le montre pas.

M. [*Willem van*] Barneveld, fiscal du Haut Conseil, descend du Grand Pensionaire, il prend pour sa devise « le Crime fait la honte ».

Le Comte [*Bertrand Philip Sigismund Albrecht*] de Gronsvelds [*Gronsveld*] est presque le seul qui ait été mis, par le crédit du Prince, dans le corps de la noblesse, qui est réduit à 6 ou 7 familles anciennes. Ils ont des commanderies que la noblesse donne.

'Geestelyk comptoir', (du Saint Esprit) à Delft, administre les anciens biens d'église et paye les ministres, en partie.

Le soir, j'ai été chez M. [*Frans*] Hemsterhuis voir Saturne par un beau temps, je ne distingue point encore d'anneau, avec sa bonne lunette de Dollond (ce n'est que pour le 11 juillet qu'il doit reparoître).

J'ai reçu une invitation à dîner chez le prince Stathouder pour vendredi 3 de juin.

C'est M. [*Pieter*] de Bleiswick qui a procuré des encouragemens à M. [*Antoine George*] Eckhart, à M. Reidlicked [*Cornelis Redelijkheid*] pour leurs travaux, il peut en procurer à l'astronomie. Il est le président de la comission des finances de Hollande et, en cette qualité, il est le principal financier. Le grand trésorier est, après le président, le principal dans le conseil d'Etat. Il forme la pétition que ~~le prince d'or~~ le conseil d'Etat et le prince présentent le 31 décembre aux Etats généraux sur l'état des finances de la République. Pièce fort éloquente qu'on imprime, et que les ambassadeurs peuvent avoir comme ils ont toutes les lettres des ministres aux Etats généraux qu'on imprime pour ceux-ci. Ce sont les comissions particulières qui traitent les affaires secrètes.

Il y a des puits dans toutes les maisons souvent plusieurs. Ils ont depuis 3 pieds jusqu'à 60 de maçonerie, on maçonne jusqu'à ce que

**[La Haye]** **56**

cela ne s'enfonce plus, et alors on le ferme par en haut par une espèce de conoïde où l'on ajuste un tuyau de plomb. Le vieux toneau pourrit et la maçonnerie ne s'enfonce plus.

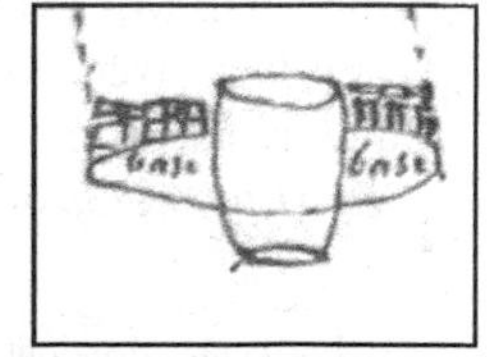


Il y a des endroits où l'on a 80 pieds de sable, on ne peut enfoncer des pilotis, on se sert d'encaissemens.

'Brand spuit', pompes qui sont dans de petites maisonettes en beaucoup d'endroits de la ville.
3 brasseries à La Haye. Mais il vient de la bière de Roterdam, Delft, et Harlem.

**2 juin 1774.** Temps doux, beau le matin, pluye le soir.

J'ai été voir M. [*Isaac de*] Pinto qui a été 4 ans à Paris, que j'avais beaucoup connu ; qui a des nièces fort aimables, dans le Vorooth [*Voorhout*].
M. [*Pieter van*] Bleiswick et M. [*Henri*] Fagel pour les animer en faveur de l'astronomie maritime ;
M. [*Louis*] de Joncourt, qui m'a donné le parallèle du Stathouderat et du Roi d'Angleterre.

La ménagerie [1] :
Pigeons à crêtes bleues, de Coromandel. Coq d'inde à gros tubercul, sanglier d'Affrique à large grouin, zèbre, corinne [2] de M. [*Georges-Louis Leclerc*] de Buffon, de Guinée, cerfs à taches blanches, faisans anglois, à collier blanc de la Chine.
Le sagittaire, oiseau de proie très singulier que M. [*Arnout*] Vosmaer a décrit, y étoit vivant ; il dérange tous les systèmes.
Il vit de poissons.

Dans le cabinet de M. [*Arnout*] Vosmaer :
Boules chinoises qui grelottent et dont on raconte des merveilles.

Ourang outang ; tapir, écureuil volant de la grande espèce.
Bénitier aussi grand que celui de St Sulpice, il y en a de plus grands. La plus riche collection de minéralogie qu'il y ait en Europe, [*Jean-Etienne*] Guetard ne l'a pas vue, il ne lui a pas fait de réponse. Il n'a vu personne.
Cristal d'Islande de 30 livres, et beau prisme de ce crystal.
J'ai dîné chez M. l'ambassadeur d'Espagne [*Don Alvaro de Navia Osorio y Villet*] avec M. d'Acugna [*José Vasques Alvares da Cunha*], ambassadeur de Portugal, M. [*Frans*] Hemstruys [*Hemsterhuis*], M. [*Etienne Gastebois* abbé] Desnoyers.

1. La ménagerie, dont était responsable Arnout Vosmaer, se trouvait au 'Petit Loo'. *Cf.* note p. 51 du *Journal*.
2. Sorte d'antilope.

J'ai été le soir au cercle, à la vielle cour, où étoient toutes les dames, noblesse, régence, negotians riches.

Mademoiselle [*Dorothée Charlotte*] Nieuwenheim Newkerk [*Neukirchen*], soeur de Madame [*Albertine Elisabeth*] Paters [*de Nyvenhem, dite la baronne de Nieukerque*], fort laide, son mari indien de fortune, en prison pour detes, elle lui a offert de payer ses detes s'il vouloit déclarer qu'il lui avoit donné du mal pour faire casser le mariage. Il a répondu que pour le peu d'honneur qu'elle lui avoit laissé, il ne vouloit pas le perdre encore. Elle est Nieuwenheim de Gueldres, noble.

## [La Haye]

57

M. [*Jean Daniel*] de Lafite, auteur de la *Bibliothèque des sciences et des beaux arts* [1].

Md. d'[Enkelin ?], amie de Madame de Maupertuis [*Eleonore de Borck*] et qui a élévé la Princesse [*Wilhelmine de Prusse*] m'a rappellé nos anciennes liaisons ... La gallerie et les deux salles voisines étoient pleines de tables de jeu, et il n'y avoit que 3 ou 4 femmes remarquables par leur beauté.

M. [*Jacob Theodoor Roest van*] Alkemade, le plus ancien noble de la province vit comme un païsan, il est catholique, près de Voorburg, il a droit de chasse, il va boire au cabaret.

Madame [*Maria Wilhelmina*] de Berkenrode étoit, Van der Duyn de son nom, noblesse de La Haye. Son mariage a été cassé pour adultère à Paris [2].

Le Comte de Heydeen [Sigismund Pieter Alexander van Heiden Reinestein] va en Prusse.

La Cour n'est point en deuil parce qu'on ne notifie point la mort au prince, mais seulement aux Etats généraux.

L'ambassadeur de Portugal [*José Vasques Alvares da Cunha*], m'a dit qu'il n'avoit rien vu d'exact sur le Portugal que l'abbé Rainal [*Guillaume-Thomas François Raynal*].

M. [*Jacques Philibert*] Mustel de Candos [*Candosse*] qui a fait longtemps la *Gazette d'Amsterdam* pourroit bien être l'auteur du *Système de la nature*, il vient de mourir.

1. Cf. *supra* p. 52 du *Journal*.

2. Son mariage avec Mattheus Lestevenon, seigneur de Berkenrode, ambassadeur à la cour de France, a été cassé en 1755.

M. [*Charles Théveneau de*] Morande, qui avoit fait les *Mémoires secrets de la Cour de France*, *l'Histoire secrète de la Bastille*, et *la Vie de mad. Du Bari*, vient d'avoir une pension de 6 000 livres de la France, pour suprimer les 3 ouvrages [1].

J'ai soupé chez M. [*Pierre*] Gosse avec M. [*Jean Daniel*] de Lafite.

**Le vendredi 3 juin,** beau temps, doux.

J'ai écrit à ma nièce et à Madame [*Nicole Reine*] Le Paute.

J'ai été voir le Cabinet du Prince : raretés des Indes ; armes de tous les pays ; maison chinoise en yvoire, c'est le plus grand morceau d'ivoire qui existe ; aiman naturel qui pèse 30 livres et en porte cent, il coûte 2 000 florins ; boete en or et en écaille, où la Compagnie a presenté le diplôme au Prince ; canon de Bengale enrichi de pierres précieuses ; pendules sympathiques de Cosnus [*Salomon Coster*], que M. [*Arnout*] Vosmaer a imitées : en arrêtant l'une on fait un petit bruit de détente, l'homme caché l'entend et tire le cordon qui arrête l'autre.

58

## [La Haye]

**3 juin** à La Haye

J'ai été voir le cabinet des Rhenswouders que M. [*Jacob Baart*] de La Faille m'a fait voir [2]. Son fils [*Jacob II Baart de la Faille*] est bon mathématicien. J'y ai vu la collection des instrumens du cours de [*Willem Jacob 's*] Gravesande faits à La Haye, en Angleterre, etc.

Le 'veysel molen' [*vijzelmolen*] qui élève l'eau à 12 pieds par 3 vis d'Archimède, M. [*Johan*] Lulofs le protégeoit beaucoup, mais cela n'a pas réussi.

'Modder molen' dont on se sert à Amsterdam pour récurer les canaux, c'est un chapelet de planches qui tourne dans la cuillère, avec des chevaux.

1. *Les Mémoires secrets d'une femme publique ou recherche sur les aventures de Mme la Comtesse du Barry depuis son berceau jusqu'au lit d'honneur, enrichis d'anecdotes et d'incidents relatifs à la cabale et aux belles actions du duc d'Aiguillon.* Ces ouvrages, qui firent pourtant grand bruit, n'ont jamais été diffusés : le 29 avril 1774, après avoir dressé un procès-verbal, on détruisit par le feu l'édition complète. Après cet événement, Théveneau de Morande s'installa à Londres.

2. Sur l'imposant cabinet d'instruments scientifiques de la Fondation de Renswoude, voir H. J. Zuidervaart, « De grootste verzameling die men ergens vindt. De collectie wetenschappelijke instrumenten van de Haagse Fundatie van Renswoude 1755-1829 », *Lessen. Periodiek van het Nationaal Onderwijsmuseum,* 7, décembre 2012, p. 10-13.

La machine de Gravesande pour mesurer la résistance des corps par la vitesse de l'écoulement de l'eau.

Un cabestan à 2 cordes à contre-sens, qui s'arrête sans cliquet.

Des thermomètres de [*Hendrik*] Prins, élève de [*Daniël Gabriël*] Fahrenheit, l'échelle est la même.

J'ai dîné chez le prince d'Orange, j'y ai parlé tout le temps de longitudes, de géographie, de voyages, de politique avec beaucoup de liberté, comme on devroit parler aux princes [1]. On m'a assuré que tout le monde avoit été content de moi. La Princesse m'a permis d'écrire au Roi de Prusse qu'elle m'avoit vu avec plaisir. Elle m'a fait voir de belle porcelaine de Berlin.

J'ai été chez Madame de Galitzin [*Adelheid Amelie von Schmettau*] où j'ai vu M. [Ros---ine ?] qui va voyager pour deux ans en Suède, en Dannemarck, en Russie.

M. [*Pierre*] Gosse m'a fait présent de toutes les brochures nouvelles, m'a fait les plus tendres offres de service.

M. Isaac de Pinto m'a mené chez M. le Comte d'Opdam [*Jacob Jan van Wassenaer Obdam*] goûteux qui m'a fait beaucoup d'amitiés, qui est fort instruit, et qui m'a promis d'apuyer mes propositions.

M. [*Henri*] Fagel et M. [*Pieter*] de Bleiswick m'ont promis deux Rhenswouders [2] à Paris, des gratifications aux pilotes et aux maîtres.

En mai tout le monde quitte la Haye, le Prince part lundi ; c'est alors une belle solitude.

## [La Haye]

59

Les modes se tirent de la Haye pour toute la Hollande.

On n'y est point hollandois, le commerce des étrangers défigure le caractère de la nation.

On hait les gens de La Haye, comme des sangsues des 7 Provinces.

Charettes tirées par des chiens, avec l'homme dedans vont plus vite qu'un cheval et travaillent plus longtemps.

On a reçu un édit du 31 par un courrier des marchands pour le payement des dettes de l'Etat.

Mle. [*Wilhemina Maria*] de Larrey, demoiselle d'honneur de la Princesse, fille du Secrétaire des commisssions du prince [*Thomas Isaac de*

1. *Cf.* Appendice A : lettre de Willem Bentink van Rhoon au Prince Guillaume V, 3 Juin 1774.

2. Elèves de la fondation de Renswoude.

*Larrey*] qui a fait la paix de 1748 [1], qui est aimable et instruit [e], m'a fait des politesses.

Mle. [*Rosette*] Batiste, chez M. le comte d'Opdam [*Jacob Jan van Wassenaer Obdam*] vis à vis la vielle Cour m'a fait des amitiés. Elle est fille de la directrice du spectacle ; elle a joué elle-même, on la dit mariée en secret avec M. le Comte d'Opdam, qui a assuré son bien à M. Twickel, son frère [*Carel George van Wassenaer Obdam*].

M. de Rhone de Bentinck [*Willem Bentinck van Rhoon*] premier curateur de l'Université de Leyden m'a parlé d'y établir un professeur d'astronomie. Je lui ai proposé M. [*Jacques André*] Mallet [2].

Deux voyageurs qui étoient venus à La Haye en différentes saisons disputèrent si c'étoit un port de mer.

On transporte des maisons sur des rouleaux sans les défaire. Les matériaux sont excellens on tire de bonne chaux de Brabant, la meilleure se fait avec des coquilles.

Belle fonderie à La Haye près de M. de Bleiswick [*Pieter van Bleiswijk*] établie par [*Jean*] le fils de [*Samuel*] Maritz.

*Dictionaire historique* par Prosper Marchand [3], libraire à La Haye, 1758, 2 vol. folio, mort quelques années auparavant. M. [*Jean Nicolas Sébastien*] Allamand a procuré l'édition.

Les femmes portent des chapeaux à l'angloise, les modes [4].

60

## [départ de La Haye, arrivée à Leyde]

**Samedi 4 juin**

Je suis parti de La Haye avec M. le Comte [*Willem*] de Bentinck [*Bentinck van Rhoon*] à 8 h 50'.

Passé à Voorburg, à Leschendam [*Leidschendam*], ce sont des vannes de 10½ pieds de large qu'on élève avec un treuil pour faire passer les bateaux.

1. Thomas Isaac de Larrey fut négociateur pour les Provinces-Unies à la Paix d'Aix-la-Chapelle.

2. Voir Lalande, *Bibliographie astronomique, avec l'histoire de l'astronomie depuis 1781 jusqu'à 1802*, Paris, L'Imprimerie de la République, 1803, p. 699. La correspondance entre Lalande et Mallet est éditée dans le volume V des *Lalandiana.*

3 . *Dictionnaire historique ou Mémoires critiques et littéraires*, éd. par J. N. S. Allamand, 2 vol., La Haye, P. de Hondt, 1758-1759.

4. La phrase s'arrête, peut-être parce que cela aurait été une redite avec la première phrase de la page.

On m'a fait voir le registre de l'éclusier où j'ai vu que le 28 février il y avoit 5 pieds 0 du côté du Rhinland et 7.5 du côté du Delftland, à cause du vent d'ouest qui est le plus fréquent. Différence 29 pouces. Quelquesfois 30.

Le Rhinland n'a pas de débouché pour ses eaux, voilà pourquoi l'on a souvent parlé de faire des écluses à Catwick, M. [*Willem*] de Bintink [*Bentinck van Rhoon*] m'en a donné les plans.

M. [*Alexandre Jérôme*] Royer, petit neveu de [*Christiaan*] Huygens qui a de ses manuscrits et sa première pendule d'équation, est venu avec nous, il est secrétaire des Etats de Hollande.

M. [*John*] May, capitaine de vaisseau anglois, à Leyde qui a perfectioné l'octant et la boussole a dîné avec nous.

Nous avons passé à Voorschoten où il y a beaucoup [de] belles maisons de campagne.

**10 h 40', arrivé à Leyde,**

ville de 60 mille âmes où le Rhin se partage en 2. Le Cingel est une promenade tout autour en dehors, 1 h ½ de temps.

Le 8 février 1775 sera le jubilé de l'université, qui fut fondée après le siège de 1574.

Il y a une description imprimée de la ville de Leyde en 2 volumes folio. Mieris, petit fils du peintre, avec des gravures fort bonnes, 1773. Le 2 e volume est de [*Daniel*] Van Alphen, greffier de la ville, en hollandois [1].

Je suis descendu chez M. [*Jean Nicolas Sébastien*] Allamand de Lausanne, 60 ans, venu en 1736 pour M. [*Willem Jacob*] s'Gravesande.

Nous avons été voir l'église de S.Pierre [*Sint Pieterskerk*].

Tombeau de [*Herman*] Boerrhave [*Boerhaave*], né en 1668, mort en 1738 : « salutifero boerhavii genio sacrum ».

Societé litteraire pour la langue [2].

1. Frans van Mieris le jeune (1689-1763), *Beschryving der stad Leyden [...] en nu nog naader met een aanhangzel, en verscheide oorspronglyke stukken, enz. vermeerderd en uitgegeeven door Mr. Daniel van Alphen*, 3 vol., Leyden, Weduwe Honkoop, van Hoogeveen jr., 1762-1784.

2. La 'Maatschappij der Nederlandse Letterkunde' a été fondée en 1766 à Leyde.

61

## [Leyde]

Tombeaux d' [*Thomas*] Erpenius, de [*Jacob*] Golius, de [*Johannes*] Cocceius, fameux théologien. Tombeau de M. Kerchove [*Johannes Polyander a Kerkhoven*], professeur, en marbre dans l'église françoise de Notre Dame, « Frau Kerch » ; les tombeaux de Joseph Scaliger, à qui l'université donna une pension seulement pour demeurer à Leyde, comme à [*Claude*] Saumaise, sans donner de collège ; tombeau de [*Carolus*] Clusius.

Il y a 500 écoliers dans l'université de Leyden, mais il en coûte près de 2.000 livres pour y être.

Les professeurs prennent 6 ducats pour leurs leçons particulières, la première année ; les leçons publiques rares. Il y a 20 professeurs environ. Ils affichent des leçons mais ne les font pas. 5 theologie, 3 droit, 5 médecine, philosophie et littérature 6.

Il n'y a point de fond, l'Etat paye les professeurs, il en coûte plus de 50 mille florins, pour le jardin, les laboratoires, les professeurs. Mrs. les curateurs demandent de plus quand ils ont besoin. Il y a 40 étudians au collège flamand, M. [*Jan-Jacob*] Schultens régent. ~~Les regenten~~. Le Recteur est choisi chaque année par le prieur. M. [*Jean Nicolas Sébastien*] Allamand tire bien 6.000 livres. L'exemption d'accise est importante, ils sont les seuls. Leur tribunal est sans appel, les bourguemestres y assistent.

M. [*Jean Nicolas Sébastien*] Allamand m'a fait voir ses machines de physique, à l'académie et chez lui :

- 'water gang' ; grue angloise où la roüe s'arrête par un collier ;
- la machine électrique de Nearne [*Edward Nairne*], en fond un fil d'archal avec 48 bouteilles ;
- la toupie de Searson [*John Serson*] [1] ;
- la pendule d' [*John*] Arnold à Londres ne varie point dans le pyromètre, les autres varient ;
- pyromètre d' [*John*] Ellicot pour éprouver dans l'eau ;
- thermomètres de [*Hendrik*] Prins à Amsterdam se vendent 100 florins. M. [*Abraham*] Calkoen a l'étalon dont il se servoit ;
- machine à eau de [*Willem Jacob*] 's Gravesande, en forme d'entonnoir.

1. Instrument de navigation : horizon artificiel gyrostatique, constitué d'un miroir, attaché à une toupie, qui reste dans un plan horizontal, malgré le mouvement du navire.

'Hoffies' [*Hofjes*], maisons fondées pour les vielles gens, chacun leur appartement autour d'un jardin ; on leur fournit du bois, de la viande etc.

## [Leyde]

62

- Aréomètre de [*John*] Dollond, où l'on a 30 poids différens pour les différens fluides.
- MM. [*Claude Léopold de*] Genneté vers 1740 établit une machine pour laquelle il devoit avoir 1000 ducats de pension si elle eut réussi, il faisoit un vide sous le piston [1].
- Machine à ratiner les étoffes de Middleman [*Evert Middelman*]. Draps noirs fort estimés à Leyde.

Rue de Long pont sur laquelle est un acqueduc. Une infinité de ponts à Leyde.

Passage étroit du canal de La Haye sur lequel la ville de Gouda a droit d'empêcher qu'on ne l'élargisse et viennent toutes les années visiter.

La 'Breedstraat' [*Breestraat*], rue large, va depuis la porte blanche jusqu'à la porte d'Utrecht. Il y a 7 portes et une petite.

L'école latine est un collège de 6 classes, pour les gens de la ville, payés par la ville, on appelle les régens précepteurs.

Maison des Elzevirs près de l'académie, M. [*Tiberius*] Hemstruys [*Hemsterhuis*] y a demeuré.

On a vu à une lieue du rivage de Catwick [*Katwijk*] une ancienne tour qu'on croit avoir été bâtie par Caligula, mais que les pêcheurs ne conoissent plus : 'Callas Toren', voir [*Philippus*] Cluverius, qui a écrit sur les rivières du païs : *De tribus Rheni alveis,* 1611, in 4° [2], *Mensonis alting notitia germaniae inferioris antiquit.*. 1697, in folio [3].

1. Voir Tiemen Cocquyt, « Failure, fraud and Failure, Fraud, and Instrument Cabinets : Academic Involvement in the Eighteenth-Century Dutch Water Crisis », *in* Jim Bennett & Sofia Talas, *Cabinets of experimental philosophy in eighteenth-century Europe*, Leiden, Brill, 2013, p. 79-97.

2. Philippus Cluverius, *Commentarius de tribus Rheni alveis, et ostiis ; item de quinque populis quondam accolis ; scilicet de Toscandris, Batavis, Caninefatibus, Frisiis, ac Marsacis...*, Lugduni Batavorum, J. Balduinum & L. Elzevirii, 1611.

3. Menso Alting, *Descriptio secundum antiquos agri Batavi et Frisii, una cum conterminis, sive Notitia Germaniae inferioris cis et ultra Rhenum,* Amstelodami, Wetstenium, 1697.

Il y a des mazures à une demi lieüe, et des pilotis à un demi quart de lieue du rivage actuel

M. [*Joannes Le Francq van*] Berkhey m'a fait voir ses desseins ou estampes d'histoire naturelle au nombre de 6 000 et m'a donné plusieurs cartes de son *Histoire naturelle de Hollande* dont il y a déjà 7 volumes [1].

C'est un lecteur d'histoire naturelle pour M. [*Jean Nicolas Sébastien*] Allamand, à qui il a fait donner 800 florins.

Il y a à Leyde cinq églises hollandoises, une françoise, une luthérienne, une anabatiste, une angloise, une janseniste, et plus de 10 chapelles catholiques.

La pierre bleue qui est devant toutes les maisons vient de Namur, le pavé vient de Norvège. La pierre de taille quelquesfois de Leyden, c'est le lest des vaisseaux.

63

## [Leyde]

Md. [*Joanna Maria van*] Thomps, fille de Boerrhave, avoit épousé un hanovrien, fait Comte [*Frederik, comte de Thoms*]. Elle demeure à La Haye, riche.

M. [*Friedrich Wilhelm*] Pestel, professeur en droit naturel, de la Hesse.

[*Bernard Siegfried*] Albinus avoit un beau cabinet d'anatomie, mort en 1771. L'université a acheté son cabinet.

[*Pieter*] Burman, [*Petrus van*] Muschenbroek, [*Willem Jacob 's*] Gravesande, [*Albertus*] Schultens, [*Philippus Rheinardus*] Vitriarius, droit public, où la Cour de Vienne envoyait tous les publicistes, sont morts depuis quelques années.

On donne cent ducats pour un collège particulier (cours), plusieurs personnes peuvent se rassembler, on les donne en latin. M. de Boüfflers [*Michiel Boufflet*] y a été 3 ans.

M. [*Frédéric Melchior*] Grimm va y amener les enfans [2] de [*Pierre Alexandrovitsch*] Romanzoff.

On donne le titre de docteur, sans s'embarrasser du temps d'étude, sur les examens et les thèses soutenues publiquement, sans s'embarrasser où

1. Joannes Le Francq van Berkhey, *Natuurlyke historie van Holland*, 9 tomes en 17 vol., Amsterdam/Leyden, Yntema en Tieboel/P. H. Trap, 1769-1811.

2. Frédéric Melchior Grimm était le précepteur de Nicolas et Serge Romanzoff, *cf.* Georges Dulac, « Un nouveau La Mettrie à Petersbourg. Diderot vu par l'Académie impériale des sciences », *Recherches sur Diderot et l'Encyclopédie*, 16, 1994, p. 19-43.

on a étudié. On pense à faire bâtir une bibliothèque, un observatoire et a avoir un professeur d'astronomie.

La régence de Leyde est composée des 40 dont on choisit 4 bourguemestres, dont un président, 8 échevins, un bailly, 'hoft officier' [*hooftofficier*], qui change tous les 3 ans, les autres tous les deux ans.

Il y a à Leyde plusieurs maisons en pierre de taille fort belles une multitude de ponts sur le Rhin et sur les canaux, la pluspart en briques, fort légers et fort hardis.

Le canal appellé Oudevest [*Oude Vest*], vieux rampart, est beau, large, bien bâti.

Il y a une rue où il y a une allée d'arbres, longue, large, et très bien couverte.

Schrevelius étoit de Leyde.

M. de Bruyn [1] à Leyde a le télescope de 8 pieds de M. [*Jan*] No[p]pen, qui demeuroit à Sparendam [*Spaarndam*], prédecesseur de M. [*Christiaan*] Brunings.

## [Leyde]

64

**Dimanche 7 juin 1774 à Leÿden,**

M. [*John*] May m'a fait voir un octant où, pour vérifier la position du grand miroir, il l'a placé sur l'alidade non pas fixe mais avec une base dentée et que l'on peut faire tourner avec une vis pour le vérifier sur toutes les positions [2].

Une boussole où la rose a son pivot au centre d'un genou mobile, elle supporte mesme les chocs sans s'incliner. Le pivot est au bout d'une vis avec laquelle on élève le centre de gravité plus ou moins, l'aiguille est courbée :

et porte un limbe de cuivre circulaire.

1. Il s'agit peut-être de P. de Bruyn, secrétaire de Zoeterwoude, dont la bibliothèque et la collection de raretés ont été vendues à Leiden en octobre 1779.

2. Voir K. van Strien (ed.), « Joseph Banks, Journal of a tour in Holland, 1773 », *in* J. Mallinson (ed.), *History of ideas. Travel writing. History of the book. Enlightenment and antiquity* [SVEC 2005 :1], Oxford, 2005, p. 83-222, en particulier p. 160.

Il prétend que le tonerre ne dérange point celles qui ont été touchées par des aimans artificiels. Il y a sur la boëte de côté une lunette pour prendre l'azimut, la boëte tourne avec la lunette.

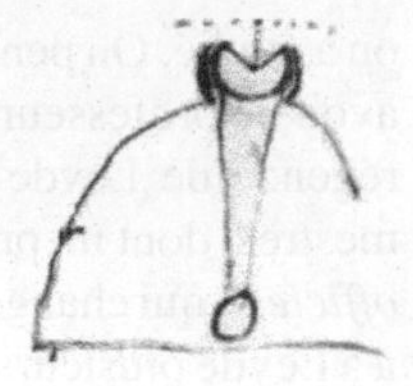

M. [*Jean Nicolas Sébastien*] Allamand m'a fait voir le beau cabinet d'histoire naturelle qu'il a formé. J'y ai remarqué :

- le Callao, un aigle de 3½ pieds de la tête à la queue, la giraffe, le lynx, le lyon &c. les animaux, dont il a joint les descriptions à l'édition de l'*Histoire naturelle* de M. [*Georges-Louis Leclerc, comte*] de Buffon faite en Hollande [1].
- Une botte de gomme élastique, un pénis de baleine, de 8 pieds,
- une grosse vis [*poisson*] fossile, de Madame [*Marie-Gabrielle de Pons*] De Rochoüart [2],
- le gerbaut
- une araignée de 8 pouces.
- une tête de méduse en forme de plumes noires,
-un grand polipe en plumes.

J'ai été voir M. [*Louis Gaspard*] Valkenaar, habile grec, il fait grand cas de M. [*Jean-Louis* ou *Charles*] Le Beau, [*Pierre Henri*] Larcher, pas tant de M. [*Jean Baptiste Gaspard d'Ansse*] de Villoison, il y a dans son lexicon des choses dont il aura honte un jour.

M. [*Hieronymus David*] Gaubius, célèbre médecin.

M. [*Jan Jacob*] Schultens, recteur du collège flamand m'a promis de me traduire tout le passage d'Ibn Junis sur les éclipses [3].

1. Georges-Louis Leclerc Buffon et Louis-Jean-Marie Daubenton, *Histoire naturelle générale et particulière, avec la Description du Cabinet du roi*. Nouvelle édition, publiée avec des additions par J.-N.-S. Allamand, 10 vol., Amsterdam, Schneider, 1766-1785 ; trad. néerl. *De algemeene en byzondere natuurlyke historie, met de beschryving van des konings kabinet*, vol. 1-17, Amsterdam, Schneider, 1773-1785 ; vol. 18, Dordrecht, Blussé, 1793 ; vol. 19-26 et index publiés au XIX^e siècle.

2. Voir Antoine-Joseph Dézallier d'Argenville, *L'histoire naturelle éclaircie dans une de ses parties principales, la conchyliologie, qui traite des coquillages de mer, de rivière et de terre*, Paris, Bure l'aîné, 1757, p. 136.

3. Ibn Junis (ou Abu al-Hasan 'Ali ibn 'Abd al-Rahman ibn Ahmad ibn Yunus al-Sadafi al-Misri, (c. 950-1009) astronome et mathématicien égyptien ; son attention aux détails, ses calculs méticuleux font que ses œuvres sont réputées être en avance sur leur temps. La bibliothèque de l'Université de Leyde conserve le seul exemplaire manuscrit de l'une de ses œuvres

M. [*David*] Runkenius, plus françois, perruque en bourse, bibliotécaire.
M. [*David*] Van Royen, neveu de l'auteur de *Flora leydensis* [1], m'a donné 2 lobelia de Virgini. [*Jan Frederick*] Gronovius [2] n'étoit pas botaniste, et n'avoit pas de jardin, bourguemestre.

J'ai vu le Syhall [*Saai of lakenhal*], maison pour les soyes, où il y a une haute flèche comme à la maison de ville, la Halle pour les draps ; le poids de la ville.
J'ai goûté chez M. [*Friedrich Willem*] Pestel qui m'a parlé de la jurisprudence.
Les coutumes ne sont point écrites pour la plupart, mais elles sont avoüées dans les auteurs.
Une mère changera de domicile pour succéder à son fils.
L'hypotèque dure 33 ans, mais les juges peuvent la faire cesser par des affiches et un décret.

## [Leyde]

65

On est fort attentif et les acheteurs ne sont presque jamais trompés.
Vis à vis la maison de ville est la maison de Joseph Scaliger, fils de Jules César [*Scaliger*], qui a été le maître des hommes les plus célèbres du dernier siècle. Il étoit, dit-on, l'espion de la France. Le président [*Pierre*] Jeannin étoit son protecteur.
Le soir M. [*Jean Nicolas Sébastien*] Allamand m'a fait manger des gauffres 'Wafel' plus délicats que ceux de Bourg, et aussi bons, c'est un mets de la foire ou du temps de kermèse.
Je n'ai pu aller voir l'endroit où le Rhin se perd dans les sables.
Les belles maisons de [*Herman*] Boerrhave, de [*Gérard van*] Zwieten, [le chateau] de Endegeest.
Rhinsburg [*Rijnsburg*], village où les collégiens s'assemblent deux fois l'année de toutes les provinces, il est difficile d'y être admis, il suffit d'avoir la morale de l'évangile, ils sont fort réguliers.
La poissonerie est sur le bord d'un beau canal, une fontaine pour fournir de l'eau aux marchands, pour laver les tables et le pavé.

astronomiques. Voir aussi S. Dumont, *Un Astronome des Lumières, Jérôme Lalande,* Paris, Vuibert/Observatoire de Paris, 2007, p. 207-208.

1. Adriaan van Royen, *Florae Leydensis Prodromus, exhibens plantas quae in horto academico Lugduno-Batavo aluntur*, Lugduni Batavorum, apud S. Luchtmans, 1740.

2. Jan Frederick Gronovius (1686-1762) a fait paraître une *Flora virginica* en 1739-1743 d'après des documents que lui avait fournis John Clayton (1686-1773).

Les arbres ne viennent pas si bien à Leyde qu'à La Haye.

Les tourbières produisent des excavations qui ne passent guères 12 ou 14 pieds, on les déssèche et cela produit de bonnes terres.

On en a desséché beaucoup auprès de Leyde depuis quelques années.

Il y a une fondation d'un prix tous les deux ans sur la religion naturelle et la morale, par Jan Stolp [1], qui a été étudiant toute sa vie à Leyde, le prix a été obtenu par M. [*Johann Friedrich*] Hennert, M. [*Abraham*] Perrenot, M. [*Gerrit Willem van Oosten*] de Bruyn, mes amis ; médaille de 250 florins où l'on grave le nom de celui qui a eu le prix.

M. [*Johannes le*] Francq le Berckhey, lecteur en histoire naturelle, a fait une pièce de vers sans R.

[*Petrus*] Van Müsschenbroek (on prononce Moskenbrouk = bon et culotte), son père [*Johannes Joosten van Musschenbroek*] étoit un ouvrier dont j'ai vu une pompe de 1705.

[*Jan*] Paauw fait de bons instruments de physique, il envoie un cours entier de [*Willem Jacob*] 's Gravesande.

M. Montaigu [?] a été à Leyde étudier l'arabe et l'astronomie en partant pour le Levant où l'on dit qu'il a été empalé, on le prétendoit fils du grand seigneur.

M. [*David*] Runkenius s'occupe de Platon depuis 20 ans.

Van Svieten [*Gérard van Swieten*] avoit tant d'auditeurs qu'on lui deffendit d'enseigner parce qu'il étoit catholique ; quoique hollandois. Cela lui fit quiter Leyde.

M. Ruinswinkel [*Nicolaas Romswinkel*], conseiller que j'ai vu à Paris en 1780, m'a fait toutes les offres de service.

66

## [Arrivée à Haarlem]

### Lundi 6 juin

Parti à 9 h 5' pour Harlem par la porte du Maere [*Marepoort*] ou de Harlem.

11[h] 8, Halwengen [*Halfweg*], moitié chemin, on change de cheval.

Parti 11 h 22, arrivé à 11 h [*sic*] à Harlem, par la porte, Zyl poorte. Passé près Hartecamp, maison de M. [*George*] Cliffort [2].

1. Jan Stolp a légué un montant de 11.000 florins à l'Académie de Leiden, les intérêts de cette somme devaient financer tous les deux ans, une médaille d'or de valeur de 250 florins, récompensant le meilleur traité sur la religion naturelle ou morale révélée.

2. George Clifford, reçut Linné dans sa propriété de Hartecamp. Celui-ci décrivit les plantes qui s'y trouvaient dans *Hortus cliffortianus,* publié aux frais de Clifford en 1737.

Harlem, ville de 20 mille ou 25 mille [âmes].

Logé chez M. [*Gerrit Willem van Oosten*] de Bruÿn avocat, grande rue du Bois [*Grote Houtstraat*], ami de M. [*Abraham*] Perrenot, Van Oostaade de Bruÿn [*Van Oosten de Bruijn*].

Il m'a mené voir l'établissement de feu Monsieur Ysbrand Staats [1], pour l'entretien de 29 femmes ou filles, qui se peuvent soutenir difficilement. Cet établissement s'appelle en hollandois 't Hofje van Staats. Hofie [*Hofje*]'. On leur donne un florin par semaine, de la tourbe, du beurre, du vin ; il y en a plusieurs à Harlem.

J'ai été voir la belle blanchisserie ou Bleekergen [*Blekerijen*], vers Sparadam [*Spaardam*] appelée Bleken a oven [*Bleekenhoven*] de M. [*Willem*] Cops [*Kops*]. Elle blanchit 600 pièces de toile de 50 aunes de (2 aunes, 1 pied, 8 lignes) ou 29¾ de France, large de 1, 2 ou 4 aunes. Il y en a 9 qui peuvent fournir 30.000 pièces en tout. On y emploie les cendres de Russie, vidasse [2], alkali, blanc[s] très caustiques, dans des chaudières bouillantes où les toiles restent un jour ou deux, opération très dangereuse, le savon, le petit lait alternativement ; le pré où elles restent 1 à 2 jours, un mois, on les arrose toutes les demi-heures, une roüe pour les tordre. Un pré pour les sécher. 60 personnes, 40 femmes, 20 hommes, deux mois pour l'opération. Les toiles se font dans le duché de Juliers, Frise, Brabant. Deux pour cent d'entrée, autant de sortie. Le blanc de Dordrecht ne vaut pas celui-ci, l'eau est sans doute la cause. Etoffes à la reine, ras [3] de Sicile pour l'Allemagne, 7 à 8 cents ouvriers.

## [Haarlem]

**67**

M. Isaac Tincate [*ten Cate*], negotiant, m'a mené voir la belle maison de M. [*Jan Bernd*] Bicker, 'Velser Hooft' (tête de Velser, canton charmant), de 40 morgen de jardins à l'angloise, charmans. Ruines du château de Brederode, près des dunes qui sont fort hautes, et qu'on commence à cultiver. Les environs de Harlem sont fort beaux, les plus riches particuliers d'Amsterdam y ont de belles maisons. Le Wyck est

1. 80 Maison de charité, fondée en 1730 grâce au legs d'Ysbrand Staats.

2. Ou vedasse ; dans le *Dictionnaire de Trévoux* : « espèce de cendre gravelée qui est propre pour la teinture et qu'on nous apporte de Pologne, de Dantzic, de Moscovie. On l'appelle autrement postasse ». Les cendres gravelées se font avec de la lie de vin séchée et brûlée.

3. Etoffe de soie.

un beau canton habité par les gens riches d'Amsterdam. Dans les dunes, celle de Md. [*Maria Margareta*] Corver.

Il y a à Harlem 4 églises protestantes, 1 wallone, 1 lutherienne, 4 anabatistes, 7 catholiques. Les anabatistes (mannonites) [1] ne vont point à la guerre.

Les anciens remparts ne subsistent plus, la ville a été étendue du côté nord vers Nieuwe ~~Gracht~~ Graft. Au Nord Spaarwouder poorte, ou d'Amsterdam, à l'orient la Spar et le pont, au midi Scaalwykeer poorte, la petite porte de bois et la grande porte de bois, Raam poorte et Zyl poorte à l'occident.

La Régence est de 32 conseillers dont un grand officier, 4 bourguemestres et 7 échevins.

Hommes célèbres v. p. 151

M. [*Christianus Carolus Henricus*] Van der Aa a fait un volume de sermons et un de prières pour la dernière guerre.

M. Oversky [*Johannes Overschie*], astronome, maître de françois, de géographie.

M. Pierre Eysenbroek, a un planétaire **[Fig. 8]** [2], un observatoire. Il est fabriquant de rubans de fil, il s'est formé tout seul. Ses moulins pour tordre le fil, 2, 4, 5, fils pour des bas, et pour coudre sont un secret sous serment, il en a une 20e à Harlem et non ailleurs ; on tord 150 fils à la fois, et mieux qu'ailleurs.

Les satellites de Jupiter et de Saturne, les rotations, sont représentées sur son planétaire.

- Il a un thermomètre où l'on peut voir le plus grand degré de froid, un cliquet empêche que l'index ne remonte quand la chaleur a augmenté,
- un baromètre où la cuvette ne change point de niveau parce que le mercure se répand dans une boëte de bois à mesure que le baromètre descend.

1. Précision placée sous le terme anabaptistes.

2. Voir Huib J. Zuidervaart, « A device with changing roles and meanings : A cultural biography of the Eysenbroek Grand Orrery (1738) at the Adler Planetarium, Chicago », *in* M. Bolt [*et al.*] (eds.), *Rod and Madge Webster : a Legacy of Collections, Philanthropy, and Friendship,* Chicago, Adler Planetarium, 2015, p. 142-159.

Fig. 8 : 'Grand Orrery' ou planétaire, fait en 1738 par Pieter Eysenbroek à Haarlem (Adler Planetarium, Chicago)

- Cubes de cristal d'Islande, prismes de même matière. Il étoit au comble de la joye.

## [Haarlem]

68

### Mardi 7 juin

Sur la maison de [*Laurens Janszoon*] Coster :

« Memorie sacruum typographia ars artium omnium
Conservatrix hic primum inventa circa annum 1440 »

tirée de *Marci Zuerii Boxhovaii theatrum sive Hollandie descriptio* 1632 [1]. Car elle est effacée sur la maison ainsi que le portrait de Coster peint sur bois.

*De Stad Haarlem en Haare geschiedenissen* etc… (Ses histoires) *door Mr. G. W. van Oosten de Bruyn*. Haarlem, 1765. un vol. In folio [2].

Cette maison est ancienne, occupée par un petit libraire, murs épais [?].

1. Marcus Zuerius van Boxhorn (1612-1653), *Theatrum sive Hollandiæ comitatus et vrbium nova descriptio,* Amsterdam, Henricus Hondius, 1632.

2. Gerrit Willem van Oosten de Bruyn, *De Stad Haarlem en haare geschiedenissen in derzelver opkomst, aanwas, vergrootingen en lot-gevallen, uit d'oudste gedenk-stukken en eigene stads-registers nagespoord en beschreeven,* Haarlem, J. Enschedé & J. Bosch, 1765. L'ouvrage comporte un portrait imaginaire de Laurens Janszoon de Coster.

Taille douce de 1488, de Paris, Mr. [*Pierre-Simon*] Fournier [1] s'est trompé ; *Pérégrination d'outremer* [2], M. Enschedie [*Johannes Enschedé*] me l'a fait voir.

Ce sont les imprimeurs de Mayence 1457 (psautier) qui ont commencé à mettre la date. La Bible de Mayence ressemble à un manuscrit.

J'ai vu à l'Hôtel de ville la 1ère édition du *Speculum* en hollandois [3], dont un autre exemplaire se trouve dans la bibliothèque publique en caractères détachées [*sic*] ; une édition latine du *Speculum*, de Coster ; le *Cantique des cantiques* et *Ars moriendi* gravé sur bois, et qui peut-être a précédé l'autre ; les représentations gothiques de l'*Apocalypse*, qu'on croit de Coster ; *Offices* de Ciceron, où il y a une date à la fin, sur parchemin, Mayence, belle édition ; un fragment du *Donatus* de Coster (grammairien), sur parchemin ; une *Chronique* de Cologne 1499, la date est à la main, où il y a un témoignage de la priorité de l'imprimerie hollandaise. *v.* la 2 e partie de Meerman [4] ; l'édition du *Speculum* de Veldenaar [5], où les figures de Harlem ont été coupées.

M. [*Johannes*] Enschsdé [*Enschedé*] m'a fait voir 4 pages du *Donatus*, et de l'*Horarium* de Coster, dont il m'a donné la représentation en taille douce ; la seconde édition du *Speculum* en hollandois, plus belle que la 1ère *v.* p. 151. Il m'a fait voir que les caractères en sont séparés. Il paroit qu'on avoit gravé les caractères en cuivre, imprimés sur du plomb et qu'on avoit fondu les caractères dans les matrices de plomb. Il m'a montré des matrices de cuivre fort grossières de 1480.

Dans la grande église S. Bavo, non voûtée, orgue de 1735, 32 pieds, Mulder [6] d'Amsterdam, plus de cent mille florins aux dépens de la ville.

1. Pierre-Simon Fournier (1712-1768), fondeur et graveur de caractères, a écrit un *Traité historique et critique sur l'origine de l'imprimerie,* Paris, 1763.

2. Lalande veut sans doute parler, *Des saintes pérégrinations de Jérusalem,* Lyon, Michel Topié et Jacques Heremberck, 28 XI 1488, de Bernhard von Breydenbach (1440 ?-1497) où apparaît pour la première fois une gravure en taille-douce dans un ouvrage.

3. *Spiegel der menselijker behoudenisse* (c. 1474-1475). Première édition néerlandaise du *Speculum humanae salvationis*. Jusqu'à la fin du XIX e siècle, les impressions du *Speculum* à partir de blocs de caractères en bois ont été considérées comme le travail de Laurens Janszoon Coster (1405-1484). Bien qu'il soit généralement admis que le *Speculum* ait son origine aux Pays-Bas, la participation de Coster n'est plus acceptée comme certaine.

4. Gerardus Meerman, *Origines typographicae Gerardo Meerman auctore*, La Haye, N. Van Daalen, 1765.

5. Johan Veldener, imprimeur actif entre 1474 et 1486, a travaillé à Louvain, Utrecht et Kuilenbourg ; il a imprimé en 1483 à Kuilenbourg un *Speculum humanae salvationis.*

6. Lalande parle sans doute du facteur d'orgue, Christian Müller.

J'ai vu les épreuves du 15 e volume des *Mémoires de la Société hollandoise de Harlem* [1] **[Fig. 9]**.

Fig. 9 : Frontispice des Mémoires de la Société hollandoise de Haarlem

## [Haarlem]

69

M. [*Gerrit Willem van Oosten*] de Bruyn a une fille charmante qui a beaucoup de goût pour l'astronomie, à 8 ans [2].

Chez Mr. [*Johannes*] Enschdé [*Enschedé*], 2 statues de Coster et de Junius, *v.* p. 151. Vers de Scriverius sous une estampe gravée de Coster :

> « Vana quid archetypos et proela, Moguntia, jactas
> Harlemi archetypos proelaque nata scias.
> Extulit hic monstrante Deo, Laurentius artem
> Dissimulare virum hunc, dissimulare Deum est. »

1 . *Verhandelingen uitgegeven door de Hollandsche Maatschappye der Weetenschappen* vol. 15, Haarlem, J. Bosch, 1774.

2. Voir, à propos de la passion de cette toute jeune fille pour l'astronomie, « Levensschets van Mr. Gerrit Willem van Oosten de Bruijn », in *Vruchten ingezameld door de aloude rederijkkamer de Wijngaarddranken, onder de zinspreuk : Liefde boven al, te Haarlem,* vol. 2, Haarlem, 1836, p. 79-91.

Dans le jardin du ‘Prince Hof’ [*Prinsenhof*], où logent les princes étrangers, où l’Académie s’assemble [1], il y a une statue de Coster élevée par le Collège des médecins, 1722. La bibliothèque publique, beaux tableaux de maîtres de Harlem. Voir le *Het derde* (troisième) *jubeljar der uitgevondene* (inventée) *Boekdrukkonst*, Seiz, 1740 [2].

Typographie

*Origines typographicae,* Gerardo Meerman, auctor. 1765, 4° [3].

La plus belle toile de Harlem est de 5 florins l’aune de Hollande 1¼ de large.

Servietes de 7½ florins sont les plus belles que M. Tincate [*Isaac ten Cate*] ait vendues. Les soyeries de Harlem sont surtout des ‘voetwerk’, étoffes à compartimens plus fortes que du taffetas. Damas, satins, velours, mais en petit nombre.

Après dîner M. Tincate [*Isaac ten Cate*] m’a mené au bois, promenade appartenant à la ville, 75 morgen ; à ‘Berkenroede’, ‘hooge Heerlykheden’, ou seigneurie qui a le droit de haute justice qui nomme un baillif et des échevins, qui jugent mesme en dernier ressort s’il y a confession de l’accusé.

J’ai vu le cabinet de la Société hollandoise : mine d’or presque massive, oiseau avec le nid que l’on mange aux Indes, nidus avium, litophite rare, 300 florins, insectes du Bengale fort curieux. J’ai assisté à l’assemblée. J’ai proposé la question des satellites pour le prix. Ils l’ont donnée en 1776 et 1785 pour le prix. M. [*Christianus Carolus Henricus*] Van der Aa a 1.000 florins de l’Académie. Cabinet tout arrangé suivant le système de Linnaeus et composé de présens [4].

M. [*Adolf Jan*] Heshuysen, membre de la régence, fabriquant en soye, Koonig Straat, m’a parlé du canal d’Aragon, M. W[*illem*] Kops, negotiant en rubans de fil, excellent commerçant, un des directeurs de l’académie. Il faisoit travailler 500 familles. M. [*Christianus Carolus*

1. Le Prinsenhof était le lieu d’assemblée de la ‘Hollandsche Maatschappij der Wetenschappen’ (Société hollandaise des sciences), fondée en 1752.

2. Johann Christiaan Seiz, *Het derde jubeljaar der uitgevondene boekdrukkonst,* Haerlem, I. & J. Enschede, 1740.

3. Cf. *supra* p. 68 du *Journal.*

4. Voir Liang de Beer, « Voor iedere vriend van de wetenschap. Het publiek van het naturaliënkabinet van de Hollandsche Maatschappij der Wetenschappen in de jaren 1772-1830 », *Studium. Revue d’histoire et des sciences et des universités,* 7, 2014, p. 19-35 ; B. C. Sliggers et M. H. Besselink (eds.), *Het verdwenen Museum. Natuurhistorische Verzamelingen 1750-1850,* Haarlem/Blaricum, Teylers Museum, 2002.

*Henricus*] Van der Aa, secrétaire, a une bonne pension (1.000 florins). Les directeurs donnent 50 florins chacun pour l'académie.

## [Haarlem]

70

### Le 7 juin

5 universités, Leyde, Utrecht, Franeker, Harderwyck en Gueldre, et Groningen.

[*Dirk*] Klinkenberg étoit charpentier à Harlem, et mal aisé.

Les anabatistes sont les plus riches et les plus utiles à Haarlem, industrieux, charitables. Les maladies inflammatoire*s* sont les plus communes à Harlem, on y vit aussi longtemps (à cause des variations de saison).

Assurance de feu à Amsterdam, 3/8 pour 100, d'avantage si c'est un métier où le feu soit dangereux.

Souper chez M. Tincate [*Isaac ten Cate*] avec M. [*Adolf Jan*] Heshuysen, M. Jacobus Barnaart, M. [*Bartholomeus*] Tersier, médecin des anabatistes, M. [*Johannes*] Overschie.

### Mercredi 8 juin

On m'a fait voir un grand article pour la *Gazette de Harlem* d'aujoud'huy à mon honneur [1].

M. [*Pierre Paul*] Menadier est venu m'offrir ses bons offices, il est ami de M. Vernes [?], le négociant. Il est encore pour un an chez Mr [*Jacobus*] Barnaart, millionnaire. Il m'a adressé à M. [*Hendrik Willem*] Hurter, chez M. Van Eyck à Amsterdam ; il a écrit une lettre admirable sur moi.

J'ai vu les belles porcelaines de Madame [*Van Oosten*] de Bruyn, ancien Saxe, ancien Japon.

J'ai mangé des 'roode letters', lettres rouge de Harlem.

J'ai été voir les machines de M. [*Pieter*] Eisenbroek, télescope de [*Jan*] Van der Bildt très bon. Il m'a promis d'observer l'anneau de Saturne.

Au 'Doel', on prononce Doul, il y a des tableaux de Frans Hals et des autres maîtres de Haarlem représentans les officiers de la bourgeoisie.

J'ai vu le 30 [e] volume de *l'Encyclopédie d'Yverdon*, dont on dit beaucoup de mal, quoiqu'il se vende 6 florins le volume.

1. Nous n'avons pas retrouvé cet article.

Il y a un établissement pareil à celui de [*Ysbrand*] Staats, qui s'est fondé par le testament de Léonard Noblet et ses sœurs [1]. On y voit un tableau dans la chambre des Régens fort élégamment peint par Taco Jelgersma, excellent peintre de Haarlem, d'aujourd'hui, natif de la Frise.

71

## [Haarlem]

Lombard où on prête sur gage, deux des régens en ont l'inspection, suivant les 'keuren', statuts de la ville, en un gros volume in folio.

½ dud, des gages au-dessous de cent florins ; un denier par semaine de chaque florin depuis cent jusqu'à 475 ; de cent florins, 13½ sols par mois, ou 8 pour cent, au-dessus, 6 pour cent. Un an et six semaines pour retirer les gages. Si on les laisse vendre, on reçoit le surplus ; la ville fait la dépense et retire le profit. Il y a un teneur de livre, deux commis, et deux garçons. A Amsterdam, le 2 e article est 16 sols par mois au-dessus de 500 florins, un florin par cent, par mois, ou 12 pour cent.

Dans le dernier siècle il y avoit des théologiens qui n'admettoi[en]t pas à la communion les trapésites ou commis du Lombard, actuellement on ne fait plus de difficulté.

Livres :

*Handvesten van Amsterdam*, 3 vol. In fol. [2] Privilèges.

*Groot placaetboeck,* 7 vol. Gros in folio, ce sont les ordonnances des Etats généraux et de Hollande et Zélande jusqu'à 1750 [3].

*Practicarum questionuum decisiones*, *a D. Paulo Christindo mechliniensi,* Antverpiae 1671. 6 vol. in fol. reliés en 2 [4].

Damhouder, *Praxis judiciaria,* in fol. [5].

1. Léonard Noblet et ses sœurs Sara et Gertruijd lèguent leur maison et leurs biens pour une fondation destinée aux femmes seules de plus de 50 ans, fondation érigée en 1761.

2. Hermannus Noordkerk, Handvesten ; ofte Privilegien ende octroyen. Mitsgaders willekeuren, costuimen, ordonnantien en handelingen der stad Amstelredam, Amsterdam, Van Waesberge & Schouten, 1748.

3. I. Scheltus (1691-1749), *Groot placaatboek, vervattende de placaaten [...] van de [...] Staaten Generaal [...] en van de [...] Staaten van Holland en Westvriesland ; mitsgaders van de [...] Staaten van Zeeland*, 's Gravenhage, I. & J. Scheltus, 1746.

4. Paul van Christynen, *Practicarum quaestionum rerumque in supremis Belgarum curiis actarum et observatarum decisiones in sex volumina distributae*, Antwerpiae, H. et J. B. Verdussen, 1671.

5. Joost de Damhouder (1507-1581), *Opera omnia, in quibus praxis rerum civilium et criminalium, omnesque insuper tractatus qui reperi potuerunt, breviter et dilucide pertractantur*, Antverpiae, Petrum Bellerum, 1646.

[*Jean Henri*] Eberhard, [*Hendrik*] Kinschot, [*Johan*] Voet, [*Pieter*] Bort, von Lewen [*Simon van Leeuwen*], sont les jurisconsultes que l'on consulte le plus.

Le soir M. Tincate [*Isaac ten Cate*] m'a mené à Half-wegen Swanenburch, [*Zwanenburg*] chez M. [*Christiaan*] Brunings, directeur général des rivières. **[Fig. 10]**

Fig. 10. : Zwanenburg, 'Gemeenelandshuis van het Hoogheemraadschap Rijnland', construit 1647. Station d'observation météorologique de 1735 à 1857. Dessin de Beijer de 1751 (Archives de la Ville d'Amsterdam).

J'ai vu les écluses *v.* page 145. L'anémomètre de Poleni, qu'il a perfectionné, est décrit dans le 14 [e] volume de l'académie de Harlem. Les meilleures perches sont ici, c'est une lame que le vent incline, et une ficelle marque en bas les degrés d'inclinaison sur une échelle. A Petersbourg, on l'a observé à 66° qui fait 113 7/10 pieds par seconde pour la vitesse du vent. 63 half wegen = 109.3. De dessus son observatoire on voit la tour d'Utrecht.

Le consistoire, appelle, choisit des anciens, 'ouderlingen', qui sont laïcs et le bourguemestre les approuve, ils sont 2 années en charge et 2 hors. 2 ministres, 5 anciens, 5 diacres, 'diakenen'. Dans la grande église, 9 [ministres], 12 [anciens], 14 [diacres]. Les diacres ont soin des pauvres, les anciens de la doctrine et des mœurs, des ministres et du peuple.

L'échafaud se dresse sur le balcon de l'Hôtel de ville de Harlem qui est en pierre et donne dans la salle des jugements criminels.

M. Tincate [*Isaac ten Cate*] m'a donné d'excellent tabac, dont je n'ai voulu qu'un carteron, et l'estampe de l'orgue de Harlem. **[Fig. 11]**

Fig. 11 : Estampe de l'orgue de Harlem. Gravure de Jan Caspar Philips d'après le dessin de Gerrit Toorenburgh, 1763 (Rijksmuseum Amsterdam)

72

## [Haarlem et arrivée à Amsterdam]

**Jeudi 9 juin** à Harlem

J'ai été voir le cabinet d'oiseaux de Mr. Vrieis [*Bernardus Vrients*] [1]. J'y ai vu la colombe à poitrine saignante, *Buffon* p. 556 ; paradisea regia, à longs brins ; cuculus persa, touraco ; fulica, poule sultane, à larges pates ; perroquet de Strasbourg, bleu ; un cerambix dont les 2 antennes font un pied ; priamus, papillon en velours verd. Tout rangé suivant Linnaeus. J'y ai vu le 4è volume des insectes de Geer [2].

Chez M. Willem Cops [*Kops*].

M. Deker, physicien, me mènera à Zuanenburg [*Zwanenburg*] en carrosse.

Au 'Doel', 3 tableaux de Frans Hals, très grands : *Conseil de guerre*, portrait d'une femme appellée Kenau Hasselaar [*Kenau Simondochter Hasselaer*] qui se distingua dans le siège de 1572 et 73, sur la cheminée, *Chambre des capitaines.*

Après dîner parti pour Zuanenburg [*Zwanenburg*], conversation sur les eaux ; [*Christiaan*] Brunings qui m'a donné des cartes ;

1. Voir Pieter Smit [*et al.*], *Hendrik Engel's Alphabetical list of Dutch zoological cabinets and menageries,* Amsterdam, Rodopi, 1986, n. 1635.

2. Carl de Geer, *Mémoires pour servir à l'histoire des insectes,* Stockholm, L.L. Grefing, 1752-1778.

Et de là par la barque de 7 h ½ dans le rouf [1] **[Fig. 12]**, le 'Schuyt' [*schuit*] pour le peuple, 6 sols.

On voit de loin le Wester Kerck, Zud Kerk [*Zuiderkerk*], la Maison de ville, la nouvelle église luthérienne.

Parti à 7 h ¾. Peu de maisons.

7 h 37' Slooterdyk, village.

8 h 56' Harlem Poort.

**A Amsterdam**,

ville de ~~60~~ 200 mille âmes. 2400 toises sur 1100. Plans chez Covents et Mortier sur le Weygendam. [*Vijgendam*]

J'ai pris lettre chez [*Jan*] Van Deylen [*Deijl*], le fils [*Hermann*] m'a fait voir une lunette de 2 pouces ¾ et 8 lignes d'ouverture [2], qui faisoit plus d'effet qu'une de Dollond de 3/2 avec une ouverture plus grande. Il n'a fait jusqu'à présent que des lunettes de 3 pieds ½ et 2 pieds ½ d'ouverture faute de verre, elles grossissent 56-110 fois. Il est tourneur de son métier.

Fig. 12 : Le rouf dans un 'trekschuit' (coche d'eau)

1. Le mot français rouf, désigne une cabine de bateau, il vient du terme hollandais roef.
2. Une ligne = 1/12 pouce.

J'ai envoyé chercher un traîneau à qui j'ai donné 16 sols au lieu de 8 parce qu'il est plus de 10 heures. Les fiacres, un florin par heure. Il m'a mené par le Cingel [*singel*] et la Maison de ville jusqu'à 'Het Heeren logement', où l'on donne un florin pour la chambre et un pour le dîner, grande table d'hôte où il vient des personnes de la ville. Eaux de citernes.

73

## [Amsterdam]

Opéra flamand, traduction des opéras françois, le meilleur orchestre des Provinces-Unies.

Adresses v. p. 174.

[*Marc Michel*] Rey, sur le Cingle [*Singel*], over drie Koning Straat.

Pierre Gosse junior, qui a la *Gazette de Hollande,* il se retire de la librairie. Voir p. 43.

[*Antoine Maillet*] Du Clairon, Leydse graft.

[*Pybo*] Steenstra, Leyssegragt dans le manège (ensuite Varmout straat [*Warmoesstraat*]).

[*Arnold Bastiaan*] Strabe [*Strabbe*], Kerk Straat.

[*Johannes*] Van de Wall, hors Leie poorte [*Leidschepoort*] Owertoom's verg [*Overtoomseweg*].

[*Jan*] Morterre, 'Boek verkouper' [1], Harlem Sluys, a fait imprimer mon *Astronomie* [2]. **[Fig. 13]**

1. Boekverkoper : libraire.
2. Paraît en quatre volumes entre 1773 et 1780.

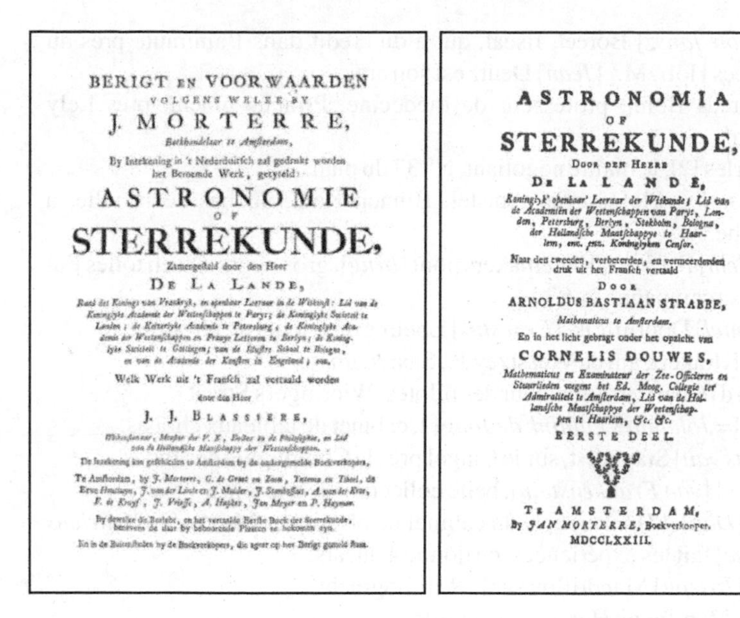

BERIGT EN VOORWAARDEN
VOLGENS WELKE BY
J. MORTERRE,
*Boekhandelaar te Amsterdam,*
By Intekening in 't Nederduitsch zal gedrukt worden het Beroemde Werk, getyteld:
ASTRONOMIE
OF
STERREKUNDE,
Zamengesteld door den Heer
DE LA LANDE,
*Raad des Konings van Vrankryk, en openbaar Leeraar in de Wiskunst: Lid van de Koninglyke Academie der Weetenschappen te Parys; de Koninglyke Societeit te Londen; de Keizerlyke Academie te Petersburg; de Koninglyke Academie der Weetenschappen en Fraaye Letteren te Berlyn; de Koninglyke Societeit te Gottingen; van de Illustre School te Bologna, en van de Academie der Konsten in Engeland; enz.*
Welk Werk uit 't Fransch zal vertaald worden door den Heer
J. J. BLASSIERE,
De Intekening kan geschieden te Amsterdam by de ondergemelde Boekverkopers,
Te Amsterdam, by *J. Morterre, G. de Groot en Zoon, Tetema en Tikel,* de *Erve Houttuyn, J. van der Linde en J. Mulder,* [illegible] *A. van der Kroe, F. de Kruyf,* [illegible] *Jan Meyer en P. Heyman.*
By dewelke dit Berigt, en het vertaalde Eerste Boek der Sterrekunde, benevens de daar by behoorende Plaaten te bekomen zyn.
En in de Buitensteden by de Boekverkopers, die agter op het Berigt gemeld staan.

ASTRONOMIA
OF
STERREKUNDE,
DOOR DEN HEERE
DE LA LANDE,
*Koninglyk' openbaar' Leeraar der Wiskunde; Lid van de Academiën der Weetenschappen van Parys, Londen, Petersburg, Berlyn, Stokholm, Bologna, der Hollandsche Maatschappye te Haarlem, enz. enz. Koninglyken Censor.*
Naar den tweeden, verbeterden, en vermeerderden druk uit het Fransch vertaald
DOOR
ARNOLDUS BASTIAAN STRABBE,
*Mathematicus te Amsterdam.*
En in het licht gebragt onder het opzicht van
CORNELIS DOUWES,
*Mathematicus en Examinateur der Zee-Officieren en Stuurlieden wegens het Ed. Moog. Collegie ter Admiraliteit te Amsterdam, Lid van de Hollandsche Maatschappye der Weetenschappen te Haarlem, &c. &c.*
EERSTE DEEL.
TE AMSTERDAM,
By *JAN MORTERRE,* Boekverkoper.
MDCCLXXIII.

Fig. 13 : [à gauche] Prospectus de souscription pour la traduction hollandaise de l'*Astronomie de Lalande*, publiée par J. Morterre.
L'annonce indique que le travail se fera sous la direction de Jacques Blassière, mais l'édition [à droite] comporte le nom de Cornelis Douwes.

[*Jan*] Van Deylen [*Deijl*], Vinken Straat.

[*Jean*] Deutz op de Keisers graft by de Spiegel Straat,

[*Jacques Georges*] Chauffepied [*Chauffepié*], ministre, auteur du dictionnaire.

[*Pieter*] Burman, professeur, neveu du Burman Primus, sur le Heeren gracht, près Reguliers gracht.

[*Hendrik Willem*] Hurter, sa fille vient d'être tuée par son fils, chez M. Van Eik [?] sur le Heerengraft, ami de M. [*Pierre Paul*] Menadier, et de M. Yezler [?].

Anton Wilhelmus Schaaf, qui fait des observations météorologiques.

M. C[*ornelis*] Voorn, au Haring pakker[sbru]g, maître de navigation qu'il faut indiquer.

Pierre Tournier, de Tours, derrière N[i]e[u]we kerk, chez [*Jan Fredrik*] Eslinger sur le Blawerft [*Blauwwerf*], je l'ai fait recevoir pilote.

M. S[*ierd*] Geerts, examinateur des officiers et pilotes de l'amirauté, oncle de M. [*Bernardus Johannes*] Douwes.

M. [*Jacob Jansz*] Boreel, fiscal, qui a du crédit dans l'amirauté près du Princes Hoff. M. [*Jean*] Deutz est son ami.

M. Andreas Bonn, professeur de médecine, Princes gracht, près Lely gracht.

M. Charles [?], le maître négotiant, N° 37 du plan.

M. [*Cornelis*] Plo[o]s van Amstel, Binnen Kant, au bas de la ville, à gauche.

M [*Willem*] Feitama, Kistemakers pont [*brug*], gros negotiant en toiles j'ai été à sa campagne, p. 93

M. [*Daniel*] Doorni[c]k, [*Ernestus*] Ebeling. Cabinets de physique.

Hamme Klinkert, am de Wesstzeyde, Saaredam.

M. S[ierd] Geerts examinateur des pilotes, Wieringers Straat.

Zublink [= *Johannes Lublink de Jonge*], cabinet de tableaux choisis.

[*Nicolaas van*] Staphorst, sur le Cingel près la Compagnie des Indes.

Johan Goll [*van Frankenstein*], belle collection de desseins.

Dornec [*Daniel Doornick*] beau cabinet de physique, M. Anée [*Henricus Aenae*] fait les expériences, on donne 4 ducats.

Adami, [*Joseph*] Mandrillon sur le Ra[a]mgracht.

Hartzink [*Jan Jacob Hartsinck*], moulins.

[*Gerard Hulst*] Van Keulen, qui fait des cartes de géographie, au bas du Damrak.

M. Bartholomeus Vlam, dans le Kalver Straat, réimprime mon *Abrégé* avec mon portrait. **[fig. 14]**

M. [*Gerrit*] Warnars, libraire, Kalver straat veut imprimer mon *Exposition* [1].

74

## [Amsterdam]

**Vendredi 10 juin** à Amsterdam.

J'ai été voir l'hôtel de ville, le port, M. [*Pieter*] Mortier, M. [*Jan*] Morterre, M. [*Marc Michel*] Rey : j'ai reçu des lettres de Mad. [*Reine*] Le Paute et de M. [*Louis-Marie*] de Bost.

J'ai acheté un plan, et une description d'Amsterdam.

M. [*Marc Michel*] Rey imprime le *Mercure*, le *Journal des savans* avec des extraits d'autres journaux. 5 florins -8 sols. Mais l'ouvrage est double. Il en vend 400. Le *Journal des savans* fait les 7 feuilles sur 12 [2].

1. Exposition du calcul astronomique, Paris, Imprimerie Royale, 1762.

2. *Journal des sçavans, avec des extraits des meilleurs journaux de France et d'Angleterre*, vol. 71-74, Amsterdam, Marc Michel Rey, 1774.

On vouloit, il y a trois ans, établir des censeurs ; cela auroit ruiné la librairie. Il y a une vingtaine d'imprimeries à Amsterdam, mais plusieurs ne font pas grand chose. M. [*Marc Michel*] Rey a 2 fils et 3 filles. Son fils est maniérique, dérangé, sa fille [*Jeanne-Marguerite*] mariée à Bouillon à [*Auguste Charles Guillaume*] Veissembrough [*Weissenbruch*], libraire.

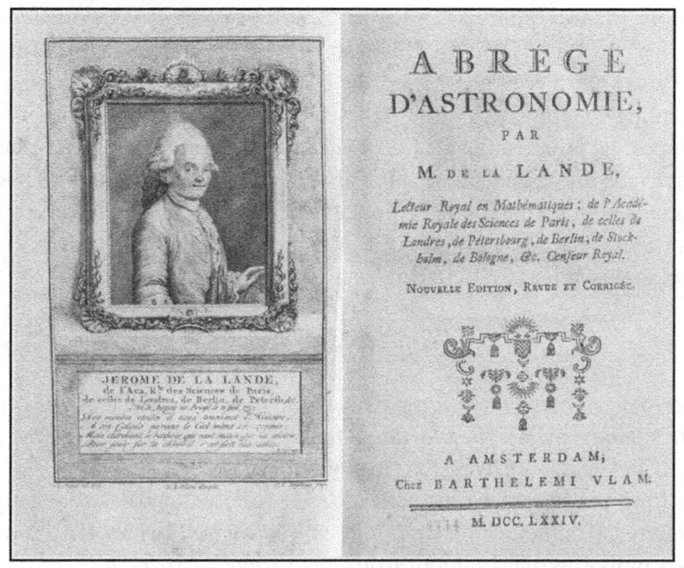
JEROME DE LA LANDE,

ABRÉGÉ D'ASTRONOMIE, PAR M. DE LA LANDE, *Lecteur Royal en Mathématiques ; de l'Académie Royale des Sciences de Paris, de celles de Londres, de Pétersbourg, de Berlin, de Stockholm, de Bologne, &c. Censeur Royal.*

NOUVELLE EDITION, REVUE ET CORRIGÉE.

A AMSTERDAM, Chez BARTHELEMI VLAM.

M. DCC. LXXIV.

Fig. 14 : édition de l'*Abrégé d'Astronomie* de Lalande publiée à Amsterdam par Bartholomeus Vlam

Après dîner, M. [*Pybo*] Steenstra et deux de ses élèves m'on mené voir les écluses qu'on refait avec dix grandes portes busquées, 4 contre l'Amstel, six contre la mer ; il y a 16 pieds d'eau pour l'ordinaire dans le canal. Le magasin de l'Amirauté, bâti en 9 mois ;
le chantier de la Compagnie des Indes [1] :

636 pieds de long pour le magasin. Magasins immenses pour le poivre, les épices fines, canelle, girofle et muscade. Il y a 6 vaisseaux arrivés aux Texel qui commencent à décharger, et j'ai vu arriver la première

1. VOC : 'Verenigde Oost Indische Compagnie, Amsterdam'. Monogramme de la chambre d'Amsterdam de la Compagnie hollandaise des Indes orientales.

allège de poivre. Corderie immense, étuve pour les câbles. Yacht des directeurs revient du Texel.

Machine pour arracher les clous des bordages avec une grosse vis et des tenailles qui se ferment quand on tire.

Moulin à forer les fusils.

Chameaux, pontons pour passer les vaisseaux au Pampus [1], où il n'y a que 12 pieds d'eau au plus. Les chameaux élèvent les vaisseaux de 5 à 6 pies, avec 40 hommes sur chaque chameau en 4 heures de temps. Il y a une 20 e de treuils sur chacun et une 30e de pompes. Ils prennent jusqu'à 12 pieds d'eau, leur côté est plan, l'autre concave comme la carène du vaisseau. Ils ont intérieurement des conduits pour les câbles de 10 pouces de circonférence ; on étend aussi des poutres par les sabords ; machine pour étuver les bordages et les courber une nuit à la vapeur de l'eau.

75

## [Amsterdam]

J'ai vu M. [*Arnold Bastiaan*] Srube [*Strabbe*], traducteur de mon *Astronomie* avec [*Bernardus Johannes Douwes*], le fils de M. [*Cornelis*] Do[u]wes. Il a été noyé en 1781.

Ils m'ont promis de ne rien retrancher. [*Jan*] Morterre vend des chapeaux et des livres. Il demeure près du port et de l'écluse de Harlem. Il a annoncé dès le mois d'avril la traduction de mon *Abrégé d'astronomie* [2].

**Samedi 11 juin**

M. [*Joseph*] Mandrillon, maître de dorure, depuis 2 ans à Amsterdam, m'est venu voir.

Nous avons été chez M. [*Antoine Maillet*] Du Clairon. Il s'est plaint plusieurs fois des marchands d'âmes qui enlèvent des gens et les font passer aux Indes, sans quoi la Compagnie ne trouveroit pas des matelots. Il va tous les samedi chez M. [*Jan* ?] Hope à la campagne. Il a beaucoup de notes sur Amsterdam et se propose de corriger la

1. Canal d'accès au port d'Amsterdam.
2. La traduction hollandaise de l'Abrégé de l'Astronomie n'a pas été publiée.

description imprimée. Il m'a appris la révocation de M. [*Emmanuel-Armand de Vignerot du Plessis de Richelieu*], le Duc d'Aiguillon [1].

Chez M. [*Pybo*] Steenstra. Le Pampus a 3.000 roeden de Rhinland de long. Quelques fois les chameaux vont prendre les vaisseaux jusqu'au Texel car il y a encore des difficultés à Enchuysen pour le passage. L'Ye [*IJ*] se remplit d'un côté et s'affouille de l'autre, les vaisseaux de guerre ont beaucoup de peine à sortir, il n'y a que 15 pieds pour le passage dans certains endroits.

On imprime depuis 1770 la hauteur de l'eau, jour par jour, à Grave, Cologne, Nymegen, Arnhem, et Doesbourg, Emmerik, Pannerden près d'Emmerik. La circulation des eaux dans la ville consiste à laisser monter les eaux de 8 à 5 pouces au-dessous du peyle, on ne va pas jusqu'au peyle de peur de donner de l'eau aux caves. Ensuite on laisse couler par le reflux tant qu'il peut, à 15 pouces environ. Les digues ont 9 pieds 5 pouces au dessus du peile, mesure d'Amsterdam, quand l'eau a 16 ou 18 pieds au dessus, on ferme les 'Water keeringen' qui sont les portes extérieures plus hautes, le long de l'Ye [*IJ*]. Pour l'échelle du peyle on com[p]te en pouce de Rhinland.

A 24 pouces on y met des serrures ; 40 on ferme les deux paires de portes ; 50, on met des poutres par derrière ; 60 l'eau passe le 'Slaper'[2] du côté de Sparendam.

'Peile' c'est une marque faite pour la sûreté des caves d'Amsterdam, une échelle des marées à toutes les écluses sur une pierre.

## [Amsterdam]

76

*Amsterdam in Zyne Opkomst aanwas.* Naissances. Accroissement. *Geschiedenissen* etc. door Jan Wagenaar Amst. 1765, 8°. *Histoires*, 13 vol. in 8° *Description complète d'Amsterdam* [3].

*Dictionnaire françois hollandois* par P. Marin, 1720, 4° [4].

1. Le Duc d'Aiguillon, ministre des affaires étrangères sous Louis XV, se brouilla, après la mort de celui-ci, avec la jeune reine, Marie-Antoinette, qui exigea son renvoi le 2 juin 1774.

2. La digue du Slaper au-delà de laquelle est le Rhinland, garantit le terroir d'Amsterdam des inondations de hautes marées. Elle est moins haute que les digues d'Amsterdam ce qui fait que l'eau s'écoule au-delà.

3. Jan Wagenaar, *Amsterdam in zyne opkomst, aanwas, geschiedenissen, voorregten, koophandel, gebouwen, kerkensraat, schoolen, schutterye, gildenen, regeeringe*, 13 vol., Amsterdam, Isaac Tirion, 1760-1768.

4. Pieter Marin, *Groot Nederduitsch en Fransch woordenboek [...]. Grand dictionnaire, hollandois & françois*, Dordrecht, J. van Braam / Amsterdam, H. Uytwerf, 1730.

*Dictionnnaire. François et flamend*, François Halma, 1708, 4° [1]. Flamand nederduitsch en général.

*Lijst der gebruikelijkste zelfstandige naam woorden.* Les plus usités substantifs noms, door D. Van Hoogstraten, Amsteldam, 1759, 8° [2]. Il a fait le meilleur dictionaire hollandois et latin.

*Theatrum machinarum universale*, Van der Horst, Amsterdam, 1757. Ponts et écluses dans la 1ère partie [3].

*La science des personnes de Cour d'épée et de robe,* Chevigni, Limiers, Massuet, Amsterdam, 1752, Tome 5, partie 1, 48 pages sur la Hollande qui sont bonnes [4].

Jurgen Elert Krusens, *Contorist. Hamburg,* 1761, 4°. Il y a des tables de mesures [5].

*Gazettes littéraires de l'Europe*, Amsterdam, chez Evert van Harrevelt. Kalverstraat, journal médiocre ; *Nieuwe Nederlandsche jaerboeken*, Journal annales.

77

## [Amsterdam]

'Ysbreeker', grand et lourd bateau pour briser la glace, tiré par des centaines d'hommes et de chevaux

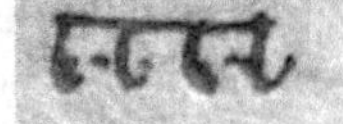

Après dîner j'ai été voir le grand télescope de M. [*Jacobus*] Van de Wal sur le chemin d'Overtom [*Overtoom*], au Sud ouest ; 8 pieds, miroir de 8¾ pouces fait vers 1748 [6]. **[fig. 15]**

Observatoire dans son jardin, en bois, mais le télescope est sur 4 montans de briques sur pilotis, avec des arcs entre deux, les planchers isolés. Toit tournant sur des rouleaux de gayac et environés de roulettes de cuivre.

1. François Halma, *Woordenboek der Nederduitsche en Fransche taalen* = Dictionaire flamand et françois, Amsterdam/ Utrecht, P. Mortier/W. van de Water, 1710.

2. David van Hoogenstraten, *Lijst der gebruikelijkste zelfstandige naamwoorden, beteekend door hunne geslachten*, Amsteldam, P. Meijer, 1759.

3. Tileman van der Horst, *Theatrum machinarum universale, of keurige verzameling van verscheide grote en zeer fraaie waterwerken, schutsluizen, waterkeringen, ophaal-en draaibruggen*, 2 vol., Amsterdam, Petrus Schenk, 1757-1774.

4. Henri-Philippe de Limiers, *La Science des personnes de cour, d'épée et de robe, commencée par M. de Chevigni, continuée par M. de Limiers, revue [...] par M. Pierre Massuet*, 7 tomes en 16 vol., Amsterdam, Z. Châtelain, 1752.

5. Jürgen Elert Kruse, *Allgemeiner und besonders hamburgischer Contorist,* Hamburg, der Verfasser, 1761.

6. Voir H. J. Zuidervaart, « Reflecting Popular Culture. The Introduction, Diffusion and Construction of the Reflecting Telescope in the Netherlands », *Annals of Science,* 2004, p. 407-452.

Ouverture avec 3 plaques de cuivre, une en bas, une en haut, une au milieu, dans trois rainures différentes chacune va avec deux cordes et peut faire tout le chemin.

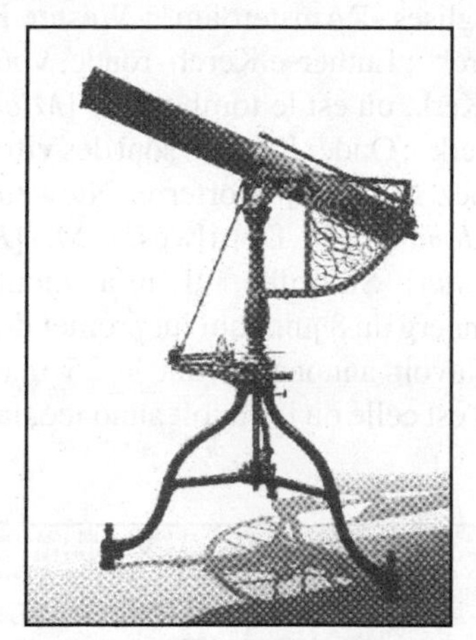

Fig. 15 : Grand télescope à réflexion de Jacobus van de Wall à Amsterdam (Museum Boerhaave, Leiden)

A Overtoom j'ai vu la digue qui sépare les eaux de l'Amsteland de celles du Rhinland qui viennent de deux côtés avec deux niveaux différens, plus bas que le canal d'Amsterdam ; le treuil avec lequel on fait passer des barques sur la digue par des plans inclinés et des rouleaux, ils sont attachés par derrière ; une cheminée tournante, un cône de 3½ de base et 3 de hauteur avec une fenêtre garnie de deux piles sur les côtés.

Ce cône tourne sur un pivot de bois garni de fer, de 3 pieds de haut, au moyen d'une girouette de 3½ pieds de long.

Base fixe, du milieu de laquelle part le pivot vertical et qui a 3. 4 diamètre.

Grand manège, où l'on fait pour 2 ou 3 cent florins de l'eau des toits. Pour ceux qui n'ont pas de citerne un seau coûte 2 duds ou 3, suivant que la glace ou la sécheresse rend l'eau plus chère. On fait des carrousels dans ce manège.

'Modder molen' pour récurer le port, chapelet incliné dans une cuillère qu'on baisse plus ou moins.

78

## [Amsterdam]

**Dimanche 12 juin** à Amsterdam j'ai été avec M. [*Joseph*] Mandrillon voir les grandes églises d'Amsterdam : Wester Kerk, 260 pieds la tour ; Noorder Kerck ; Lutherse Kerch, ronde, voûtée, trois étages de tribunes ; Niewe Kerk, où est le tombeau de [*Michiel Adriaenszoon*] Ruyter ; Zuyder Kerk ; Ouder Kerk où sont des vitrages fort beaux.

Je suis venu dîner chez M. [*Jan*] Morterre, Niewen Dyk n° 14, avec M. [*Bernardus Johannes*] Do[u]wes, M. [*Pierre*] Tournier, M. [*Arnold Bastiaan*] Stra[b]be. Il m'a montré une lettre de M. [*Reinier*] Arrenberg du 8 juin, qui lui promet de se désister de mon livre s'il prouve l'avoir annoncé avant le 25 mai, et la *Gazette de Harlem* du 16 avril est celle où il l'avoit annoncé, la traduction de mon *Abrégé*. **[Fig. 16]**

Alzo den Heer *de la Lande*, in de vertaalinge van de verdere uitkomende Deelen van zyn Ed. uitmuntende Astronomie, voorneemens is eenige nadere ontdekte verbeteringen in eigen Persoon aan den Boekhandelaar *J. Morterre* ter hand te stellen, en een Kort Begrip uit het gemelde Werk in 't licht te geeven, zal het voorsz. Kort Begrip met goedvinden van den Heer Autheur door gemelde Boekhandelaar in het Nederduitsch vertaald in 't licht gebragt worden.

Te Haerlem, gedrukt by JOHANNES ENSCHEDE, Stads Drukker.
Den 16 April, 1774.

Fig. 16 : Annonce de la traduction hollandaise de l'*Abregé d'Astronomie* de Lalande dans le *Oprechte Haarlemse Courant*, 16 Avril 1774

Cadets, 'adel borsten', 3 ou 4 sur chaque vaisseau de guerre. 10 florins par mois, ils ont souvent la table à douze ans. Lieutenant 'luetenan', 30 florins ; après examen. Commandeur, 60 [florins] après 2 d examen. Capitaine, 'Capitein', 100 [florins]. 2 sur chaque vaisseau quelquesfois. Le profit consiste dans 7 sols par personne, ce qui fait un revenu quelques fois très considérable. Il faut 17 ans d'âge et 24 mois de mer pour être lieutenant. Le collège de l'amirauté les nomme. Il est composé de députés des provinces et des villes, il y a 15 ou 20 frégates en mer ordinairement pour le comte de l'amirauté. 7/8 des capitaines sont des pilotes matelots étrangers. Les tables de M. [*Cornelis*] Do[u]wes ont été déjà employées sur mer par beaucoup de navigateurs ils sont beaucoup plus instruits depuis 20 ans.

J'ai vu la citerne de la maison où se rend l'eau des toits par des tuyaux de plomb ; 2 robinets un pour l'eau des canaux, un pour la citerne mais elles sont en général trop petites. Dans un grand hyver un seau d'eau coutoit un florin.

Les mennonites sont riches parce que leurs pères évitoient le luxe mais ils commencent à y donner.

La dernière guerre a fait faire de grandes fortunes à Amsterdam, a augmenté le luxe, et occasionne actuellement des banqueroutes.

## [Amsterdam]

79

Maison qu'on dit avoir été bâtie par le profit d'un jour de Bourse par un marchand de blé

[*Marc Michel*] Rey a 1/8 dans les suppléments de l'*Encyclopédie*. M. [*Jean-Baptiste*] Robinet, [*Charles Joseph*] Panckoucke, [*Charles Auguste Guillaume*] Wessembroek, [*Pierre*] Rousseau etc. Ils ont déjà fourni 60 mille francs pour les auteurs.

Décroteurs juifs aux portes de la ville.

Après dîner j'ai été par Raam Poort à l'occident de la ville voir les guinguettes, dans un grand jardin vers Leydsche Poorte, voir jouer au kolven ou à la crosse, il faut toucher les deux pilliers avec la balle.

J'ai été chez M. [*Jean Jacques*] Le Fèvre, marchand mercier, qui a été garçon chirurgien, et qui dépense 12.000 livres par an, il est de Dijon. Il a un fils grand musicien, etc.

Le soir chez M. [*Joseph*] Mandrillon, parler de la Bresse, il y a un Bressan à Lima.

**Lundi 13**, avec M. [*Pybo*] Steenstra.

M. [*Pierre*] Tournier entrera 3 e pilote, au bout d'une année 2 e, au bout de 2 ans 1er. Et au bout de 10 ans capitaine. M. [*Cornelis van der*] Oudermeule l'a fait recevoir en 1775 sur le vaisseau qu'il vouloit.

Les actions des fermes ne perdent plus que 8 au lieu de 30. Personne ne sait le montant de la banque, trop de clés qu'on ne peut rassembler font qu'on ne compte jamais.

On dit que les murailles d'Amsterdam ont coûté 15 millions, mais les comptes sont perdus.

M. [*Pybo*] Steenstra est le seul dans les 7 Provinces qui ait donné des ouvrages méthodiques élémentaires dans la géométrie et l'astronomie. M. [*Nicolas*] Ypey, professeur à Franeker, est un des plus forts mathématiciens qu'il y ait. Il y a des astrologues en Hollande.

M. [*Johan*] Goll [*van Frankenstein*], à qui M. [*Jean Nicolas Sébastien*] Allamand m'avoit recommandé, et qui a 50 portefeuilles de desseins de 800 maîtres m'a mené à l'Hôtel de ville.

80

## [Amsterdam]

Bureau des comptes de la banque, on porte un billet imprimé au nom d'un autre, et cet autre peut aller le demander. On a de ces billets 'Bank briefjes'. Un mille par jour, quelques fois un de cent mille florins. Comptoir de l'affinage pour la banque et pour le public.

Prix du marc d'or 355 florins. Banque + 5½ environ d'agio.

Argent 25 florins + ou moins quelques sols.

Les ducats sont au titre de 23 6/12 1/2 karats.

Sousterrains d'un côté pour les thrésors, de l'autre pour les prisons, marches de 7 pouces très pénibles. Grande salle des bourgeois, 120 pieds et 98 de hauteur. Salle camere immense, de marbres d'Italie. Belles sculptures allégoriques de Artus Quellinus d'Anvers [1]. Le chien sur la secrétairerie, les rats qui rongent les papiers, et le coffre renversé sur la chambre des banqueroutes.

Dans cette salle on a donné bal au Prince. On y voit un planisphère céleste, les étoiles en cuivre. Salle de marbre ouverte où l'on prononce la sentence. Dans la salle des échevins beau tableau de [*Ferdinand*] Bol, *Moyse qui apporte les tables de la Loi*. Dans l'antichambre du conseil, beau Rembrandt. Dans le conseil de guerre, 11 tableaux dont l'un au fond en entrant, est de [*Bartholomeus*] Van der Elst [*Helst*] et représente M. Corneille Jean Witsen à la tête de la Compagnie, c'est le plus beau de la ville, 1650. Il y a 26 têtes de caractères différents.

1. Witsen donne la main à l'ambassadeur d'Espagne à table.
2. M. Roelof Bikker [*Bicker*] en pied, à la tête de la Compagnie, aussi de Van der Elst [*Van der Helst*].
3. J[*ohan*] Huidecoper, à la tête de la Compagnie par Govert Flink.

M. Flagonard [*Jean-Honoré Fragonard*] a tout dessiné [2].

Horloge où il y a un tambour de 4 pieds et qui pèse 4.400, des roues de 3 pieds, on remonte deux fois le jour.

Le plus beau Rembrandt est au théâtre d'anatomie [3].

1. Artus Quellinus effectua la plupart des sculptures du nouvel hôtel de ville, futur palais royal, entre 1650 et 1664.

2. Fragonard a pratiqué le dessin d'après les maîtres. Il a voyagé en Hollande avec le collectionneur Jacques Onesyme Bergeret (1715-1785) sans doute au cours de l'été 1773. Il a reproduit des tableaux qui se trouvaient dans la maison de ville. Cf. Sophie Roux, « Le voyage de Fragonard en Hollande en 1773 », *Revue de l'Art,* n°156, p. 11-29.

3. Il s'agit de *La Leçon d'anatomie du docteur Nicolaes Tulp*. Nicolaas Tulp (1593-1674). Chirurgien néerlandais du XVIIe siècle, et bourgmestre d'Amsterdam il donnait des

## [Amsterdam] 81

Salle de 22 mille fusils sans compter ceux qui sont dans les églises depuis la révolte de 1748. Armes de Ruyter. Armes, échelle, canne de Jacob, fameux bandi, qui fut roüé avec 17 de ses complices, au temps de Cartouche quoiqu'il eut résisté à la question.

Aussi après 10 h on ne peut rien porter dans la ville, pas même un manteau sous son bras, il y a des gardes bourgeois de distance en distance et une raquete [=requête ?] les rassemble en force.

'Spin huys' pour les femmes. Maison de force. 'Rasp huys' pour les hommes. J'ai vu les prisons, sous terre, il y a 16 ou 18 criminels. La plupart des cachots sont vides. Ils sont d'une propreté charmante ; les fers même sont luisants. Chambre de la torture avec des verges, des presses pour serrer les jambes, à vis. Des poids et une estrapade.

La régence est de 36 conseillers. Le grand 'off' dure 6 ans. On est échevin avant d'être conseiller, il y en a 9. Le privilège d'Amsterdam est de présenter 14 sujets au Prince qui en choisit 7, et de lui désigner les 7. Ils ont aussi le privilège de faire quitter la ville à un citoyen, mais il est très rare qu'ils en usent.

Welna, près de la porte d'Utrecht, est une maison qui conserve encore son nom depuis que le prince d'Orange y étoit en 1650, Guillaume 2. Cela veut dire tout près. Depuis ce temps là, on ferme les portes de la ville le soir.

J'ai été le soir au 'Speel Huiz' ou musico avec M. [*Joseph*] Mandrillon à 11 h ½ ; on y reste jusqu'au matin, on y danse 3 jours de semaine. J'y ai vu une jolie françoise, Eugénie et Mle. Ca. Peu de jolies [?], beaucoup de matelots.

## [Amsterdam] 82

**Mardi 14 juin**

Je suis parti dans une chaloupe pour Zaandam avec M. [*Jan*] Morterre, [*Bernardus*] Douwes, [*Adrian Bastiaan*] Stra[b]be, [*Pierre*] Tournier. O[o]st Zaandam a 1260 maisons et 158 moulins suivant l'état des Provinces-Unies. West Zaandam, 1222 maisons et 192 moulins. Petites maisons en bois peintes, propres, charmantes. Notre chaloupe avoit des ailes, 'zwaarden', fort propres à empêcher la dérive. [**Fig. 17**]

leçons d'anatomie une fois par an, pendant l'hiver. Ce célèbre tableau se trouve actutellement au Mauritshuis à La Haye. Voir aussi p.89 et p. 92 de ce *Journal*.

Fig. 17 : « Zwaard » : sabre d'un navire à fond plat

J'ai vu dans l'église de Bulle Kerk le tableau de l'aventure du taureau, 1647, où une femme accoucha en l'air [1].

[*Jan*] Brouwer, charpentier de moulins, m'a dit qu'un moulin à eau coûtoit au moins 5 mille florins, à tabac 8, à blé 6, à scie 10, à huile 14, à papier 40. Il n'y en a que 2 à Saardam [*Zaandam*].

Il y en a à foulons, à orge griié, à couleurs, à céruse, à bleu d'émail ; plus loin poudre à canon.

J'ai été voir le chantier et la petite maison du Czar [2], j'y ai pleuré d'attendrisssement.

J'ai été me promener dans le Vorst en Burg [*Vorstenburg*], 'Boeijer' ou yacht de M. [*Hamme*] Klinkert, qui coûte 4.000 florins.

On est à 6 heures d'Alcmaer [*Alkmaar*]

Il y a une lieue et demi de maisons le long du Zaan. Il n'y a plus que 15 ou 16 chantiers depuis que l'on construit partout. L'overtome [*overtoom*] n'a servi que 3 ou 4 fois depuis le Czar, 1718.

Coupe des dents de fer du cylindre à papier, eaux qui circulent, et qui filtrent plusieurs fois ; 2 heures pour chaque opération. La platine est un si grand secret que la sœur du Prince n'a pu la voir elle est de métal. Ils font aussi grand secret des cylindres de bois pour lisser les papiers.

1. Ce tableau, œuvre d'un peintre inconnu retrace un drame qui eut lieu en 1647, un homme fut encorné par un taureau, sa femme venant à son secours subit le même sort et l'enfant dont elle était enceinte fut expulsé.

2. Le tsar Pierre le Grand y vécut en 1697 lorsqu'il vint y apprendre le métier de charpentier de navire.

## [Amsterdam]

83

Il y a à Zaandam 2 églises réformées, 4 mennonites, une catholique, une janséniste, une luthérienne. Il y a 4 bourguemaitres, 4 échevins, 8 conseillers ; l'assemblée choisit les bourguemaitres, et ceux-ci les conseillers, le peuple n'y a aucune part et cependant il a acheté cette liberté d'élection. Le Bailly demeure à Harlem et y rend la justice.

On dit qu'il y a le long du Zaan 32 moulins à papier dont 12 pour le papier blanc, mais cela doit être diminué. Les moulins à huile de lin ont 2 immenses meules avec des arcs de cercle pour ramasser la poudre ; on la met dans des sacs entre deux crins, et on la presse avec des coins sur lesquels frapent des pilons que la roue met en mouvement. On hache les gataux, on en fait une nouvelle poudre qu'on met sur le feu, et qu'on represse de nouveau. 120 last de graine. Les moulins à scie ont 2 chassis qui vont par des manivelles coudées et portent grand nombre de scies ; une roüe avec un cliquet avance d'une dent à chaque fois et fait avancer l'arbre que l'on scie.

Tableaux de la pêche de la baleine fort usitée à Saaredam [*Zaandam*], du retour d'un matelot chez lui et autres sujets touchans.

[*Jan*] Brouwer joignoit les mains de plaisir de m'avoir vu, il m'a fait voir une machine à tracer des cadrans sur toutes sortes de plans.

M. [*Hamme*] Klinkert m'a dit qu'il étoit aussi rare de voir à Saardam [*Zaandam*] un homme comme moi, qu'une comète, et à sa femme, que j'étois autant au-dessus de lui que le maître d'école au-dessus d'un petit enfant.

L'apothicaire m'a montré sa chambre obscure.

## [Amsterdam]

84

### Le 14 juin

Il arrive des changemens aux environs du Texel qui obbligent d'avoir des pilotes côtiers depuis Calais [?].

A 2 lieues à la ronde il y a 300 'watermolen' pour épuiser l'eau et la jetter dans le Saan [*Zaan*].

M. [*Hamme*] Klinkert qui a reçu 3 rois, m'a reçu avec beaucoup d'amitié en me disant "E[e]n vrienden maal ist haast bereid" (Un ami repas bientôt préparé). Et à sa femme, que j'étais autant au-dessus de lui qu'un maître sur un enfant, il a reçu trois rois, que mon apparition étoit celle d'une comète.

Le soir j'ai vu M. [*Henri Jean*] Rouleaud [*Roullaud*], Maître de la Loge de la Charité, qui m'a invité à y assister demain. Il y a 3 loges bien composées, les membres de la régence, le Grand Maître à La Haye, baron de Booslard [*Carel baron van Boetzelaer*] ; le député maître Van … [1]

J'ai reçu des livres de M. [*Pybo*] Steenstra, [*Jan*] Morterre.

Les digues de West Kappel en Zélande sont très remarquables ; leur talud est insensible et très long, ce talud est de terre, est entrelassé de fascinages, des pieux bien entrelacés, qui ressemble à une natte, jusqu'à quelques pieds au-dessous de l'eau.

**Mercredi 15 [Juin] [Amsterdam]**

Cabinet de M. Mayer [*Christian Paulus Meijer*] [2], près de M. [*Antoine Maillet*] du Clairon.

- Pantoufle chinoise, nautile vitrée, coquille transparente en forme de cornet, grand crabe presque tout pétrifié *v.* le suppl. de d'Argenville [3], lettre B, extrêmement rare,
- globe de [*Denys*] Audebert, mort à Amsterdam où le soleil et la lune[4] tourne, et le soleil avec ses inégalités dans une rainure….
- orrery avec un mouvement intérieur,
- corail bleu très rare, bustes en fonte des 2 de Witt,
- poisson marteau, ou balancier, poisson scie.

*M.* [*Jacques Georges*] Chauffepied [*Chauffepié*], auteur d'un dictionnaire historique en 4 volumes folio [5], et traducteur des 20 1er volumes de *l'Histoire universelle* [6], pasteur de 72 ans, qui ne peut travailler. Il a fait presque en neuf l'histoire de Venise dans l'histoire universelle.

1. Lalande n'a pas noté de nom

2. Voir Pieter Smit [*et al.*], *Hendrik Engel's Alphabetical list of Dutch zoological cabinets and menageries*, Amsterdam, Rodopi, 1986.

3. Le nautile vitré est dessiné planche I, lettre B de l'Appendice de l'ouvrage de Dezallier d'Argenville, *l'histoire naturelle éclaircie dans deux de ses parties principales, la lithologie et la conchyliologie…*, Paris, De Bure, 1742.

4. Exprimés par des symboles. *Cf.* croquis.

5. Jacques-Georges de Chauffepié, *Nouveau Dictionnaire historique et critique pour servir de supplément ou de continuation au Dictionnaire historique et critique de Mr. Pierre Bayle*, 4 vol., Amsterdam, Chatelain, 1750-1756.

6. *Histoire universelle depuis le commencement du monde*, traduite de l'anglais, 46 vol., 1770-1792, Chauffepié a traduit les tomes 15 à 24.

Les 2 premiers volume[s] de son *Dictionnaire* ne sont pas si bons que les 2 derniers ; il ne vouloit que traduire l'anglois, son plan s'augmenta par l'exécution.

## [Amsterdam]

**85**

Au bureau des plans et journaux, de M. [*Pybo*] Steenstra dans la maison de la Compagnie.

M. [*Hendrik Willem*] Hurter m'a mené sur Dimmer meer [*Diemermeer*], bassin de 1.000 toises de diamètre que 2 moulins de M. [*Jan Jacob*] Hartzing entretiennent à sec, ils sont à 2 étages, de 8 pieds de différence. Roue de 16 pieds de diamètre, à 16 cycloïdes qui versent au dessus du centre.

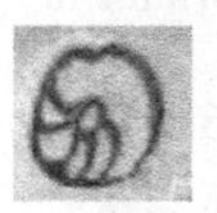

Elles ont ~~2 pieds de~~ 22 pouces d'épaisseur, et sont inclinées vers le côté ; ces deux moulins tiennent la place de 4 qui n'étoient pas suffisans. Le rouet qui est sur l'axe des ailes fait tourner la lanterne de l'arbre vertical, qui a une autre lanterne en bas qui engrenne dans un rouet aussi grand que la roue à cycloïde. Ils ont été faits il y a une douzaine d'années.

Dîner chez M. Thomas Hope qui a fait la fortune de la maison avec Jan Hope, son fils, à qui j'ai parlé de longitudes. Archibald Hope et sa jolie femme, Henri Hope, et Adrien leur oncle. J'ai vu une centaine de tableaux superbes, provenus de [*Jan*] Bis[c]hop [1], surtout un paysage de Vandeveld [*Adriaan van de Velde*]

Rembrandt : *J.C. dans la nacelle* [2].

2 Metzue [*Gabriël Metsu*] : l'un qui écrit la lettre, la femme qui la lit [3].

[*Gerard de*] Lairesse : *La mort de Cléopâtre.*

2 [*Frans van*] Mieris : celui qui mange des crevettes ; l'autre où est le nègre.

2 Girardow [*Gerard Dou*] : une marchande de lapins etc…

2 Van der Verf [*Adriaen van der Werff*] : J.C. et S. Thomas, l'autre est [4].

1. A la mort, de Jan Bisschop ses collections de tableaux devinrent la propriété d'Adriaan Hope et de son neveu Jan. Les tableaux sont décrits dans l'ouvrage de J. F. Waagen, *Works of art and artists in England,* London, John Murray, 1838. La collection fut dispersée en vente en 1917.

2. Le *Christ dans la tempête* aussi intitulé *La Tempête sur la mer de Galilée*.

3. *Homme écrivant une lettre ; femme lisant une lettre.*

4. *L'Incrédulité de Saint Thomas*. Lalande ne termine pas la phrase ; les deux autres tableaux de la collection sont *Madeleine repentante* et *Lot et ses filles*.

M. [*Thomas*] Hope avoit le choix de 150 mille florins ou de ces tableaux.

J'ai été chez M. D'ornec [*Daniel Doornik*] voir le cabinet de physique où M. [*Henricus*] Aeneae fait les expériences pour 30 ou 40 curateurs. Machines perfectionnées, charriot pour prouver que le boulet retombe au pied du mât, pendule pour prouver la chute par 1. 3. 5. modèles de moulins faits à Saardam [*Zaandam*], à huile, à scie, à eau, de [*Antoine Georges*] Eckhardt à roüe inclinée.

Chez M. W[*illem*] Van Wessem [1], marchand, qui s'est beaucoup appliqué à l'optique. Il fait toutes les couleurs avec du bleu et du jaune combinés, en mettant plusieurs les unes sur les autres. Il a un prisme de crystal d'Islande qui  donne un spectre où il y a 5 couleurs isolées, et 2 confondues.

Anamorphoses avec des verres à facettes qu'on varie en tournant la lunette.

A la *Loge de la Charité*, au Rondeel (Doel straat) [2] 30 ou 36 frères. M. [*Henri Jean*] Roulaud m'a donné l'almanach.

[*Johannes*] Schreuder sur le Dam.

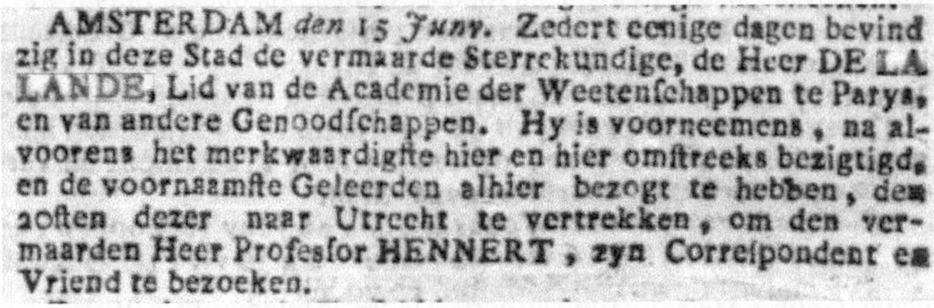

AMSTERDAM *den* 15 *Juny*. Zedert eenige dagen bevind zig in deze Stad de vermaarde Sterrekundige, de Heer DE LA LANDE, Lid van de Academie der Weetenſchappen te Parys, en van andere Genoodſchappen. Hy is voorneemens, na alvoorens het merkwaardigſte hier en hier omſtreeks bezigtigd, en de voornaamſte Geleerden alhier bezogt te hebben, den 20ſten dezer naar Utrecht te vertrekken, om den vermaarden Heer Profesſor HENNERT, zyn Correſpondent en Vriend te bezoeken.

Fig. 18 : *Amsterdamsche Courant*, 16 Juin 1774

1. Dans ses notes préparatoires Lalande précise Van Vessem Junior. S'agirait-il du marchand Van Velsen nécogiant en thé et café ?

2. Loge maçonnique, fondée en 1755.

## [Amsterdam]

86

**Jeudi 16 juin** à Amsterdam.

Il fait ~~très~~ un chaud extrême, comme hier et avant-hier.

Je suis parti pour Muyden [*Muiden*] à 9 h dans l'iacht [1] de la Compagnie avec M. Cornelis Van der Oudermeulen.

Musique, canon, nous étions 10, M. [*Marc Michel*] Rey, [*Pybo*] Steenstra, Dicker [2], [etc.] Arrivé à 11 h à Muyden.

Ecluses à 4 paires de portes, 3 de front. L'eau étoit fort basse, à 33 pouces au-dessous du peile d'Amsterdam et 15 au-dessous du zéro de l'échelle de Muyden à cause du vent S.O ; 36 pouces au-dessous du peyle du Muyden, c'est à dire du niveau extraordinaire au-delà duquel il ne leur est pas permis d'ouvrir leurs écluses.

A midi et demi nous sommes partis pour l'isle de Marcken vis à vis de Monickendam, où les habitants sont sauvages, rustiques, comme s'ils étoient à 200 lieues.

Un jacht coûte bien 35 mille florins ; chambre à coucher, cuisine, commodités.

J'ai vu les digues de Muyden, en pilotis, talus, grosses pierres. Celles de West Cappel [*West-Kapelle*] en Zelande méritent surtout d'être vues. Tapis de fascinage, talud de 1/8.

Le vent et la marée nous ont forcé de revirer sur Amsterdam tout en buvant du vin du Cap à l'excès, jusqu'au rebut. 5 h vis à vis Durgerdam où nous nous sommes promenés. Portes où l'on n'entre que le jour du mariage et où l'on ne sort qu'après la mort. Sur la Nord Holland l'yacht m'a paru avoir 18½ pieds de large. On en compte 22 avec les ailes et 78 de long. Les rampes des galleries sont de bronze.

Le soir souper chez M. Neveu [?], le père et les 3 fils, avec Mrs. [*Jean-Jacques*] Le Fèvre, près de chez M. [*Jan ?*] Hope, on y a fait de la musique, le père est fort lettré.

M. [*William*] May avec son frère [*John May*], nous est venu au-devant sur son yacht qui a suivi le nôtre.

En arrivant à la ville on a salué de quelques coups de canon. J'ai contemplé avec étonnement le spectacle unique de la foule de vaisseaux qui sont dans le Laag et qui sont en bien plus grand nombre à l'entrée de l'hyver.

1. Le mot français yac ou yacht ou jac ou iacht selon le dictionnaire de Trévoux, vient du hollandais jacht.

2. S'agit-il de M. Dekker, physicien cité p. 72 du *Journal* ?

Eglise grecque, cérémonies singulières. Arméniens ou persans. Eglise des quaquers, synagogues fort belles le vendredi soir.

Délibération de l'Amirauté pour que je ne voye point le chantier et les magasins.

87

## [Amsterdam]

**Vendredi 17 [Juin]**

Très chaud comme le 15 et le 16. J'ai été chercher M. [*Pierre Leclerc, dit*] Lapierre qui a fait un planisphère [1].

Cabinet de physique de M. [*Ernestus*] Ebeling, avocat, Cingel, près de BlawBuryard [*Blauwburgwal*] [2].

- Equatorial universel de [*Jesse*] Ramsden, 10 pouces de diamètre en secoa, 850 florins,
- lunettes de 15 pouces, achromatiques, correction de réfractions.
- Moulins à scie par [*Jochum*] Cats, à Lisse, près Leyde et Harlem, 300 florins. 9 pieds de haut sans les ailes.
- Petit 'watermole' de 400 florins, sans engrenages, qui élève l'eau de 2 pieds.
- Machines de [*George*] Adams pour représenter le mouvement de la terre, de la lune, les marées, l'horizon, le rayon solaire, 400 florins.
- Modèle des roues à eau ordinaires, 12 ailes, qui 4 à 4 sont assemblées. ' Scheprad-molen', ' Moddermolen', décrit dans un ouvrage françois, 120 florins. Celui à huile 400 florins.

- Binocle de [*Peter*] Dollond.
- Téléscope de Dollond où il a mis des miroirs de [*Jan*] Van der Bildt.
- Microscope de [*Benjamin*] Martin à Londres, 280 florins, dont le support est mobile dans les deux sens, ce qui sert de micromètre, nouveau.

1. Voir p. 90 de ce *Journal* (19 Juin 1774).

2. Voir *Naamlijst en korte beschrijving van wis- en natuurkundige werktuigen, bij één verzameld door den weledelen heer Mr. Ernestus Ebeling*, Amsterdam, 1789.

La maison la plus richement meublée que j'aie vue à Amsterdam. Escaliers de marbre ; rampe dorée, damas cramoisis.

•Machine à fraper les pilotis inclinés, *v*. Mu[s]schenbroek.

•Batterie de 60 bouteilles pour donner un grand coup d'électricité.

•Machine de [*Adam*] Steitz à Amsterdam, chariot qui en roulant fait partir une balle en l'air qui retombe dans la même cuvette.

Dîner chez M. [*Nicolaas van*] Staphorst.

Chez M. [*Gérard Hulst*] Van Keulen, hydrographe de la marine au bas du Damrak : globe de [*John*] Senex où il y a un arc de 23° 1/2 autour duquel le globe tourne à frotement pour le disposer sur la précession des équinoxes. Ce qui me sera fort utile pour l'ancien calendrier. Il m'enverra la collection de toutes ses bonnes cartes marines, et je lui chercherai un astronome.

## [Amsterdam]

**88**

Il m'a fait voir une ancienne carte où la Frise tenoit à la Nort Hollande [*Noord Holland*]. Il m'a donné un livre de navigation hollandoise où les tables des latitudes croissantes sont plus détaillées que dans nos livres françois, ce qui est plus utile que le quartier de réduction.

Les vaisseaux de guerre dans le bassin de l'Amirauté sont dans la vase et il faut des cabestans, des centaines d'hommes et plusieurs jours de travail pour les sortir.

On n'a pu obtenir la permission de me faire voir l'Amirauté.

Les lagunes de Venise ressemblent beaucoup à l'Ye [*IJ*] d'Amsterdam.

Les caissiers à Amsterdam sont une 40e de personnes qui se chargent de donner de l'argent à ceux qui ont des comptes en banque, moyennant 1/8 par cent. Mr. D'Ornic [*Daniel Doornick*] est celui de M. [*Thomas* ou *Jan*] Hope et il est riche.

Je suis revenu par les petites rues qui sont au bas de Vassmoes straat [*Warmoesstraat*] et par les rues Jonker- et Ridderstraat près de Waals Eylands, qui sont remplies de filles effrontées. Mais il y a des maisons tranquilles où l'on ne court pas les mêmes risques.

Souper chez M. [*Joseph*] Mandrillon.

[*Gérard Hulst*] Van Keulen imprime tout se qui se fait en navigation, il a le privilège de la plupart des livres ; il offre d'acheter mes manuscrits françois et de les faire imprimer dans les deux langues. Il a des forges d'ancres, des portions sur des vaisseaux, la pêche de la baleine, il est riche mais il garde son hydrographie parce qu'il y a 200 ans que sa famille [1].

C'est au mois de mai que l'on fait le nettoyage général des maisons, que l'on peint, que l'on racomode, que l'on change de logement.

Les ramparts d'Amsterdam ont des contreforts de 20 pieds en dedans, réunis par des arceaux. Les citernes se bâtissent sur un fond de charpente qui s'enfonce à mesure qu'on bâtit. Toutes les vitres sont des carreaux de 8 pouces sur 7. On ne connaît pas nos verres de bohême.

Herbier de [*Johan*] Burman ; c'est un viellard, qui ne travaille plus. Il a l'Hortus medicus où les directeurs font venir des plantes étrangères.

M. [*Johann Heinrich*] Der Schepp, graveur en pierres dures qui a beaucoup de génie.

**89**

## [Amsterdam]

**Samedi 18 juin**

M. [*Arnold Bastiaan*] Strab[b]e est venu travailler avec moi, pour ma traduction. Le temps rafraichi, très agréable.

J'ai été voir l'église du P.F. Chrisostome, carme du Lunebourg, vis à vis les béguines n° 36. C'est la seule françoise, il y en a une de jacobins, de récollets, d'augustins, et de prêtres séculiers. Ils relèvent du nonce de Bruxelles. Ils ont des maisons, le troupeau les soutient, ils on fait un service pour le Roi.

Il y a 50 mille catholiques à Amsterdam, et il n'y a pas plus de 50 mille réformés.

M. [*Pierre Le Clerc, dit*] La Pierre m'a mené chez son horloger Van der Hein qui a fait un engrenage à son planisphère pour avoir les minutes.

Dîner chez M. [*Marc Michel*] Rey, en grande compagnie. Il m'a donné les œuvres de [*Willem Jacob 's*] Gravesande, et les 2 volumes contre l'abbé [*Jean Baptiste*] Chappe [*d'Auteroche*] [2].

J'ai été voir les écluses et les échelles. La hauteur de Zeedyk : 9 pieds 5 pouces, Boven Stadts peyle.

Les mennonites de Varmoes Straat [*Warmoesstraat*] étoient si riches que la régence y alloit chercher des femmes pour les emmener sur Heeren Gracht, on appeloit cela une promotion.

J'ai vu la comédie brûlée en 1772. Il y eut 19 personnes d'étouffées. Les vieux bourguemaistres s'opposent à la comédie françoise.

1. Phrase non terminée.
2. *Cf.* p. 3 du *Journal*.

[*André Ernest Modeste*] Grétry, [*Pierre Alexandre*] Monsini [*Monsigny*] au Vauxhall. J'ai été voir *Lucile* et *Le Déserteur* [1]. M. [*Jacob Toussaint*] Neitz [*Neyts*] entrepreneur, le meilleur acteur ainsi que sa femme ; son frère [*François Dominique*] est le traducteur en hollandois, bon poëte.

Le soir chez M. [*Pybo*] Steenstra qui m'a fait voir un globe d'[*George*] Adams [2], sans rosette avec un équateur fixe et un index qui marque les heures, un cercle horaire mobile avec un soleil qui court dedans pour résoudre les problèmes de la sphère, beaucoup d'anciens livres d'astronomie et d'astrologie.

Le soir, souper chez M. [*Joseph*] Mandrillon.

Le plus beau Rembrandt est au théâtre d'anatomie. C'est un professeur devant son cadavre [3].

M. [*Johan*] Goll en a l'esquisse et un dessein copié d'après le tableau.

On envoie des cadavres d'Amsterdam à Leyde, etc.

M. [*Theodorus*] De Smeth [4], négotiant et docteur en philosophie a un cabinet de médailles.

## [Amsterdam]

90

**Dimanche 19 Juin 1774**

[*Pietro Antonio*] Crevena, bibliothèque rare, derrière l'Hôtel de ville.

M. [*Jacob Eduard*] de Witte m'a fait voir le théâtre en bois qui coûtera 200 mille florins. Places à un scalin et à 2 florins. Bien imaginé, bien construit, coulisses très mobiles. Bassins en haut pour distribuer l'eau sur le théâtre. Point de vue à la distance = largeur du théâtre. Contrepoids sur le côté.

1. Lucile, opéra comique de Grétry, livret de Jean-François Marmontel ; Le Déserteur, opéra comique de Monsigny, livret de Jean-Michel Sedaine.

2. *Cf.* aussi p. 87 du *Journal*.

3. *Cf.* p. 80 et p. 92 du *Journal*.

4. Theodorus baron de Smeth (1710-1772), négociant et banquier, ancien président des échevins de la ville d'Amsterdam avait un cabinet de médailles. Lalande parle peut-être ici de son frère Raymond (1705-1800) avec lequel il était associé.

Atheneum, d'Amsterdam, près du *Heerenlogement*. 7 professeurs, [*Petrus*] Curtenius, [*Petrus*] Burmannus. 1 lecteur qui parle en hollandois, M. [*Pybo*] Steenstra.

Société littéraire, ou assemblée de chaque semaine, où l'on fait un discours en fumant, en buvant, M. [*Hendrik Willem*] Hurter en est, elle n'a rien imprimé.

Dimanche M. [*Cornelis*] d'Oudermeule, sa femme et son fils de 14 ans, fort aimables.

Faire le tour des digues de Dimmer meer [*Diemermeer*] voir un overtome, et une écluse.

Chez M. [*Jacobus*] de La Lande au bout du Kaisers Gracht.

Chez M. [*Pierre Leclerc, dit*] De La Pierre, voir la méthode de son planisphère [1]. **[Fig. 19]** Jusqu'à l'équateur c'est la projection stéréographique ; au delà de l'équateur il a répété les mêmes divisions du dedans. Pour tracer l'horizon il a tiré un diamètre sur une mappemonde, par 37° de latitude et il a vu à quel degré il coupoit chaque méridien. Il m'a paru que cela ne devoit pas réussir. M. [*Pierre Leclerc, dit*] De La Pierre quitta la France il y a 25 ans pour le jansénisme après avoir été 2 ans à Vincennes. Il a été excommunié par les jansénistes d'Utrecht pour avoir écrit contre les sacremens.

1. Dans la marge : « Plan ».

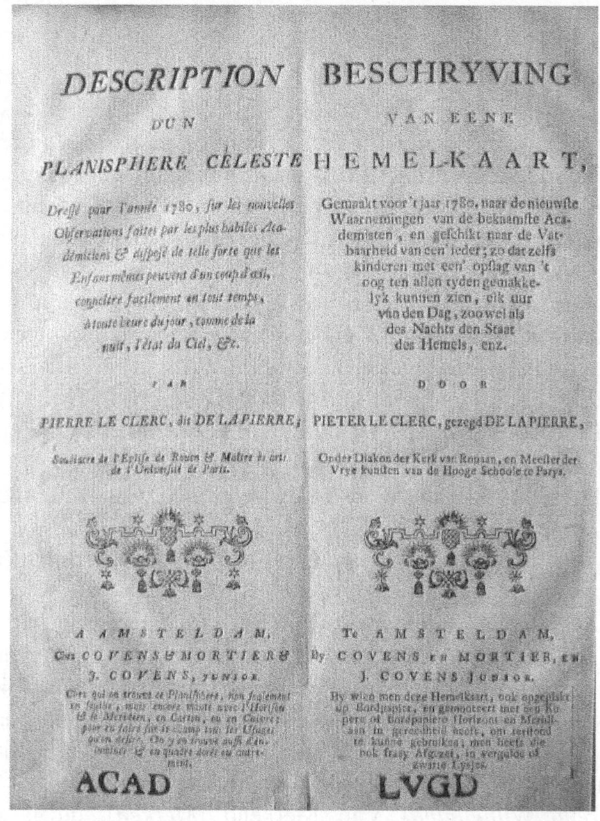

*DESCRIPTION*

*D'UN*

*PLANISPHERE CÉLESTE*

*Dressé pour l'année 1780, sur les nouvelles Observations faites par les plus habiles Académiciens & disposé de telle sorte que les Enfans mêmes peuvent d'un coup d'œil, connoître facilement en tout temps, à toute heure du jour, comme de la nuit, l'état du Ciel, &c.*

PAR

*PIERRE LE CLERC, dit DE LA PIERRE;*

*Soudiacre de l'Eglise de Rouen & Maître ès arts de l'Université de Paris.*

*A AMSTELDAM,*

*Chez COVENS & MORTIER &*

*J. COVENS, junior.*

*Chez qui on trouve ce Planisphere, non seulement en feuille, mais encore monté avec l'Horison & le Meridien, en Carton, ou en Cuivre; pour en faire sur le champ tous les Usages qu'on desire. On y en trouve aussi d'enluminés & en quadre doré au contrement.*

ACAD

BESCHRYVING

VAN EENE

HEMELKAART,

Gemaakt voor 't jaar 1780, naar de nieuwste Waarnemingen van de beknamste Academisten, en geschikt naar de Vatbaarheid van een' ieder; zo dat zelfs kinderen met een' opslag van 't oog ten allen tyden gemakkelyk kunnen zien, elk uur van den Dag, zoowel als des Nachts den Staat des Hemels, enz.

DOOR

PIETER LE CLERC, gezegd DE LA PIERRE,

Onder Diakon der Kerk van Rouaan, en Meester der Vrye kunsten van de Hooge Schoole te Parys.

Te AMSTELDAM,

By COVENS en MORTIER, en

J. COVENS Junior.

By wien men deze Hemelkaart, ook opgeplakt op Bordpapier, en gemonteert met een Kopere of Bordpapiere Horizont en Meridiaan in gereedheid heeft, om terstond te kunne gebruiken; men heeft die ook fraay Afgezet, in vergulde of zwarte Lysjes.

LVGD

Fig. 19 : Page de titre du *Planisphere* de Pierre Le Clerc, dit De la Pierre (Amsterdam, Covens, 1774)

Le soir j'ai rangé tous mes livres reçus ou achetés ici, et je les ai remis à M. [*Joseph*] Mandrillon pour me les expédier à Paris

[M.] Spaan [?], Utrechtsche straat, a les choses les plus curieuses en papier découpé. Portraits, bâtiments.

[*Pieter*] Vandam [*Van Damme*] libraire a une correspondance immense avec tous les païs, c'est un homme unique. Il a un cabinet supérieur de médailles.

91

## [Amsterdam]

**Lundi 20 [Juin]**

Chez M. [*Cornelis*] Ploos van Amstel, courtier en bois ce sont des entremetteurs entre marchands ; il y en a de jurés, les paches [1] qu'ils ont négotiées sont irrévocables. Il y en a en sucre, en change, etc... M. Ploss a des desseins, de la physique, il est très connaisseur en tout, mais il ne sait pas le françois. Il a imaginé des planches en couleur.

Chez M. [*Jan*] Morterre à qui j'ai donné 5 loüis pour des livres.

Chez M. [*Marc Michel*] Rey qui m'a assuré ne pas conoître et n'avoir pas voulu conoître l'auteur du *S. de la N.* et des autres ouvrages philosophiques qu'il a imprimés. Il croit qu'il n'a rien imprimé sous son nom. Il y a eu 5 éditions du *Système de la nature* (d'Olbach) [*Paul Henri Dietrich d' Holbach*]. Il va imprimer le procès du chancelier [*Guillaume*] Poyet.

La 1 ère édition du C*ommerce des deux Indes* a été faite à Rennes pour Merlin [2].

*L'an 2440* a été imprimé à Amsterdam [3], on n'en connoit point l'auteur. M. [*Louis-Sébastien*] Mercier.

Chez M. [*Jean-Jacques*] Lefèvre qui m'a offert tous ses services,

Chez M. [*Rudolf Louis*] Cresp qui m'a montré son mouvement perpétuel dont le ressort est caché dans l'épaisseur d'une roüe. Il y a 4 balles postées sur 4 étoiles, dont 2 balles sont plus près du centre en apparence, mais le point d'action est à la mesme distance. Il a cru lui-même pendant un temps qu'il avoit le mouvement perpétuel.

Mle. [*Lucretia Wilhelmina*] Van Merkend [*Merken*], qui a épousé M. [*Simon van*] Vinter [*Winter*] peintre, 40 ou 50 ans, est poëte, elle a fait la pièce d'ouverture du théâtre neuf.

Zee Camer, chambre de vue, à l'entrée de la maison, où l'on fait entrer tout le monde, on ne pénètre pas facilement dans l'intérieur des appartemens.

M. Hasselnaar [*Gerard Aernout Hasselaer*], 1er bourguemestre, et représentant du Prince aux Etats, étoit fort bien intentionné et fort accrédité ; les gens de lettres avoient du crédit de son temps, c'est lui qui a fait

1. Le *Dictionnaire de Trévoux* indique : ce mot ne vaut rien, à sa place on dit pacte.

2. La première édition de Guillaume Thomas Raynal, *Histoire philosophique et politique des établissements et du commerce des européens dans les deux Indes* porte comme lieu d'édition, Amsterdam, 1770.

3. [L. S. Mercier], *L'An deux mille quatre cent quarante, rêve s'il en fut jamais*, Londres, 1772. Fausse adresse, sans doute Amsterdam, Van Harrevelt, 1771.

naître le goût de la physique à Amsterdam, où il y a beaucoup d'amateurs.

Dîner chez M. [*Antoine Maillet*] Du Clairon, qui est de Mâcon, sa fille [*Françoise*] a épousé un chirurgien, [*Joachim*] Busseret [1], amie de la Lesne [2].

Amsterdam tient la balance et arrêtera la tyrannie des princes, on n'y est point stathouderien.

## [Amsterdam et départ pour Utrecht]

92

M. Folkes [?], près de Mons en Hainaut, il y a 15 ans, a vendu à M. [*Antoine Maillet*] Du Clairon des aiguilles sans déclinaison.

Maison de ville d'Amsterdam, représentée en 109 figures à Amsterdam chez Mortier, 1719 in folio [3].

Athenaeum illustre, 2 auditoires, bibliotèque publique 2 fois la semaine, livres enchaînés.

Theatrum anatomicum. Collège de chirurgie : le Bourguemestre et professeur Tulpius, beau tableau de Rembrandt [4]. Cabinet du docteur [*Jacobus*] Hovius. Ostéologie, monstres, maladies des os, comtoirs [?], balustrade en avant. Portrait de Ruisch [*Frederik Ruysch*], [*Petrus*] Camper. M. [*Andreas*] Bonn donne leçon en hyver tous les jours, 30 cadavres, fractures, coupures de toute espèce, boîteux, bossus, exostoses. Portraits de beaucoup de chirurgiens. Théâtre d'anatomie 600 personnes debout. Géante de 18 ans de Russie. Chambre d'histoire naturelle : autruche qui sort de l'œuf, momies, poissons, serpens, crocodile avec l'ichneumon son ennemi.

Le soir j'ai reçu une lettre de M. [*Gerrit Willem van Oosten*] de Bruyn, par son ami M. Guillaume Titsingh, sur le Colveniers Burgwal [*Kloveniersburgwal*], vis à vis l'Oudeman huys.

J'ai soupé avec mon ami [*Joseph*] Mandrillon chez le P. Chrisostome Giraudot, et le P. de la Tour de S. Claude.

1. En 1762, Françoise Maillet, fille d'Anne Charlet et d'Antoine Maillet, bourgeois demeurant à Paris, épouse Joachim Busseret chirurgien. *cf.* Etat civil, Archives départementales de Saône et Loire.

2. De la famille de Philippe Lesné ? *Cf.* S. Dumont, *Un astronome des Lumières Jérôme de Lalande*, Paris, Vuibert/Observatoire de Paris, 2007, p. 151.

3. Architecture, peinture, et sculpture de la maison de ville d'Amsterdam représentée en *CIX figures en taille douce [...] avec une explication historique de chaque figure*, Amsterdam, chez David Mortier, 1719.

4. Voir aussi p. 80 et p. 89 de ce *Journal*.

**Mardi 21 [Juin]**

Parti à 7 h avec M. [*Pybo*] Steenstra par la barque d'Utrecht.

Ouderkerke, 8 h ½ on quitte l'Amstel pour rentrer dans un canal.

A Votangel (Foutang) [*Voetangel*], on prend un autre cheval, auberge.

Abkoude où finit l'Amstel et commence le Crommel [*Kromme*] Amstel. Château seigneurie ' Huys te Abkoude', deux anciennes tours.

Bambrugge [*Baambrugge*], où commencent les belles campagnes de droit et de gauche.

Loende. Loender Sloot, vieux château ; Loenen.

93

## [en route pour Utrecht]

Le ciel des anabatistes est dans ces cantons qu'ils ont enrichi et peu embelli.

Logé chez M. W[*illem*] Feitama à *Ruygen* (rustique) *Hoff* (mooi jardin) beaux jardins, couches où l'on a du raisin actuellement, des pêches dans quelques jours [1]. Douze chevaux dans l'écurie, toile superbe, coucher voluptueusement. Mle. Gurlet de Vevet [*Vevey*], a soin de l'aimable enfant. Elle est depuis deux ans dans le pays. Elle a de l'esprit.

« *Loenen* » est aussi le nom de la maison de M. [*Sigismund Vincent Gustaaf Lodewijk, comte de Heiden*] Hompes[*ch*], dont parle M. [*François-César Le Tellier, marquis*] de Courtanvaux comme de la seigneurie, et qui ne l'est point.

Le seigneur ou la dame demeure dans la maison de Wallesteyn [*Wallestein*] près de là, qui n'est point seigneuriale.

La seigneurie est de Loenen et Krooneburg [*Kronenburg*], ce dernier est un château entre Loenen et Niewersluys et appartient à Mad. [*Nicole Gertrude Smissaert, veuve*] Balde [2], l'un et l'autre.

Nous avons voyagé avec M. [*Balthasar Constantijn*] Ruysch, commandant des 400 hommes de troupes qui sont à Amsterdam, mais dont les bourguemestres noment les emplois, qui n'ont d'autres fonctions que de garder les portes, encore les bourgeois ont-ils leur corps de garde vis à vis.

Les soldats n'ont que 28 sols par semaine et il faut qu'ils se logent, se fournissent de bas et souliers ; ils n'ont point d'étape, ils ont de la peine à vivre, les voyages surtout.

1. Voir J. Jonker-Duynstee & E. Munnig Schmidt, « Ruygenhof en de geschiedenis van de fruitschuur », *Jaarboekje Nifterlake*, 2015, p. 57-67.

2. Ysbrand Balde (1716-1770), banquier, acquiert en 1754 le château de Kronenbourg.

Le soir à Over Holland de M. W[*illem*] Straalman, beaux jardins, bois, bosquets, arbres étrangers ; jardins à l'angloise, 18 morgen, bustes de marbres ; de la province d'Utrecht Md. [*Laurentia Clara Elisabeth*] Hasselaare [*Hasselaer*], aimable et belle, plus jeune que sa belle-fille. Coucher volupteusement, toiles superbes, chez Md. Feitama [*Sara de Haan*].

La mortalité qui dure depuis 1743 a encore enlevé l'année passée la moitié des bestiaux de ce canton.

On y paye 5 florins à l'Etat, par morgen, plus ou moins en Hollande du côté de Harlem il y a des endroits où on en paye 14. Il faut conter 1½ florin par arpent pour l'entretien des moulins et leur construction. Il y a des terreins qu'on abandonne parce que l'impôt et l'entretien les absorbe, alors ils apartiennent à l'Etat, cela arrive quelque fois. Il ne faut compter que 2 pour cent de reste pour le propriétaire d'un fond, sur le prix de la vente.

## [en route pour Utrecht]

**94**

**Mercredi 22 juin**

Ecluse appelée Newersluys [*Nieuwersluis*], qui joint le canal avec le Wecht [*Vecht*], il y a 2 portes contre le Wecht seulement, 10 pieds de large un petit bassin pour une barque.

Les grands ~~barques~~[1] bâtimens qui viennent d'Allemagne passent par l'écluse de Muyden, elles viennent chercher les marchandises des Indes, elles sont très longues.

Ces rivages du Wecht sont délicieux, le passage du vendredi au soir y est considérable, et le retour du dimanche au soir.

Pour aller à Utrecht parti à 6 h de Loenen.

Niewer Sluys où aboutit un petit canal qui vient du Crommen Amstel (Amstel courbe).

| | |
|---|---|
| Breukelen | 6 [h] 18 |
| Maerssen [*Maarssen*] | 6[h] 43 |
| Zuylen | 7[h] 0. |
| Utrecht | 7 h 25' |

1. Le mot 'barque' est barré remplacé par bâtimens, mais l'accord est resté au féminin dans la suite de la phrase.

J'ai vu aupparavant deux belles maisons : maison de Lockhorts [*Lockhorst*] de Mesdame Van der Meer [1], et Wyver Hof (Vivier jardin) [*Vijverhof*], de M. [*Leonard Thomas de*] Vogel (on prononce fogle).

A Lockhor[s]t il y a des jardins de prince, une multitude de bustes de marbre, des portes immenses, des fontaines artificielles cela est un peu négligé actuellement ; belles charmilles de hêtre, ' Beucke'.

Un moulin qui sert à désséchor 330 morgen, et coûte environ 3.000 florins.

Une maison comme celle de M. [*Willem*] Straalman coûte 6 à 7 mille florins d'entretien.

Chez M. [*Leonard Thomas*] de Vogel, il y a un très beau vase sculpté, tous les dieux.

Il y a une belle maison de M. Kliquet [?] à Breukelen, où il y a dcs fontaines en berceaux. M. W[*illem*] Van Loom [*Loon*] [2].

Vis à vis de Lo[c]k[h]orst, à Maersen, est la belle maison de Pareira [*Samuel Ximenes Pereira*], juif, et de la plupart des juifs riches, il y a deux sinagogues.

Dans toutes ces maisons il y a des sphères en forme de cadrans équinoxiaux qui coûtent au moins 100 florins, quelques fois 500. On en a beaucoup volé l'année passée.

Ce canton est un des plus beaux avec celui de Beverwyck et du Velsen du côté de Harlem (p. 67)

Le Wecht [*Vecht*] continuant vers Muyden, passe à Vreeland, Stigstenberg [*Stichtse berg = Nederhorst den Berg*] et Weesp, où sont aussi de beaux villages.

Utrecht 52° 5' de latitude, 10' 30" à l'orient de Paris.

95

## [Utrecht]

A Utrecht, ville de 28 000 âmes, y compris les fauxbourgs.

M. le Marquis [*Maximilien Henri*] de S. Simon traduit *Temora et Fingal*, poëme écossois, herses antiques [3] ; il a donné un traité des jacintes,

1. En fait, la maison appelée « Ter Meer » à Maarsen a été détenue par la famille de Lockhorst. La derniere descendante, Agneta Geertruida de Lockhorst, a donné la maison en 1787 à son cousin Diderick van Tuyll de Serooskerken. Démolie en 1903.

2. Willem van Loon a acheté en 1766 pour 40.000 florins la maison et le domaine « Boom en Bosch » à Breukelen, c'est l'actuelle mairie.

3. M. H. de St.-Simon, *Temora, poème épique en VIII chants, composé en langue erse ou gallique par Ossian, [...] traduit d'après l'édition anglaise de Macpherson,* Amsterdam, 1774.

1768, in-4 [1], la Campagne de 1744, et le siège de Coni, où il étoit aide de camp du prince de Conti 1770 [2]. Il quita la France il y a 10 ou 12 ans pour avoir maltraité un envoyé russe, qui étoit venu retirer les diamans de la princesse d'Anhalt. Sentence des maréchaux de France. Il est frère de l'évêque d'Agde et du comte gouverneur de Senlis, rue du Bac et du commandeur de Loudun. Il a épousé une veuve [*Maria Jacoba Cornelia Van Efferen*] de 30 mille florins de rente, fille d'un général des Provinces-Unies, d'Amelisweert. Il a donné des *Essais de traduction énergique littérale* de Pope [3], Lucain, etc. Sur les guerres de Claudius Civilis, in-folio, 1770, cartes des rivières anciennes [4]. Des idées spéculatives sur les gouvernemens [5]. Il a mis au bas de son portrait : combatu par le sort, victime du pouvoir.

Zeyst, village extraordinaire des hernutes, venus de la haute Allemagne ; belles boutiques, menuisiers. Vivent en commun. Fondés par le Comte Zinzindorf [*Nicolaus Ludwig Zinzendorf*]. Le Comte de Doua, [*Johannes de Watteville*] son gendre, a la seigneurie et la maison.

*Hedendaagsche* (hodierna) *historie of tegenwoordige* (actuel) *Staat* (état) *van alle volken* (peuples), 21 deel (contient que la ville d'Utrecht), à Amsterdam, 1758 in-8° [6]. P. 370, la hauteur de la tour du dôme bâtie en 1430, 380 pieds d'Utrecht.

Stadhuis, où se tint le congrès de 1713.

Dans le grand auditoire de l'Université, l'Union de 1579. C'était l'assemblée des Etat avant Charles Quint.

S. Jan, place très jolie, ornée d'arbres. La bibliotèque de l'Université y est publique deux fois la semaine.

1. M. H. de St.-Simon, *Des Jacinthes, de leur anatomie, reproduction et culture*, Amsterdam, 1768.

2. M. H. de St.-Simon, *Histoire de la guerre des Alpes, ou Campagne de 1744, par les armées combinées d'Espagne et de France [...] où l'on a joint l'histoire de Coni depuis sa fondation en 1120 jusqu'à présent*, Amsterdam, 1770.

3. M. H. de St.-Simon, *Essai de traduction littéraire et énergique*, Haarlem, J. Enschede, 1771. C'est la traduction de l'*Essai sur l'homme* de Pope et d'une partie du 2 [e] livre de la *Pharsale* de Lucain.

4. M. H. de St.-Simon, *Histoire de la guerre des Bataves et des Romains d'après César, Corneille, Tacite, etc., avec les planches d'Otto Voenius, gravées par A. Tempesta*, Amsterdam, 1770.

5. M. H. de St.-Simon, *Absurdités spéculatives*. S.d. in-4°. Suite du *Nyctologues de Platon*, Utrecht, 1784.

6. Jan Wagenaar, *Hedendaagsche historie of tegenwoordige staat van alle volken. Dl 21, vervolgende den tegenwoordigen staat der vereenigde Nederlanden*, Amsterdam, Isaak Tirion, 1758.

*Au nouveau château d'Anvers,* excellente auberge. [*Jan*] Oblet. *La place royale* ; M. [*Jan Hendrik*] Mosch [1]. Ce sont les deux meilleures auberges de la province.

M. [*Augustin François*] Thomas Du Fossé, conseiller au parlement de Roüen s'est échapé de ceux qui l'arrêtoient [2].

Le mail a 200 roeds de longueur, 7 allées d'arbres, et 2 pour les voitures. Louis 14 donna des ordres précis de l'épargner.

Md. [*Petronella Johanna de Timmerman*] Hennert m'a reçu avec empressement. C'est une veuve riche, spirituelle, de Middelbourg, qui étoit venue à Utrecht par amour pour les sciences, et M. [*Johann Friedrich*] Hennert l'a épousée il y a 7 à 8 ans [3]. **[Fig. 20]**

**96**

## [Utrecht]

La ville d'Utrecht a 900 toises de long sur 400 de large, en forme de harpo [4]. 1120 morts par années.

Bourguemetre [*Arnout*] Loten, astronome.

Prof. [*Johannes David*] Hahn de Heidelberg qui fait les expériences de physique, chymie et botanique dans le batiment de l'anatomie chymie, botanique et physique.

Professeur Vangoens [*Rijklof Michael van Goens*], en belles lettres, génie supérieur, qui parle toutes les langues, professeur à 19 ans.

[*Pieter*] Boddaert, en histoire naturelle, docteur en médecine a un cabinet d'histoire naturelle, intendant de la *Gazette*.

1. Jan Oblet et Jan Hendrik Mosch sont les noms des aubergistes.

2. Augustin François Du Fossé s'enfuit de chez lui en 1772 pour échapper à l'autoritarisme de son père Antoine Augustin, conseiller au Parlement de Rouen. Il est arrêté entre Utrecht et Amersfoort, mais il s'échappe. Il est ensuite repris et ramené chez son père. Voir *Recueil de plaidoyers, mémoires et pièces justificatives pour le sieur Augustin François Thomas Du Fossé et la demoiselle Coquerel son épouse*, Rouen, Veuve Dumesnil et Montier, 1792.

3. Voir sa biographie par J. F. Hennert, dans P.J. de Timmerman, *Nagelaatene gedichten*, Utrecht, Paddenburg, 1786, p. I-XXX.

4. Harpo ou harpeau, terme de marine désignant un grappin ou ancre à 4 bras.

Fig. 20 : La poète et astronome Petronella Johanna de Timmerman (1724-1786), épouse de Johann Friedrich Hennert

8 églises réformées, 1 luthérienne, 1 arminienne, 1 mennonite ; point de juifs, ils ne peuvent y passer qu'un jour. 6 églises catholiques, 6 jansénistes ou de l'archevêque.

Le synode a beaucoup d'influence, le Prince promet d'en faire observer les décrets.

Prédestination des gomaristes. Les théologiens y prêtent serment. On prend garde de ne rien dire contre le synode ; on ne peut réussir qu'en paraissant bon gomariste.

La régence d'Utrecht est composé de 40 vroedschapen [*vroedschapsleden*] dont 2 bourguemestres qui changent tous les ans, 12 échevins ; le 12 octobre de chaque année, le Prince les confirme.

Les Etats de la province en 3 parties. Les élus ou chanoines, prévot doyen et chanoine, les nobles. La ville, avec quelques députés d'Ammerfort [*Amersfoort*], Vyk [*Wijk bij Duurstede*], Rheenen [*Rhenen*], Montfort [*Montfoort*], mais qui ont peu d'influence. Le 1^er^ élu est le président des Etats, le Prince ne le change point. Chacun des 3 corps envoie un député aux Etats généraux.

Quand le Prince vint aux Etats en 1768, il présida le 1^er^ jour aux Etats comme stathouder, le 2^e^ jour il présida à l'ordre équestre.

La ville d'Utrecht prétend la souveraineté dans son territoire, elle a fait un mémoire à ce sujet, secret.

97

## [Utrecht]

[*Sybrand*] Feitama a traduit la *Henriade* et *Télémaque* en vers françois, très bien, mort il y a 5 ou 6 ans, 2 tragédies de Voltaire, *Brutus* et *César*.

[*Joost van den*] Vondel est le plus grand poète, mort il y a 50 ans, tragédie de *Palamèdes*, mort de [*Olde-*] Barnevelt [1]. Tous les ans le magistrat la fait représenter à Amsterdam pendant la Kermese [2].

Mad. Hennert est d'une société poétique de la Haye, elle est de Zélande. Elle a fait des vers pour mon portrait. Mle. Lanoy, [*Juliana Cornelia de Lannoy*], de Gertrudemberg [*Geertruidenberg*] a fait *Léon le Grand*, belle tragédie.

Mle. [*Lucretia Wilhelmina*] Van Merken Winter a fait le poëme de David en 12 chants [3], 4 tragédies ; son mari [*Nicolaas Simon Van Winter*] est aussi poète.

La chambre du sénat académique, portraits des professeurs :

[*Gisbertus*] Voetius, qui écrivit contre [*René*] Descartes ;

Cocceius [*Heinrich von Cocceji*], père du chancellier de Prusse [*Samuel Cocceji*] ;

[*Johann Georg*] Graevius ;

[*Petrus*] Burmannus ;

[*Hadrianus*] Relandus, description de la Palestine, arabe, poëte latin [4] ;

[Johannes Jacobus] Vitrarius ;

[*Arnold*] Drakenborch, commentaire sur *Tite Live* [5].

Observatoire **[Fig. 21]**, deux quarts de cercles ; une pendule, une lunette méridienne ; plusieurs grandes lunettes ; un excellent micromètre [6].

1. *Palamedes oft Vermoorde onnooselheyd Treus spel.* Joost van den Vondel, choqué par l'exécution de Oldenbarneveldt écrivit cette pièce de théâtre à clefs dirigée contre Maurice de Nassau.

2. Kermes ou Kermis ou Karmesse selon le dictionnaire de l'Académie française de 1762 et le Dictionnaire de Trévoux. Vient du néerlandais kerkmisse, fête patronale.

3. Lucretia Wilhelmina van Merken, *David, in twaalf boeken,* Amsterdam, 1767.

4. Adriaan Reland, rassemble les observations qu'il rapporte de son voyage au Proche Orient en 1694 dans l'ouvrage : *Palæstina ex monumentis veteribus illustrata* (1714).

5. Arnold Drakenborch, *Titi Livii Historiarum libri cum notis integris doctorum virorum*, 7 vol., Amsterdam, 1738-1746. C'est un *compendium* de l'histoire néerlandaise.

6. Voir Jan Deiman, « Het instrumentarium van de Utrechtse sterrenwacht », *Tijdschrift voor de Geschiedenis der Geneeskunde, Natuurwetenschappen, Wiskunde en Techniek,* 10, 1987, p. 174-189.

Fig. 21 : Observatoire astronomique de l'Université d'Utrecht

Den « Dom », dont une partie a été abatue par le tonerre avec la flèche. La tour m'a paru avoir 214 pieds, jusqu'au sommet de la maçonnerie, non compris le toit et la girouette. Salle du chapitre, dont les prébandes se vendent à vie 10 mille florins, rapportent 800 florins plus ou moins.

20 professeurs : 5 théologie, 3 droit, 3 médecine, 6 philosophie, litterature.

Environ 300 étudians, 400 florins à 2600 florins, milieu 1500 florins.

Leçons publiques pendant 5 mois, deux fois la semaine ; leçons particulières 6 ducats la 1ère année.

98

## [Utrecht]

M. Dubois et quelques autres jansénistes sont en société derrière sainte Marie, église angloise ; ils sont fort instruits. Ils étoient à Rynwijk [*Rijnwijk*].

M. Hancquetil [*Abraham Hyacinthe Anquetil-Duperron*] y a été trois ans avant son voyage de Perse. Ils ont ordonné l'histoire de l'église d'Utrecht dans le 8 e volume de l'histoire des Pays Bas [1], à laquelle Cellius [*Gottfried Sellius*] a travaillé.

1. [Bénigne Dujardin et Godefroy Sellius], *Histoire générale des Provinces-Unies [...] par MM. D***, ancien maître des requêtes, S***, de l'Académie impériale et de la Société royale de Londres,* Paris, P.-G. Simon, 1757-1770.

M. [*Hendrik Herman*] Van den Heuvel, greffier de la haute cour de justice a remporté le prix de Harlem sur les causes de la décadence du commerce des provinces.

La [*Anna Maria van*] Schurman avoit une fenêtre sur l'auditoire de l'académie, elle étoit quiétiste, amie de [*Jean de*] Labadie. Sa maison est derrière le dôme.

Julians [*Lambertus Juliaans*], apoticaire, beau cabinet d'histoire naturelle.

**Jeudi 23 [Juin]**

J'ai été voir l'observatoire, la maison de ville, à l'hôtel de ville voir les élévations du dôme après la chute, en 1674, par un ouragan.

L'ancien plan de la ville qui ressembloit à un œuf. Les gravures faites à Paris des vues du mail, depuis la maison de Bellevüe qui est sur le rampart, et d'ailleurs la salle du Congrès, Vrodschapen Cammer [*Vroedschapskamer*].

Mesures : J'ai mesuré le pied d'Utrecht sur l'étalon : 10 pieds, 1/4 de ligne.

Le quart de cercle de [*John*] Bird chez M. Lotten [*Arnout Loten*], le Bourguemestre, calculs d'éclipse.

Achter Clarenburg, maison où sont retirés M. Dubois, [*Jean-Baptiste-Sylvain*] Mouton, Aubry, Agnés, Vaneiss, jansénistes, fort lettrés qui font les *Nouvelles écclésiastiques* (Aubry). Ils lisent tous les journaux.

M. [*Johannes David*] Hahn m'a fait voir une machine inventée par M. [*Johann Andreas*] Segner pour mesurer et peser la réaction de l'eau.

M. [*Laurens*] Praalder, maître des Renswouders a fait un plan d'Utrecht.

J'ai sollicité M. [*Arnout*] Lotten pour procurer à l'observatoire une lunette achromatique, mais ils sont 40.

Les capitaines de haut bord n'ont rien quand ils ne sont pas en mer, mais leur grand bénéfice en voyage est de se faire payer pour laisser passer les abus.

Des maisons d'Utrecht sont sous les quais le long des canaux, d'autres maisons ont chacune un pont devant la porte sur le petit canal.

p. 99 **[Utrecht]** 99

**Vendredi 24 Juin** - jour de Saint Jean

J'ai vu M. [*Diederik Jacob*] de Tuyll [*van Serooskerken*], seigneur à Zuylen, premier noble, dont la fille, Mad. [*Isabelle*] de Charrière a fait le Roman du *Noble* [1], ayant épousé un suisse, [*Charles Emmanuel de Charrière de Penthaz*] malgré son père ; il avoit en 1754 M. Le Cat de Morges [*Henry de Catt*], que le roi de Prusse lui enleva dans la barque d'Utrecht [2]. *Comédie de Justine* [3].

La Société de Rinswyk fut formée par M. [*Nicolas*] Le Gros vers 1750. Il vint des jeunes gens se former auprès de lui ; il y en a eu 20 à la fois.

J'ai été voir M. l'archevêque [*Gualterius Michaël*] Nieuwen huysen [*van Nieuwenhuizen*] de La Haye ; depuis 1768 sacré par ceux de Harlem et de Deventer, élu par le chapitre d'Utrecht composé de 8 chanoines, pasteur des églises catholiques. 300.000 catholiques dans les Provinces, dont 8.000 à Utrecht.

Le séminaire d'Ammersfort [*Amersfoort*] dépend du chapitre et de l'archevêque. Le chapitre a des fonds dans le Holstein, l'évêque a sa part, et le reste est administré en commun. Les aumônes des fidèles font le reste. Le pape prétend que le chapitre n'a pas droit d'élire un archevêque. Le pape actuel n'a fait aucun acte contre l'église d'Utrecht. Au reste, le dogme est le même. Le pape prétend que c'est un païs de mission. Clémént XI suspendit l'archevêque élu et en nomma un autre, le chapitre protesta et les choses sont restées dans le même état. Le pape ne reconnoit point le chapitre à cause que cette église a perdu ses temples et ses biens. 50 paroisses qui peuvent faire dix mille âmes dans les 3 diocèses.

1. [Isabelle de Charrière], *Le Noble, conte moral,* Amsterdam, 1763. Publié anonymenent, c'est une satire ironique des préjugés de son milieu social.

2. Henry de Catt, précepteur d'un des frères d'Isabelle de Charrière rencontra Frédéric II qui voyageait incognito. Celui-ci l'invita à entrer à son service, il prendra ses fonctions de secrétaire en 1758.

3. Voir p. 102 du *Journal*.

J'ai été voir le moulin de Zydebaeln [*Zijdebalen*] (balots de soye) qui appartient à Mme [*Maria Petronella van der Mersch*], la veuve Zyderveld [*Sijdervelt*], ils furent établis par un Van Mol[l]em, vers 1730 [1]. Une grande roue à eau fait aller dix à 12 moulins pour tordre et dévider la soye. Jardins magnifiques, une immensité de statues. Belle grotte en architecture ionique formée de coquilles rares autre grotte en minéraux cristaux.

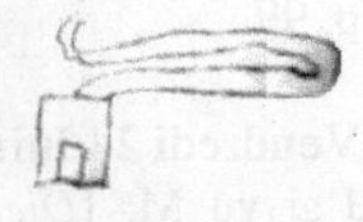

Dîner à Amelesweert [*Amelisweerd*] chez M. le Marquis [*Maximilien Henri*] de S. Simon. Beaux jardins, bois, 60 variétés d'iris. Serres de l'invention du roi de Prusse où la fumée circule dans des tuyaux de brique isolés.

Abricotiers couchés sous des verres qui réussissent à merveille et même en pleine terre. J'ai mangé d'un ananas pour la première fois. Il m'a expliqué son traité des jacintes où la génération et l'âme végétative sont exposées de manière à [……] [2], son traité de l'ancien état des rivières de ce pays, où il paroit que le Rhin alloit dans la Nort Hollande. On l'a prié de ne pas se mêler de donner des conseils sur les eaux parce qu'il y a des collèges et des gens que cela auroit démontés mais il croit que les hollandois vont à leur

**100** **[Utrecht]**

ruine prochaine par les eaux.

Il a découvert une ouverture au travers des dunes de derrière Harlem qui va dans la mer, et où il croit que le Rhin alloit. Il a une dousaine de chevaux superbes de hol […] [3] … il m'a envoyé un carrosse, j'y ai été avec M. [*Pieter*] Boddaert.

*Bélisaire* [4] a été cause que M. [*Petrus*] Hofsteede, pasteur de Rotterdam, a écrit contre Socrate et tous les grands hommes […] cet écrit contera [?].

1. David van Mollem (1670-1746) développe l'usine de soie créée par son père Jacob Van Mollem en 1681 à Zijdebalen. Son petit fils, Antoine Sijdervelt (1735-1765) épouse Maria Petronella van der Mersch (1736-1796). L'usine a été fermée en 1816.

2. Lalande ne termine pas sa phrase.

3. Passage comportant de nombreux mots illisibles en raison de la présence d'une grosse tache d'encre.

4. Œuvre de Jean-François Marmontel, publiée en 1767 et condamnée par l'Eglise. *Cf.* E. Van der Wall, « Marmontel et la querelle socratique aux Pays-Bas », in *Mémorable Marmontel, 1799-1999, études réunies par Kees Meerhoff et Anne Jourdan,* Amsterdam,

Cela a fait une combustion [?] terrible et [...] la Cour [?] a fait cesser les troubles.

**Samedi 25 [Juin]**

J'ai été voir la Biblioteca trajectino-batavam, ou ultratrajectinum qui fait une partie de l'église de S. Jean : 10 mille volumes, catalogue imprimé en 1718 [1], 500 florins par an pour acheter des livres [2].

Le premier livre imprimé à Utrecht 1473, Ketelaer et Leempt in Trajecto inferiori (Mastricht est le Superius) c'est l'histoire scholastique [3].

M. [*Sebald*] Rau, professeur de langues orientales et théologie emblématique, grand bibliographe.

J'ai été voir le cabinet de M. [*Pieter*] Boddaert, de Middelburg, conseiller de la régence de Flessingue, docteur en médecine, ambagt Straat (rue du métier). Il a écrit à M. [*Georges-Louis Leclerc*] de Buffon pour lui envoyer la description d'un phylandre oriental il y a deux ans ; il lui offre le gymnotus electricus [4], que [*Laurentius Theodorus*] Gronovius a décrit dans son *Zoophilacium* [5], il est de Surinam ; tortue cartilaginense, à groüin de cochon, très rare, on croit d'Amboine, torpedo coriacea linnea ; raie à long bec ; écureuil volant d'Amboine un pied de long, et un pied de queue ; lacerta amboinensis [6], qui ressemble à un dragon. Il peint lui-même. Belle grenouille bleu céleste de Guinée ; chaetodon dincanthus, espèce de perche dont il a donné la description. M. [*Johann Albert*] Schlosser avoit donné la description du lézard – son cabinet a été vendu [7] – lézard volant dont la

Rodopi, 1999 ; M. Messemaker, « Petrus Hofstede, een stijder voor de Waarheid », *Kerkhistorische Studiën,* Leiden, 1996.

1. *Catalogus bibliothecae trajectino batavae,* Trajecti ad Rhenum, 1718.

2. La bibliothèque de la ville devenue ensuite bibliothèque de l'Université est à cette époque encore abritée dans l'église St Jean (*Janskerk).*

3. Petrus Comestor, *Historia scholastica,* Utrecht, Nicolaus Ketelaer, Gerardus de Leempt, 1473.

4. Espèce de poisson de la famille des gymnotidae.

5. P. Boddaert (ed.), *Zoophilacium Gronovianum : exhibens animalia quadrupeda, amphibia, pisces, insecta, vermes, mollusca, testacea et zoophyta quae in museo suo adservavit, examini subjecit, systematice disposuit atque descripsit Laur. Theod. Gronovius,* Lugduni Batavorum, 1763-1781.

6. Reptile de l'île d'Amboine dans l'archipel des Molluques.

7. Après sa mort en 1769 de nombreux specimen de sa collection furent décrits par Pieter Boddaert.

membrane fait tout le tour ; perche rayée, lacerta ypfilon [1] ; talcum ollare [2], serpentine de Saxe.

J'ai été voir la maison des 18 orphelins où j'ai trouvé M. [*Lambertus Johannes*] Koedijk, chirurgien, que j'avois vu à Paris l'année dernière chez les Bergues [?].

J'y ai vu un plan d'Utrecht levé par un des enfans de la maison.

J'ai mesuré 435 roeden, depuis Tolle Steegh poort en dedans, jusqu'à Weert poort au nord et 155 depuis l'observatoire, jusqu'à la tour du dôme. Chacun de 5.9.5 3/4
11.6. 11½
ou de 14 pieds d'Utrecht, mais que l'on divise en 10 pour la mesure des terres. Le morgen est de 600 de ces roeds carrés. On m'a donné l'élévation de la tour dessinée en grand.

J'ai été dîner chez M. [*Maximilien Henri*] de Saint Simon où nous avons fait une longue promenade dans son bois ; il désire beaucoup de revoir la France et sa femme de l'y suivre ; il porte le deuil du Roi dans toutes les règles.

On appelle les Mrs d'Utrecht porteurs – donneurs – de clefs.

101

## [Utrecht]

**Dimanche 26 juin** à Utrecht

J'ai été entendre la préface de *Temora* de M. le Marquis [*Maximilien Henri*] de S. Simon. Fingal, né en 193, en 210 il bat Caracalla, Ossian, vers 306, écrivit ses exploits. Les calédoniens ont conservé leur langue jusqu'ici. [*James*] MacPherson, en 1763, a donné la traduction des poëmes d'Ossian, [*Melchiore*] Cesarotti a traduit en italien. Les bardes chantaient les faits des héros. Langue hersesgallique. Voir le *Journal des savants* 1764 et 1765, par M. de C. où l'on critique mal à propos. Abaris, calédonien célèbre en Grèce du temps de Pytagore. Trenmore, vers l'an 100 détruit les druides. Morvan, duché d'Argyle [*Argyll*].

J'ai été après dîner voir les hernutes de Zeist [3].

A quelques lieues d'Utrecht il y a des plantations de tabac qui rapportent 600 mille florins. A Ammersfort [*Amersfoort*], et en Gueldres.

1. Schlosser est le premier à en avoir parlé.
2. Talc ollaire.
3. Voir p. 103 du *Journal*.

J'ai bu beaucoup de vin du Cap, de Tocaie, de Calabre. Mangé des glaces et M. [*Maximilien Henri*] de Saint Simon m'a envoyé à Zeist dans sa calèche.
Soupé avec M. [*Rijklof Michael*] Van Goens.
Thomas Hope est anglois. Il est venu à Amsterdam avec 3 mille florins, et il les perdit 3 fois.

**Lundi 27 [Juin]**

J'ai été à la promenade du plantage à l'occident de la ville.
Dîner à Zeulen [*Château Zuylen*] avec M. [*Rijklof Michael*] Van Goens.
Md. [*Isabelle*] de Charrière, ou Mle. de Tuile (Teule) [*van Tuyl van Serooskerken*] qui demeure à Colombiers, à une lieue (v. p. 102) de Neuchâtel du côté de Lausanne et d'Yverdon. Femme charmante, pleine d'esprit et de grâces qui fait des vers, étudie les mathématiques. Elle aura 120 mille florins, elle est de la première noblesse du pays, et a voulu se marier avec le gouverneur de son frère. J'ai vu son *Portrait* [1], sa *Comédie de Justine* [2], [et] *Le Noble.*
M. [*Robert*] Brown pasteur de l'église angloise, fort lettré.
Madame la marquise [*Catherina Elisabeth*] de Chateler, intime amie de Md. de Charrières, elle est séparée de son mari dissipateur [*François Gabriel Joseph marquis de Chasteler*].

**102**

Manufacture de dés à coudre au Belt, à demi lieue de la ville, du côté de Zeist.
Madame [*Maria Johanna*] Hop, femme savante, d'un grand jugement qui demeure à Amsterdam et a sa maison de Maersen [*Maarsen*] où je n'ai pas pu aller [3].
Souterrains du château de Vreenburg [*Vredenburg*], bâti par Charles V, on croit qu'ils alloient jusqu'à l'archevêché.

1. Lalande pourrait faire allusion au *Portrait de Zélide* (autoportrait), texte resté manuscrit qui circule, ou à un portrait figuré qui serait une copie exécutée par Jacob Maurer du fameux pastel de Maurice Quentin de la Tour. Voir Kees van Strien, *Isabelle de Charrière (Belle de Zuylen). Early writings. New material from Dutch archives,* Louvain, Peeters, 2005, p. 56.
2. Voir p. 102 de ce *Journal.*
3. Elle occupe à partir de 1773 la maison Somerbergen à Maarsen.

Maison où se tint le conseil de sang par le duc d'Albe et ses adherans [1], c'est celle de M. Roosinnaleff [?], près S. Jean, sur le Crommen Niewe gracht [*Kromme Nieuwegracht*].

Salle du concert toutes les semaines, fourni par la ville dans l'église St. Marie. Cet [sic] église ~~sert~~ a une partie destinée à l'exercice des troupes.

Granges à foin couvertes, mais dont le toit s'élève.

Les puits vers le dôme ont 28 pieds, et à l'hortus medicus 19 seulement. Ils ne sont points maçonnés mais on y place un tuyau de bois avec des pierres autour.

On m'a apporté la *Gazette* [*d'Utrecht*] où mon départ est annoncé. **[Fig. 22]**

UTRECHT den 26 Juni. De Heer de la Lande, vermaard sterrenkundige van Parys, een keer door Holland gedaan hebbende en vervolgens in deeze Stad aangekoomen zynde, heeft het observatorium, de Kanaalen, de sluizen en de verdere merkwaardigheden alhier bezigtigt; en overmorgen staat hy naar Luik te vertrekken, alwaar hy de weederverschyning van den ring van Saturnus vermeent te zullen konnen waarneemen zynde hy de eerste geweest, die da omtrent de uitreekeningen gemaakt heeft, dewelke waareldkundig gemaakt, en reeds door de waarneemingen omtrent de twee vorige verdwyningen van gem. ring bevestigt zyn geworden.

Fig. 22 : *Groninger Courant*, 1 juillet 1774

Souper chez M. [*Rijklof Michael*] Van Goens, avec M. [*Johannes David*] Hahn, M. [*Jan Carel*] Smissa[e]rt, Mess. Dubois et [*Jean-Baptiste-Sylvain*] Mouton. M. [*Johann Friedrich*] Hennert m'avoit envoyé un carosse et j'ai reconduit tout le monde. M. Van Goens nous a donné des glaces, du vin du Cap, mais il doit beaucoup : sa bibliotèque immense en anglois, allemand, italien, espagnol, françois, grec, histoire, est due à [*Jean Edme*] Dufour de Mastricht et autres libraires.

Il m'a prêté *La Comédie de Justine* par Mlle de Tuilen [*Isabelle van Tuyl van Serooskerken*] il y a 7 à 8 ans [2]. Elle en a bien 32 actuellement.

1. Le duc d'Albe met en place en 1567, pour réprimer les révoltes, un tribunal d'exception, le Conseil des troubles, qui est surnommé Conseil du sang par les brabançons.

2. Lalande écrira à Van Goens, qui lui avait prêté la pièce « Elle m'arracha des larmes, et je vous sais un gré infini de lui avoir parlé de moi ». *Cf.* Lalande à Van Goens, 23 Juillet 1774, appendice B. Belle van Zuylen a écrit *La Comédie de Justine* en 1764, ceux qui ont lu

Elle a été en Angleterre seule, pour .... [1]. Elle lit l'anglois, et le françois couramment.

Lady Athlone [*Anna Elisabeth Christina van Tuyll van Serooskerken*] est sa cousine germaine, son mari [*Frederick Christiaan Reinhard de Reede*] tient le titre de pair d'Irlande du Roi Guillaume qu'une de ses ancêtres avoit suivi.

M. [*Johann Friedrich*] Hennert est brouillé avec les théologiens, il n'obtiendra jamais rien, la majeure partie des 40 étant livrée aux prêtres [2].

## [Utrecht]

**103**

Hernutes. Village d'Allemagne.

Dans *l'Essai sur les erreurs et les préjugés* de [*Jean-Louis*] Castillon [*Castilhon*] il est parlé des hernutes [3]. Dans l'*Encyclopédie*, on les exalte trop. Le sérrail où personne n'entre, les femmes et filles y vivent seules. Ils ne choisissent pas leurs femmes, ce sont les diacres. Ils ont 7 novitiats différens avant de savoir tous les mystères de la secte. Le grand point est d'attraper l'argent des gens riches. Le consistoire achetoit des biens et le Comte [*Nicolaus Ludwig*] Zinzendorf, comme chef de la secte, les mettoit sous son nom, et les gens du consistoire changeoient. Il couchoit dans le serrail. Mort en 1760, né en 1700. On ne sait pas si les hommes y vont, ou si les femmes vont chez leurs maris. Les ouvriers travaillent en commun. Ils sont fort taciturnes et l'on est très peu instruit de leurs mystères. Ils viennent des luthériens et des moraves, des quiétistes. Ils sont fanatiques. On prétent qu'ils s'accouplent au hazard. Chaque acte de mariage est une représentation du mariage de J.C. avec l'église.

ce texte à l'époque ont, comme Lalande, exprimé leur enthousiame. Ce texte n'a pas été retrouvé. Voir Kees van Strien, *Isabelle de Charrière (Belle de Zuylen). Early writings. New material from Dutch archives,* Louvain, Peeters Publishers, 2005, n. 257, p. 56.

1. Phrase non achevée.

2. Voir H. J. M. Bos, « Johan Frederik Hennert, wiskundige en filosoof te Utrecht aan het eind der achttiende eeuw », *Tijdschrift voor de Geschiedenis der Geneeskunde, Natuurwetenschappen, Wiskunde en Techniek,* 7, 1984, p. 19-31.

3. Jean-Louis Castilhon, *Essai sur les erreurs et les superstitions anciennes et modernes,* Amsterdam, 1765.

Nicolaus Ludovicus a Zinzendorf et Nottendorf, natus Dresde 26 maii 1700, denatus Herrnhutii, 9 mai 1760 en Lusace supérieure, 2 lieues de Zittaw [*Zittau*] (garde du seigneur), il y a environ 200 personnes, sans les enfants.

Il y avoit 136 femmes à l'église. Psalmodie de l'église des frères ou recueil des cantiques de doctrine, à Basle 1766. in-12 [1].

A l'agneau qui a été mis à mort (Apocal. C. 1 v. 6, C 5 v. 12 et 13).

J'ai été voir le **26 [Juin] le village de Zeist** :

Beaux batimens, beaux jardins, belles boutiques de bijouterie, de mercerie, vernis d'Angleterre, émail, bijoux, bergère qui se replie et devient un lit de repos, 16 ducats. Echelle pliante, 16 florins, acier d'Angleterre.

A l'église à 8 h du soir. Chants majestueux et tranquille[s], harmonieux. Un homme habillé à l'ordinaire, ayant une table et des livres devant lui, a fait un discours tranquille et majestueux. Tous les hommes étoient à droite et les femmes à gauche.

Cette terre étoit au comte [*Louis*] de Nassau [2], bâtard de Maurice légitimés et reconnus comtes de l'Empire. Il y a plusieurs branches.

104

## [Utrecht, puis Kuilenburg, Gorcum et Woudrichem]

### Mardi 28 [Juin]

J'ai été voir la loge, l'antre souterrain. 38 membres payent chacun 8 ducats par an, réception 100 florins. Loyer de la loge 350 florins, c'est M. [*Jan Carel*] Smissart qui a remonté cette loge [3].

A 2 h, parti de la barque de Vianen ; M. [*Abraham*] Perrenot est venu nous prendre au 'wardt' pour nous mener à Kuilenburg [*Culemborg*] ; écluses qui soutiennent le Leck, à 5 ou 6 pieds plus haut. Kuilembourg, ville de 3600 âmes sur le bord du Leck, belles promenades.

Souveraineté du Prince donnée en 1748 par la République de Groningue.

1. *Psalmodie de l'église des frères ou recueil de cantiques de doctrine, d'hymnes et prières, la plupart traduits de l'allemand,* Basle, Decker, 1766.

2. C'est son second fils, Willem Adriaan, comte de Nassau-Odijk (c. 1632-1705), qui a fondé le château de Zeist.

3. Lalande parle d'une loge maçonnique. Voir la lettre de Lalande du 23 juillet 1774 à Rijklof Michael van Goens, appendice B.

5.000 morgen de superficie ou plus. A la maison des orphelins [1], comte Floris [2], peint mort, tableau renommé. Ce fut lui qui fut à la tête des gueux. Eglise luthérienne, la première dans le païs où la réforme ait été prêchée. Manufacture d'armes, fusils et bayonnettes, 70 ouvriers, y compris ceux qui travaillent dans la ville. Bateaux de cerises pour Roterdam tous les soirs.

Souper chez M. [*Abraham*] Perrenot, avec M. le drossard [3] [*Matheus*] Van der Linden. Il a des écritures d'Henri IV et de tous les grands hommes.

**Mercredi 29**

Parti de Kuilembourg à 7 h, j'ai été voir un 'watermole', 'sheprad molen' [4], qu'on a fait aller pour moi ; il coûte dix mille florins. Il élève à 4 pieds 2 pouces (chacun de 11 pouces de Rhinland environ). Les ailes font 1½ tour pour un tour de la roue ou du 'scheprad'. Il y a 24 ailes, dont chacune élève une tonne d'eau de 112 mingelen à chaque tour. Sur une superficie de 400 morgen il élève un pouce d'eau par jour. Il y a 120 ou 320 mille moulins dans les 7 Provinces suivant M. [*Abraham*] Perrenot.

Nous avons passé près du village d'Acquoy, ou naquit Jansonius [*Cornelis Jansenius*], fils d'un paysan, 'Jan son', fils de Jan.

Gorcum [*Gorinchem*], dîner. M. et Mad. [*Johann Friedrich* et *Petronella Johanna*] Hennert s'en retournent à cause de la fluxion sur le nez de M. Hennert.

Belle maison de M. [*Martinus van*] Barneveld.

Un cabriolet à 2 roues et à 2 chevaux nous amène pour 8 florins à Bois le Duc, s'Hertogenbosch, un 'bosch'.

Parti à 6 h 50' de Gorcum [*Gorinchem*], passé par Workum [*Woudrichem*], fortifié en terre et fossés. Le passage de la Meuse est difficile, à voile.

3 h 40' Heusden, fortifée de même.

4 [h] Arrivé à Bois le Duc, s' Bosch.

1. Orphelinat fondé par le testament d'Elisabeth de Culemborg (1575-1555), veuve de Jean de Luxembourg, puis d'Antoine de Lalaing, comte de Hooghstraeten.

2. Floris I de Pallant (1539-1598), comte de Culemborg.

3. 'Drossaard' : titre donné à un fonctionnaire judiciaire et administratif dans la campagne.

4. 'Scheprad' : roue à aubes.

105 **[Bois le Duc]**

**Jeudi 30 juin** à Bois le Duc ville du Xe siècle.

M. le Duc [*Ludwig Ernst*] de Brunswick, gouverneur, est à Maastricht. La voiture est pleine pour aujourd'huy. Ville de 13.000 âmes, 3.600 maison[s], 3.000 hommes de garnison. L'hôtel de ville, le gouvernement, la grande église sont les 3 objets les plus remarquables de la ville. C'est le 2d gouvernement de la République, après celui de Maestricht, qu'a le Prince [*Charles Christian*] de Nassau Weilburg, qui a épousé la princesse Caroline, sœur du Stathouder. Les promenades du rampart sont belles. Un canal vient de la Meuse et porte d'assez gros bâtimens ; il y a beaucoup de catholiques, on le voyait hier, fête de S. Pierre. Les bonnes auberges sont le *Lion d'or*, *le Cygne*, *le Posthuys*.

J'ai donné 6 florins 6 sols pour ma place jusqu'à Maestricht, de 22 lieues, pour partir le 1 juillet à 3 h du matin.

Il n'y a point de prisonnier d'état actuellement à Loevenstein. Le dernier fut un général qui avoit rendu une place et qui refusoit de communiquer l'ordre.

Les fortifications de Bosch ont cela de commode qu'on peut inonder et désssécher les fossés.

La rivière de Aa et de Dommel forment le Dièse [*Dieze*] et peuvent inonder tout, elles vont dans la Meuse au fort de Crevecoeur. Il y a des écluses dans la ville et des canaux qui poussent les eaux au Bisbosch [*Biesbosch*]. La ville est un triangle de 335 roeds de Rhinland. Il y a deux forts au dehors, et au Nord le fort Papenbril (papistes lunette). Beau plan fait par M. [*Samuel Johannes*] Holland en 1755. Il y en a un de gravé chez Covens et Mortier, ancien.

A l'hôtel de ville, portraits de tous les stathouders. Jettons d'argent qu'on distribue aux magistrats à l'occasion du jubilé de l'hôtel de ville.

M. le pensionaire [*Antoni*] Martini m'a donné les cartes des environs, il est un de mes souscripteurs. Horloge dans le plafond qui marque les jours du mois.

## [Bois le Duc]

106

Dans l'église S. Jean, belles statues de marbre conservées, ancienne horloge de [*Peter*] Wouters, 1513, où l'on voyait autrefois le jugement dernier [1].

Village de Boxtel à 2 lieues ½, d'où Louis 14 vit la plaine inondée et n'osa s'avancer vers Bois le Duc [2]. Dans l'église on voit les armes des chevaliers de la Toison d'or, instituée en 1429, par Philippe le Bon. Batistère en cuivre de 300 ans, dont le dessus se lève par un levier. Bas reliefs en marbre, mausolée d'un évêque de Sylvaducensis.

Grue sur le 'haven', dont les deux roues ont 18 pieds, et qui tourne avec un timon sur un gros mât et un pivot. Verrerie en verre blanc, la seule des Provinces, 19 ouvriers ; chêne de Frise, sable de Malines, minium de Roterdam, les creusets triangulaires sèchent pendant 3 ans et durent deux ans. Les ouvriers se relèvent tous les 6 heures.

Canon de 18 pieds, 6 pouces, 9 lignes de calibre, laissé par les espagnols.

Réforme reçue en 1629, après la prise par Frédéric Henry sur les espagnols. Heinsius [3] en a donné l'histoire. Maison d'un serrurier, tout en fer, au lieu de briques. La ville a des privilèges considérables, ses 40 conseillers sont à vie. Les accises, ¼ moins que dans la Hollande. Les jugemens criminels sont sans appel.

M. [*Johan Hendrik*] van Heurn, échevin, s'occupe de l'histoire de la description de Bois le Duc.

M. [*Johannes*] Bon, professeur de médecine, gendre de Mad. Smith [*Samuelle Théophile van Voorburg*] ;

[*Daniel*] Mobach [*Quaet*], professeur en médecine ;

[*Charles Jan*] Gallé, pasteur de l'église valonne, professeur en philosophie et mathématique ;

[*Johannes Jacobus*] van Drunen, de langues orientales ;

[*Christiaan*] de Booij, de grec et éloquence ;

[*Daniel*] de Noortberg langues orientales ;

[*Johan Carel*] Palier, de théologie, payés par le conseil d'état 250 florins.

1. Horloge astronomique, nommée 'Laatste Oordeelspel' (Jeu du jugement dernier), y apparaissaient les Rois mages et un jugement dernier dans lequel les anges, les diables et les âmes figuraient tour à tour. Elle a été vendue comme vieux fer en 1855. Voir C. J. A. C. Peeters, *De Sint Janskathedraal te 's-Hertogenbosch,* Den Haag, Zeist, 1964, p. 341 et p. 426.

2. En 1672, lorsque Louis XIV attaque les Provinces-Unies.

3. Daniel Heinsius, *Rerum ad Sylvam-Ducis atque alibi in Belgio aut a Belgis anno 1629 gestarum historia*, Lugduni Batavorum, 1631.

107

## [Bois le Duc]

Voir s'Hertogenbotsche [*'s-Hertogenbosche*], *Almanach* chez [*Christian August*] Vieweg, 'Stads drukker', que fait imprimer [*Antoni*] Martini. Il a fait mettre tout de suite mon article dans la *Gazette* de Bosch qui part demain vendredi, au sujet de mon arrivée [1].

*De tien zogenaamde Oostenrykscke Nederlanden* (Dix ainsi nommés pays bas autrichiens), par W[*illem*] A[*lbert*] Bachiene, bonne carte, qui va jusqu'à Montmédi [*Montmédy*], et que l'auteur m'a donnée [2].

M. [*François Joseph*] Nogué, rue Grange Batelière, à côté de Md. [*Béatrix de Choiseul Stainville duchesse*] de Grammont.

[*Willem Jacob*] 's-Gravesande, étoit de Bois le Duc. Dans l'édition des Elzevirs du *Corpus juris* p. 150 t. 1, il y a *pars secundus* cela sert à reconoitre la bonne édition.

M. [*Antoni*] Martini a des rayons suspendus dans sa bibliothèque, fort commodes.

M. W[*illem*] Buys, qui étoit à Gertrydemberg [*Geertruidenberg*] est le grand-père de Md. [*Eva Adriana*] Martini, et le [*grand*]-père de M. [*Antoni*] Martini avoit épousé sa sœur [3]. Ils sont aussi parens des Van der Deussen [*Dussen*] de Delft et d'Utrecht, descendant[s] de celui qui étoit à Gertruydemberg [4].

Md. la Comtesse [*Eleonore Louise Charlotte Bretagne*] de Vesterle [*Westerloo*], sœur de Madame la comtesse [*Louise Julie Constance*] de Brionne, demeure à Maastricht, elle est Rohan.

Les villes de la Barrière sont Tournai, Ypres, Furney [*Veurne*], Menin, Namur, Dendermonde, fort de la Knocque [*Knokke*] et Wametun [*Warneton*] ; mais Tournai et Menin ont été rasées. La Hollande se doit de fournir 12 mille hommes et la reine 18, elle n'en a jamais fourni la moitié, elle n'a point payé ce qu'elle avoit promis ; la République avoit employé un demi million à réparer le château de Namur.

1. Nous n'avons pas retrouvé ce journal.

2. W. A. Bachiene, J. van Jagen, *De tien zoogenaamde Oostenrijksche Nederlander afgebeeld,* Amsterdam, [1764]. [Carte gravée par J. van Jagen].

3. Eva Adriana Martini, épouse de Antoni Martini gouverneur de Bois le Duc, est la fille de Paulus Hubert Buys (1707-1775) et la petite fille de Willem Buys ; la sœur de celui-ci, Geertruyt Buys (1659-1724) avait épousé en 1683 Antoni Martini (1654-1730) professeur de théologie à Bois-le Duc. Antoni Martini gouverneur de Bois le Duc est leur petit-fils. Leurs enfants prennent le nom de famille de Martini Buys.

4. Lors de la guerre de succession d'Espagne, Bruno Van der Dussen représenta, avec Willem Buys, les Provinces-Unies aux négociations de Gertruydenberg en 1710.

Le serment des officiers est de deffendre les places pour l'impératrice Reine, à moins qu'ils n'eussent des ordres contraires de la République de ne rien entreprendre.
Sur la justice, la finance, l'église.
Depuis 10 ans le Conseil d'état dépense à Maastricht 180 mille florins par an, les souterrains et les mines sont immenses.

**[de Bois le Duc à Maastricht]** **108**

**1 er juillet 1774**
Parti de Bois le Duc, à 2 h 50' du matin dans le chariot de poste.
Vugt [*Vught*], 1 lieue ½ à 3 h 30'.
Boxtel, 2 lieues, 4 h 40'. Limpt [*Liempde* ?] 5h 7', relais.
Best 5 h 55
Eindhoven 3½ lieues, gros village, 7 h 38', relais, parti à 8.
Volkinsvert [*Walkenswaard*] 9 h 25, dîner.
Achelo [*Achel*] 6 [lieues] 11h 10' ; dix lieues, moitié chemin, pays de Liège catholique.
Bree à 4 lieues 3 [h] 0, relais, parti à 3 h 18.
Asch [*As*] 3 [lieues]... 5 h 26', relais, parti à 5 h 42.
Bosem [*Boorsem*] 6[h]55.
Lonaken [*Lanaken*] 4 [lieues] 7 h 41.
Maastricht 8 h 30', 1½ [lieue].
Maastricht 25 lieues, on compte 22 ou 20 lieues de Bois le Duc. Bruyères immenses, sans culture.

-------------------

Aken 7 lieues, ou Aix-la-Chapelle
Spa 6
Leik 3½ [lieues] ou Liège.

Maastricht, Trajectum primum, entré par la porte de Bois le Duc.
Ville de 16 mille âmes [1], 3 mille âmes de garnison hollandaise.
Le Magistrat, moitié de la République de Hollande, moitié de celle de Liège.
J'ai été chez M. [*Jean-Edme*] Dufour, vis à vis du *Moulinet* où je loge, chez M. Givet.

1. Lalande a écrit 13 puis a écrit 16 au-dessus de 13.

M. [*Willem Albert*] Bachiene, ministre de l'église, m'a donné des cartes.

Levrexfeld [*Hendrik Walter Levericksvelt*], professeur, astronome, fort amoureux de mes ouvrages.

[*Jean Marc*] Roux [1], ministre françois, savant en tout genre, aimable, rare.

M. [*Louis*] de Beaufort qui a fait la *République Romaine* [2],

M. [*Philippe*] Renard a un cabinet d'histoire naturelle.

M. Duve[*r*]ger, frère de Mad. [*Kornélia*] Bachi[*e*]ne.

M. [*Jean-Léonard*] Hoffman, opérateur de la ville, chirurgien major, a un cabinet [3],

M. le colonel [*Gabriel Bosc*] de la Calmette, a un cabinet d'histoire naturelle [4].

M. le capitaine [*Jean-Baptiste*] Dro[*u*]in, de Sedan, a une collection admirable des fossiles de la montagne S. Pierre [5].

L'hôtel de ville est un grand et beau bâtiment ; bibliothèque publique ; l'église S. Servais, Servais évêque de Liège ; maison des Etats, où s'assemblent tous les 2 ans les 4 commissaires déciseurs ; beau pont sur la Meuse qui va à Wick à l'orient, qui dépend de Maastricht. Il y a 9 arches dont une en bois pour rompre ; la porte Notre Dame, belle promenade plantée depuis deux ans, les ramparts fort beaux tout autour de la ville, mais dans plusieurs endroits les arbres sont jeunes.

1. Pour Bachiene, Levericksvelt et Roux, *cf.* F. Sassen, « De illustre school te Maastricht en haar Hoogleraren 1683-1794 », *Nedelingen der Koninkluke nederlandse Akademie van Wetenschappen, Afd Letterkunde Nieuwe reeks,* deel 36, n°1.

2. Louis de Beaufort, *La République romaine, ou Plan général de l'ancien gouvernement de Rome,* La Haye, 1766.

3. Sur les cabinets d'Hoffman et de Renard, voir C. O. van Regteren Altena, « Nieuwe gegevens over achttiende eeuwse verzamelaars van fossielen te Maastricht », *Natuurhistorisch maanblad,* 52-53, 1963, p. 28-32.

4. Voir *Museum Calmetianum. A catalogue of a capital collection of natural and artificial curiosities : consisting of an exquisite variety of gold, silver, tin, lead, copper, iron and all sorts of ores ; fine petrifactions and ambers ; beautiful marbles, pebbles, porphyries, jaspers, agates, mocoas, crystals, precious stones, and other choicest subjects of the mineral kingdom ; rare shells and corals ; insects and animals dried and in spirits ; exotic plants, mosses and woods ; gold, silver, and copper medals, various antiquities, and many foreign rarities : including the entire and valuable museum of Colonel Bosc de la Calmette of Maestricht ; […] Which will be sold by auction, by Mr. Paterson, […] on Monday, 23rd of March 1778 […],* London, 1778.

5. Sur cette collection et sur celle d'Hoffmann (qui ont plus tard intégré en partie le musée Teyler de Haarlem), voir Arnaud Brignon, « Faujas de St Fond, Reinwardt, Cuvier et les poissons fossiles du crétacé de la "Montagne St Pierre" de Maastricht (Pays-Bas) », *Geodiversitas,* 37/1, 2015, sciencespress.mnh.fr.

J'ai été voir la parade, et le Prince gouverneur [*Charles Christian de Nassau Weilburg*] qui a un grand air martial. J'ai été voir les nouvelles fortifications que l'on change totalement.

## [Maastricht]

109

**Samedi 2 juillet** à Maastricht.

Les loüis vallent ici 19 florins et 10 sols de Liège ; l'escalin 12 sols 4 deniers, le ducat = 9 florins ; et les florins de Hollande 33 sols de Liège, ainsi 13 sols de Liège font 16 sols de France, l'écu de 6 livres, 4 florins, 17 sols ½.

Il y a 4 églises réformées, dont l'église wallone est la principale, 1 luthérienne, 1 anabatiste ou mennonite, 4 paroisses catholiques : S. Jacques, Se Catherine, S. Nicolas et S. Martin à Wick.

A une lieue de la porte de Tongres, 2 juillet 1747, bataille de Lawfeld. Tongres est à 2 [lieues] ½ à l'occident, Maastricht 5 lieues au Nord. Fort S. Pierre, sur une montagne sur laquelle sont les carrières au midi de la ville, belle pierre blanche, tendre, qui durcit à l'air.

4 portes :
- de Bruxelles à l'occident v. le plan de Le Rouge
- de Tongres au N.O.
- de Bruxelles
- de Bois le Duc
- d'Allemagne à l'orient.
- Notre Dame près la rivière,
- De S. Pierre au S. O.

M. [*Jean Edme*] Dufour a correspondance continuelle avec Md. la veuve Savoye, rue S.Jacques, à l'*Espérance*. Je pourrai lui remettre mes paquets. Il a épousé Mle. Magny[?] ; depuis 15 ans il est dans le pays, sa femme et ses 4 enfants depuis 13 ans seulement, il a eu des avantures à Paris. On demande l'aumône ici en présentant des fleurs. Il y a une maison de société où les associés se rendent même le matin pour faire la conversation. Il y a 3 imprimeurs à Maastricht, mais M. [*Jean-Edme*] Dufour est le seul qui imprime de la littérature. Il a 4 presses, et emploie 60 personnes.

Il y a ici deux grands mayeurs, deux vice grands mayeurs, 2 bourguemestres, 14 échevins, 8 conseillers jurés, la moitié liégeois, la moitié brabançons. Les procureurs, notaires, receveurs, maîtres de postes, médecins, chirurgiens etc. sont également mi-partis ; les offices, uniques, sont nommés par la commission, qui s'assemble tous les deux ans au mois de juillet.

Dans l'église de S. Servais il y a une église souterraine, et un chœur fort élevé.

Le grand prévôt est le Comte [*Willem Antoon Bernard*] de Geloes qui m'a fait des offres de service.

110

## [Maastricht]

**3 juillet** à Maastricht, fort chaud.

Les maisons de Maastricht sont encore de briques. Le charbon ou la houille en abondance sur la place et vers la porte Notre Dame.

M. le colonel [*Carel Diederich*] Dumoulin, directeur général des fortifications, m'a mené chez M. le Major [*Johann Frederik*] Schouster qui m'a fait voir le plan de la bataille de Lawfeld, très bien dessiné, la retraite des alliés vers Maastricht, que le Maréchal de Saxe pouvoit empêcher s'il n'eut pas perdu deux heures à recevoir des compliments. La bataille avoit commencé à 9 h et finit à 1 h ½. Il étoit 4 heures avant qu'il songea à les poursuivre. Ils repassèrent la Meuse et vinrent se placer derrière Wick, il n'étoit plus possible de faire le siège. Il y avoit 110 mille hommes de notre côté, 90 des alliés. Il m'a fait voir le plan des attaques de MM. [*Ulrich Frédéric Woldemar comte*] de Lovendal du côté de la porte de Bois le Duc ; il y avoit 18 jours de tranchée ouverte, encore quelques jours et il l'auroit prise. Mais on va bâtir un fort sur cette hauteur comme on a bâti le fort S. Pierre du côté où Turenne avoit attaqué Maastricht en 1672. Le siège de 1748, 90 mille hommes, la garnison 9 mille.

Il m'a fait voir le plan des carrières de S.Pierre, la montagne vers Caster et les Récollets à 170 pieds au-dessus de la Meuse, la pierre commence à 79 pieds au-dessous et à 50 pieds de hauteur ; le labirinte est immense.

On y a trouvé deux mâchoires de phoca ou de crocodile, dont une chez M. [*Jean-Baptiste*] Dro[u]in, et l'autre chez M. [*Jean Léonard*] Hoffman qui a 42 pouces. Les dents et les sous-dents ont encore leur émail. M. Hoffman a 500 variétés différentes de corps marins ou de coquilles trouvées dans ces pierres qui sont fort tendres et sablonneuses [1]. *Voir* la description dans les *Transactions Philosophiques* 1671, n° 67.

1. *Cf.* p. 108 de ce *Journal.*

M. le général Hardy [?] [1] m'a mené dans son carrosse aux Récollets, et aux souterrains vers Caster, ils vont à 2 ou 3 lieues, le banc de sable a 5 lieues sur 4 et s'étend même à l'orient de la Meuse ; il n'y a rien autour. Cela semble favoriser le système de [*Nicolas Antoine*] Boulanger, c'étoit un autre état de la terre, habitée avant l'ordre actuel des choses [2].

La terrasse des Récolets offre le plus beau bassin de rivière qu'on puisse voir. Elle est fort basse, on la passe à gué. Le P. Dubois, récollet, m'a fait voir des cadrans solaires qu'il a fait, il a lu mes ouvrages.

## [Maastricht et départ pour Aix-la-Chapelle]

111

Boussette [*Burtscheid* ou *Boucette*] où est la source des eaux chaudes d'Aix-la-Chapelle. Bains de S. Charles, de la Rose, neufs. Tombeau de Charlemagne [3].

Les paysans avec leurs troupeaux s'étoient retirés dans le labyrinte, beaucoup de françois qui voulurent les poursuivre furent massacrés. Les fouilles vont jusques sous le château ce qui donne de l'inquiétude, il y a des éboulemens de temps à autre.

M. [*Willem Albert*] Bachiene enseigne l'astronomie et la géographie. Il a fait des cartes des 7 Provinces, donné la *Géographie* de Hubner augmentée [4], une *Géographie* sacrée [5].

L'abbé [*Estienne Gastebois*] Des Noyers obtint, l'année passée, un ordre contre [*Jean Edme*] Dufour. On envoya un 'Bode' [messager] de La Haye, pour l'arrêter, les magistrats l'avertirent, il prit la fuite, on mit les scellés sur ses effets, tout le monde lui apportoit de l'argent. On l'accusoit d'avoir imprimé la *Putin parvenue* [6].

Les gens de M[aastricht] sont pauvres, mais très fiers.

1. S'agit-il du général Hardy major au service des Provinces-Unies dont la fille à épousé un M. Sturler voir *Liste des seigneurs et dames venus aux eaux de Spa pour 1774*.

2. L'ouvrage de Boulanger sur la géologie, « Les anecdotes de la nature » influença Buffon dans la rédaction des « Epoques de la nature ».

3. Cette phrase concerne Aix-la-Chapelle décrite un peu plus loin.

4. *Cf.* p. 32 de ce *Journal*.

5. Willem Albert Bachiene, *Heilige Geographie of aardrykskundige beschryving van alle de landen ens. In de H.S. voorkommende...tot opheldering der Heilige Schiften ; benevens op nieuw getenkende en daartoe behoorende landkarten...*, Utrecht, Van Paddenburg, 1758-1796.

6. *La Putain parvenue ou histoire de la comtesse du Barry*, livre vendu à Strasbourg par la veuve Stochdorf.

**Le dimanche 3 juillet**

Parti à 7 h de Maastricht par la diligence, berline à 4 places.

| | |
|---|---|
| 9h 37' | Gulpen |
| 10 [h] 25 | parti |
| 1.35 | Ach (Aix-la-Chapelle) 6 livres, 2 sols. |

Entré par la porte de Maastricht, à Aix-la-Chapelle, elle va à Liège.

Les autres sont : Cologne, Sandkoul-sable-, F. Aldebert, Borset, S. Jacques.

Oude Vaals, village hollandois où il y a une église protestante.

112

## [Aix-la-Chapelle]

**Le 3 juillet,** chaud. Aix La Chapelle, ville de 40.000 mille âmes, République où l'Electeur palatin est protecteur et a la police sur les étrangers et sur les rues ; il y envoya des troupes il y a quelques années on s'en est plaint. Mais il est suzerain, il a droit.

Bains de l'Empereur où est la source pour toute la ville, fermée. Bains neufs de la reine d'Hongrie, de S. Quirin, de S. Charles, de la Rose, de S. Corneille, des pauvres.

Fontaine dans la rue où l'on peut boire. Jardin où l'on se promène, étuves pour le corps, les bras, la tête. Eau sulphureuse, fondante, douche qui coule à grands flots, sur la partie que l'on frôle : on les prend pour les blessures, les douleurs, les rhumatismes, les foiblesses.

M. Rénaud, de Bourg, capitaine dans le régiment de la Couronne depuis l'âge de 18 ans, parent de M. de S. Germain par les Montepin, dînoit au *Dragon d'or* chez M. Fincken. Mle. Gudule est charmante. Lisette aussi. On prend 40 bains, plus ou moins un quart d'heure quand ils sont très chauds, une heure et demie au plus.

On les boit, elles ne sont point purgatives, elles sentent le soufre, les œufs couvés.

Le Magistrat fait l'ouverture de la fontaine le 1er mai, cela finit au mois de septembre.

Les anglois y abondent, comme on le peut voir par la liste imprimée [1].

Grande église fort ornée, épée de S. Charlemagne qu'on envoie à Francfort pour le sacre des empereurs de même que le sang de S. Etienne. Charlemagne enterré sous la couronne de l'octogone. On peut

1. *Liste des seigneurs et dames venus aux eaux d'Aix-la-Chapelle, l'an 17--*, Aix-la-Chapelle, l'imprimerie de Müller, 17-.

descendre ; reliquaire précieux, corde, ceinture, clou de Notre Seigneur.

Tombeau d'Othon dans le chœur. Evangile trouvé dans la tombe de Charlemagne. Beau reliquaire, couronne de perles.

Chapitre dont le roi et l'empereur sont chanoines. Diocèse de Liège.

Hôtel de ville, statue de Charlemagne sur la place. Salle du congrès où sont les 4 portes pour les ambassadeurs. Grande salle où sont les portraits des plénipotentiaires de 1748 et des peintures allégoriques fort mauvaises, *Jugement dernier*, Rubens, fort effacé.

J'ai été à Boursette ou Borchit [*Borcette ou Burtscheid*] avec M. Rénaud, grand village où l'abesse est souveraine. Source bouillante qui se pert dans la campagne mais il y a des bains dans le village. Eau alumineuse [1]. Eglise neuve dans le couvent. Cette eau sert à faire cuire des légumes, à laver la vaisselle dans le village.

Redoute où l'on joue gros jeu, le creps, jeu anglois avec deux dés où des anglois ont friponé, le pharaon. La princesse [*Marie Christine Claudine Leopoldine*] de Ligne y joue. On y fait des parties de dîner.

## [Aix-la-Chapelle] 113

[*L.J.*] Barchon, libraire, sur la place de l'hôtel de ville. Grande fabrication d'aiguilles que je n'ai pu voir à cause du dimanche.

8 escalins par jour, -le loüis en fait 45- pour la chambre et les deux repas, sans vin.

On va à Paris par Bruxelles. Manufacture de draps.

On imprime la liste des seigneurs et dames, pour qu'on choisisse sa compagnie.

*Au bain de la Rose* chez Hilbertz.
*Au bain de St Charles* chez Maraesse.
*Au bain de la Reine d'Hongrie* chez d'Altenhofen.
*Aux grands bains neufs* chez Mohren.
*Au Roi d'Angleterre* chez Brammertz.
*Aux Trois mores* chez Wille.
*A la cour de Londres* chez Rouisse.
*Au Dragon d'or* chez Fincken.
*Au Mouton noir* chez Chlers.
*Au Palais royal* chez Max Groyen.
*Au grand hotel* chez Dubigk.

1. Qui contient de l'alun.

Losberg [*Lousberg*], montagne au Nord d'Aix où il y a beaucoup de pétrifications.

J'ai vu la redoute, on y ponte [1] depuis 6 livres jusqu'à 25 louïs.

Les dames 3 livres, les banquiers donnent 4000 livres à la ville pour le pharaon. Le locataire de la redoute reçoit un louïs des banquiers et 3 livres par personne pour les bals ou redoutes.

Chapelle antique ruinée qui a donné le nom à Aix-la-Chapelle, 4 paroisses.

La neige et la gelée fond dans les rues d'Aix où passent les canaux.

Derrière le grand autel, reliques qu'on ne montre que tous les 7 ans. Chemise dc la Se Vierge.

Fontaine ancienne qu'on appelle eau de Spa, négligée. Il y a un bal demain à la redoute.

Comédie à 1 quart de lieu de la ville, sur les terres de l'Electeur.

114

## [d'Aix à Spa]

**Lundi 4 juillet**

Parti à 6 h 15' par la voiture publique qui part 3 fois la semaine pour Spa. 6 livres 12 sols par place, 8 places. 9 lieues de distance. Un peu de pluye, tem frais.

Herry Chapelle (Henri-Chapelle) 9h 15', on commence à parler françois. On s'arrête une heure, une lieue et demie de Limbourg, beau chemin pavé, territoire de la Reine.

Parti à 10 h, 11h 10' Les Bâtisses.

11 [h] 40 le petit Rechin [*Petit-Rechain*], château, dinée.....

0 h 25' Verviers, ville fort longue, mais fort mal bâtie, pyramides en charbon tout le long des rues, nouvelle promenade assez jolie.

Parti à 2 h 10'. Atheu [*Theux*], gros bourg, 3 h 25'.

Spa 4 h 25'.

Spa, la plus belle lanterne magique qu'on puisse voir, de 400 personnes, de toutes les nations. J'ai été voir l'assemblée ou la redoute, bal où il y avoit 80 personnes ; 2 banques de pharaon, une grosse, une petite. Il y avoit dernièrement une banque de voleurs au jeu qui partageoient le profit, un homme en place, d'Aix, étoit à la tête.

On ne porte point d'épée à Spa.

J'ai été voir le Vauxhall, salle fort belle, bâtie depuis 4 ans par une compagnie de Liégeois qui y mettent un receveur. On y va à 9 heures déjeuner et jouer.

1. Terme du jeu de pharaon et de bassette, signifie jouer contre le banquier.

Au pont, voir la fontaine du Pouon [*Pouhons*] où l'on va boire à 6 heures ; de là à la Geroster [*Geronstère*], ou à la Saugniere [*Sauvenière*] qui sont à ¾ de lieue. On y va à cheval pour 2 escalins.

Voir M. [*Gabriel François*] Venel qui est ici depuis dix jours, pour l'analyse des eaux, elles sont martiales [1] et aëriennes ou gaseuses, air fixe propre pour les nerfs, il y en a beaucoup dans le royaume. Il donnera son livre dans 3 ans.

Il y a 6 ou 7 sources ; une qui est un peu sulphureuse, où l'on prend quelquefois les bains. La salle de la redoute a été bâtie il y a plus de dix ans ; il y a des salles de jeu, des glaces. J'ai logé à la *Pomme d'or* à la poste aux lettres. **[Fig. 23]**

Promenade de la place, ancienne promenade, promenade de 7 heures, chaussée qui va à Aix au bout de la rue de l'assemblée, promenade des carrosses.

1. martiales = ferrugineuses.

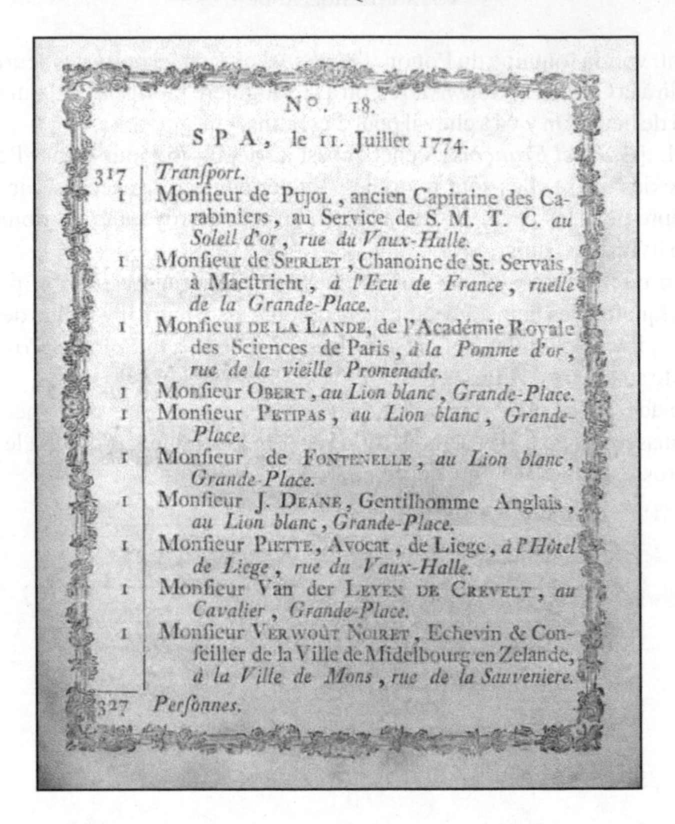

N°. 18.

S P A, le 11. Juillet 1774.

317 *Tranſport.*
1 Monſieur de PUJOL, ancien Capitaine des Carabiniers, au Service de S. M. T. C. *au Soleil d'or, rue du Vaux-Halle.*
1 Monſieur de SPIRLET, Chanoine de St. Servais, à Maeſtricht, *à l'Ecu de France, ruelle de la Grande-Place.*
1 Monſieur DE LA LANDE, de l'Académie Royale des Sciences de Paris, *à la Pomme d'or, rue de la vieille Promenade.*
1 Monſieur OBERT, *au Lion blanc, Grande-Place.*
1 Monſieur PETIPAS, *au Lion blanc, Grande-Place.*
1 Monſieur de FONTENELLE, *au Lion blanc, Grande-Place.*
1 Monſieur J. DEANE, Gentilhomme Anglais, *au Lion blanc, Grande-Place.*
1 Monſieur PIETTE, Avocat, de Liege, *à l'Hôtel de Liege, rue du Vaux-Halle.*
1 Monſieur Van der LEYEN DE CREVELT, *au Cavalier, Grande-Place.*
1 Monſieur VERWOÜT NOIRET, Echevin & Conſeiller de la Ville de Midelbourg en Zelande, *à la Ville de Mons, rue de la Sauveniere.*
327 *Perſonnes.*

Fig. 23 : page de la *Liste des Seigneurs et Dames venus aux eaux minérales de Spa l'an 1774*, qui signale le 11 juillet (!) la présence de Lalande à l'auberge *La Pomme d'Or*

**115** **[Spa]**

Il y a 50 ans que Spa étoit un village couvert de chaume, actuellement on y batit continuellement.

J'ai vu au bal M. le Baron [*Carl Henrich*] de Gleichen, qui m'a parlé d'une expérience de M. le Comte [*Gustav Philip*] de Creutz, ambassadeur de Suède, qui a vu faire de la pierre avec de l'eau de chaux et de l'air fixe ; d'un machiniste de Bohême qui a fait un fauteuil à l'impératrice, qui monte les escaliers, et qui est sûr, quand même les cordes casseroient ; une montre qui se remonte d'elle-même avec 5' du mouvement de la personne en trois jours. M. [*Claude Etienne*] d'Asfeld, ministre d'Etat, en a une ; il ne veut qu'une souscription de 60 montres à 100 ducats, ou 42 louïs chacun, pour l'expliquer. On sera surpris de la simplicité, il l'ajoutera à d'autres montres. Tlustos [?] de Guttenberg, demeure à Vienne en Autriche. Le général [*François Maurice*] Lacy, l'archevêque de Narbonne [*Arthur Richard Dillon*] avec ses nièces [*Thérèse Lucy de Rothe et sa fille Henriette Lucy Dillon*] sont aux eaux. La princesse de Guémené [*Victoire Josèphe de Rohan*] et sa fille [*Marie Louise Joséphine de Rohan Montbazon*]. On boit 2 ou 3 verres au Pont [Pouhon], 4 ou 5 à la Gerostère.

On demande deux ducats pour me mener à Liège, 7 lieues. Il y a 6½ barrières, à chacune, 2 sols par cheval. On a fait ce chemin parce qu'auparavant, on étoit un jour à faire la route, les voitures se cassoient.

**Mardi 5 juillet**

J'ai été à six heures du matin boire au Pouon [*Pouhon*], puis à cheval à Gironster [*Geronstère*], où j'ai vu M. le Comte [*Claude Etienne*] d'Asfeld, Md. [*Thérèse Lucy*] Dillon, le général [*François Maurice*] Lacy, [*Marie Christine Claudine Leopoldine*] la princesse de Ligne, M. et Mad. [*Abraham*] de Gever[s] qui m'ont invité à dîner. 15 minutes de chemin. J'ai été boire aussi à la Sonière [*Sauvenière*], j'y ai vu la fontaine de Grois Beeck [*Groesbeek*], rétablie en 1651 par le Baron de ce nom.

Je n'ai point été au Tonneley [*Tonnelet*], à ¾ de lieue, où l'on va à prendre les bains, au Vatleau, peu fréquenté, qui en est voisin, au Barissart [*Barisart*] à demi lieue : ces eaux sont également mauvaises au goût.

Au Bricolet [*Bricollet*] [1], plus loin que le Tonneley. Au déjeuner du Vauxhall qui est payé alternativement par toutes les personnes de bonne compagnie, il y a quelques fois 300 femmes vers le milieu de juillet. Musique, redoute ou banque de pharaon. Toutes les dames y vont à cheval, assises ; et l'après dîner encore. J'ai dîné chez M. [*Abraham*] de Gever[*s*] avec M. [*Philip Jacob*] et Mle. [*Susanna Arnoldine*] Van der Goes, et M. M. -- de Petersbourg, ami de Euler. J'ai été à la comédie, au théâtre de la redoute, troupe volante de Gand etc. fort bonne, surtout M. Belot.

1. Bricollet, actuellement source de l'eau 'Marie-Henriette'.

116 Le théâtre de la redoute est au bout de la salle du bal. Le parterre s'élève à la hauteur des secondes loges, les loges sont blanches, orchestre de 14 musiciens. J'ai vu *l'Avocat patelin* [1] et *Le Sorcier* [2]. Le déjeuner que l'on donne au Vauxhall coûte 2½ ou 3 escalins par tête.

**Mercredi 6 juillet [Départ de Spa, arrivée à Liège]**

Parti de Spa à 7 h 30'.

Theux, 8 h 15'.

Lovegnée [*Louveigné*] 9h 25, 3 lieues de Spa et de Liège, parti à 9 h 51'.

10h 42', passé le pont du village de Chenaye, pavé fort inégal ; on voit de loin les bénédictins de S. Laurent, immense.

0h 12' à Liège. Chaise de renvoi, 9 escalins chacun. Logé à *l'Hôtel de Flandres,* à *La diligence de Bruxelles.*

Il y a 6½ barrières sur ce chemin, de 4 sols chacune, et 4 sols à la porte, c'est un droit que la ville et l'évêque ont établi nouvellement, mais les Etats refusent d'y consentir, les Etats ne peuvent rien faire sans le consentement de l'évêque. On plaide à Vienne au Veslar [*Wetzlar*] sur ce sujet. Le prince a disgracié deux de ses favoris à ce sujet. Il prétent avoir droit d'établir des impôts.

Liège, ville de plus de cent mille âmes, 32 paroisses, 8 collégiales, 46 couvents ; manufactures de cuirs, de clous, de fer et acier, teinturiers d'hermine.

J'ai été voir le palais, la salle du tiers état, celle de la noblesse, celle des députés, les apartemens du prince, l'église S. Jacques des bénédictins, ornée de beaucoup de marbres, l'église des prémontrés, toute neuve. S. Paul, collégiale.

Citadelle qui a la plus belle vue. Près de là sont les champs de Rocour [*Rocourt*] 1746 – au nord ; M. de Fénelon [*Gabriel Jacques de Salignac marquis de la Mothe Fénelon*] y est enterré [3]. Promenade du quay, au fauxbourg S. Leonard, du côté de Maastricht. Le patois liégeois est du vieux gaulois prononcé différemment, les seigneurs même le parlent entre eux. Le wallon est du françois mêlé de quelques mots particuliers au pays.

1. L'*Avocat patelin,* comédie par David Augustin Brueys (1640-1723) et Jean Palaprat (1650-1721).

2. *Le Sorcier, comédie lyrique en deux actes mêlée d'ariettes,* par Alexandre Henri Poinsinet (1735-1769).

3. Mort à la bataille de Rocourt le 11 octobre 1746, il est enterré à Lantin.

Il y a une quantité prodigieuse de pauvres.

Hôtel de ville près de la cathédrale S. Lambert ; S. Martin, collégiale que M. de Vauban admiroit spécialement, elle est sur la montagne, le mont S. Martin ; la chartreuse [*Des douze apôtres*] sur le grand chemin de Verviers. Don Hugo [1], astronome.

Seraing, maison de campagne du Prince, à deux lieues au-dessus de Liège. 1h 30' en carrosse. Dominicains, rotonde comme le panthéon.

## [Liège]

117

52 chanoines tréfonciers tiennent la place, de 60 mille écus de revenu ; le prince, 700 mille livres. Les chanoines sont ou nobles, ou licentiés, ceux-ci ne font pas de preuves.

M. [*Jean-Louis*] de Malomon[*t*], Chevalier de S. Loüis, premier gentilhomme de la chambre de S. A. m'est venu voir [2]. Il m'a écrit en 1778.

M. [*Guillaume*] Mercer, astronome à l'Académie angloise [3], a un quart de cercle de 2 pieds, une lunette achromatique de 8 pieds, à 2 pouces 7 lignes d'ouverture, une lunette méridienne. Mort en 1778.

Le contingent de l'évêque de Liège est de 8.000 hommes pour l'Empire.

J'ai été voir M. [*Honoré Auguste*] Sabatier [*de Cabre*], résident de France. 18 nobles possesseurs de terres et nobles de 16 quartiers.

Les états de tous les bourguemaîtres des villes, dont le prince nomme 3 et le peuple 3, le sort en décide deux.

Porte d'Amercoeur, outre Meuse, par laquelle je suis entré : voir la carte de la principauté de Liège par [*Nicolas*] Le Clerc, avec le plan par le

1. Il s'agit peut-être du P. Hugon, jésuite, qui a traduit en français sous le pseudonyme de Chatelain l'ouvrage de Christopher Maire et Ruđer Josip Bošković : *Voyage astronomique et géographique dans l'État de l'Église, entrepris par l'ordre et sous les auspices du pape Benoît XIV, pour mesurer deux degrés du méridien et corriger la carte de l'État ecclésiastique, [..] traduit du latin, augmenté de notes, [...],* Paris, Tilliard, 1770.

2. Agent secret de la France d'après Paul Harsin, cf. *Revue belge de philologie et d'histoire*, vol. 34/2, 1956, p.423-432.

3. Le collège des Jésuites, maintenu par le prince évêque après la suppression de l'ordre en 1773, prend le nom d'académie anglaise. *Cf.* aussi p. 118 du *Journal.*

P. [*Christopher*] Maire [1], et les *Délices du pays de Liège,* 5 vol. folio, où est le plan du P. Maire et beaucoup de planches [2].

Au nord-est, porte de Vivegnis ; au nord-ouest porte de S. Marguerite va à Bruxelles, le fauxbourg est immense ; à l'occident, porte de S. Martin ; à l'orient, porte S. Léonard, va à Maastricht ; au sud-ouest, porte d'Avroye, va à Sedan par Rochefort.

Les Etats s'assemblent deux fois l'année. La justice est administrée par 14 échevins, que le prince nomme, ils sont à vie. Causes criminelles. Les 22 décident des causes majeures, infractions des privilèges, ils sont nommés par…[3].

**Jeudi 7**

J'ai été voir la cathédrale. Tombeau du Comte de Marc [*Adolphe de La Marck*].

Dîner à Sereing [*Séraing*] chez Monseigneur l'évêque prince de Liège de la maison de Velburg [*François-Charles de Velbrück*], qui m'a comblé d'amitiés, m'a demandé mon portrait pour mettre dans sa bibliotèque avec ceux du Roi de Prusse, du pape Lambertini [4], de Montesquieux et de Voltaire.

Chez M. [*Honoré Auguste*] Sabatier, résident de France.

Voir la cathédrale. Tombeaux de tous les évêques de Liège avec des épitaphes.

Le P. [*Guillaume*] Mercer n'a pu dîner chez le prince à cause qu'il étoit en habit long. Mad. la Comtesse d'Arberg [*Ferdinande Louise de Horion*], sa nièce, m'a demandé des nouvelles de [*Charles Joseph*] Messier. Md. Gelé, sa maîtresse, fille d'un aubergiste de Mayence, a beaucoup de crédit, ses deux sœurs ont fait fortune.

1. *Carte de la principauté de Liège et de ses environs tirée des observations faites sur les lieux par le R.P. Nicolas le Clerc, avec un plan de la ville de Liège levé par le R.P. Christophe Maire,* Liège, E. Kints, 1745.

2. Pierre Lambert de Saumery et Everard Kints, *Les Délices du païs de Liège, ou Description géographique, topographique et chorographique des monumens sacrés et profanes de cet évêché-principauté et de ses limites*, 5 vol., Liège, E. Kints 1738-1744.

3. Phrase non terminée.

4. Pape Benoît XIV (1675-1758).

## [Liège]

118

Les procès à Liège sont très long[s] et très dispendieux, avant d'aller par appel à la cour de Weslar [*Wetzlar*], il y a la cour allodiale, la cour féodale, conseil ordinaire, etc. à Liège.

S. Gilles sur la montagne, d'où le P. [*Christopher*] Maire a dessiné le plan. Sur la montagne au-dessus de l'académie angloise, houillière, avec un grand soupirail où l'on fait du feu pour attirer les vapeurs, machine à feu pour épuiser les eaux.

*Les Délices du pays de Liège ou description géographique topographique et chorographiques des monumens sacrés et prophanes de cet évêché principauté et de ses limites à Liège 1738.* 5 vol. fol. Sans nom d'auteur [1].

Messieurs du conseil de la cité de Liège sont moitié de la part du prince, et moitié de la part de la ville. Voir *l'Almanach.*

Gérard de Sève, voiturier à la porte d'Amercoeur, me mène à Bouillon pour 2 louïs et demi.

Le prince ne peut chasser que seul sur les terres d'autrui ; il étoit habillé en séculier. Son portrait en habit galonné. Md. Gelé.

Il y a un suffragant qui fait les ordinations. Un grand vicaire qui n'est pas prêtre, qui est à la tête du sinode.

Le P. [*Christopher*] Maire a été ici plusieurs années avant que d'aller à Rome. C'est lui qui a fait réëllement la mesure du degré. Il est mort à Gand, 1767. Il étoit de l'évêché de Durham en Angleterre. Il avoit à peu près 78 ans.

Le P. [*Guillaume*] Aston, recteur de Bruges, a été 6 mois enfermé au couvent des Augustins à Gand, soit comme otage pour avoir les trésors d'Angleterre, soit pour empêcher qu'il ne vînt à l'Académie de Liège, ils étoient 3. On lui a retenu tous ses livres. Il avoit bâti un collège à ses dépens et de ses amis, on l'a donné aux dominicains. On a renvoyé les vieux sans leur rien donner. Les jésuites de Liège ont 80 pensionnaires, ils bâtissent pour 250, ils sont 40. L'Angleterre leur fournit, ils ont 200 familles qui s'y intéressent et y envoient leurs enfans. Le prince les aime.

Place des chevaux, près la cathédrale, promenade la plus fréquentée dans l'intérieur de la ville.

Les femmes dans ce pays travaillent beaucoup, elles pétrissent le charbon avec les pieds, elles portent des fardeaux énormes.

1. *Cf.* p. 117 du *Journal*.

Le prince désireroit qu'on imprimât l'*Encyclopédie* à Liège, sans mettre le nom du lieu, avec permission tacite.

Le soir à 9 heures j'ai vu Saturne avec la lunette de Nearne [*Nairne*] de 8 pieds, 2 pouces, 7 lignes d'ouverture. Il m'a semblé voir un commencement d'anneau, mais je n'en suis pas assez sûr.

[*Jean François*] Bassompiere fort imprimeur de Liège, il y en a plusieurs.

M. [*Jean Louis*] Coster, bibliotécaire du prince, frère du 1er commis de la Corse [*Joseph François*], qui étoit à M. [*Charles Juste*] de Beauveau [*Craon*].

J'y ai vu les ingénieurs géographes qui lèvent la carte des Pays-Bas sous la direction du C. [*Joseph*] Ferrari[*s*] de Bruxelles [1].

119

## [Liège]

### Le 8 juillet

Beau temps. Je suis parti de l'académie à 6 h 7'.

J'étois hors du faubourg d'Avroye à 6 h 37'

7 h 25 Sereing, [*Séraing*], maison du prince, après avoir passé la Meuse.

8 [h] 0 abaye S. Lambert, Ivo [*Ivot*]

8 [h] 55' La Neuville. Reposé, parti à 9 h 30'.

11 [h] 10 Therouanne [*Terwanne*], on quitte le pavé qui continue vers Givet et l'on tourne à gauche.

11.30 Ochain, province ou duché de Luxembourg, petit village où nous avons dîné, à 6 lieues de Liège et cinq lieues de This, où nous aurions couché si nous n'allions jusqu'à Rochefort.

M. Difouy [*Diffuy*], chanoine de Liège a un beau tableau de Lairesse qui représente Orphée [2] et que l'on compare à la *Transfiguration* de Raphaël.

1. Carte levée sur commande du gouverneur Charles de Lorraine : les levées de terrain se font entre 1771 et 1775, les cartes manuscrites « de cabinet » et les premières cartes marchandes sont livrées en 1778. *Cf.* A. de Smet, « le général comte de Ferraris et la carte des Pays-Bas autrichiens », *Industrie*, juillet 1956. Voir aussi p. 21 du *Journal*.

2. *Orphée et Eurydice ou la descente d'Orphée aux enfers*, actuellement au musée des Beaux-Arts de Liège.

[*Christian*] Bourguignon, qui fait l'*Almanac* de Liège [1], sur les manuscrits de Mathieu Lansberge [*Laensbergh*], avoit un père [*Silvestre Bourguignon*] qui ressembloit à un véritable prophète.

M. de Malomont m'est venu voir à Liège, le prince lui écrit mon cher ami.

Le prince se propose d'établir une chaire d'éloquence françoise l'année prochaine, il m'a consulté là-dessus, je lui ai promis un homme de lettres bien choisi.

J'ai quitté M. [*François-Joseph*] Nogué qui retourne à Spa, mais qui me viendra voir à Paris. Ses trois sœurs sont Mad. [*Jeanne*] de Bacquencourt, mad. [*Anne-Marie*] de Corberon, mad. [*Marie-Jeanne*] Roslin d'Ivry, qui a eu 560 mille livres en mariage.

Nous sommes près d'Atrin qui apartient au prince de Stavelot en toute souveraineté, en sorte que Ochain est enclavé de tous côtés par des puissances étrangères, Liège et Stavelot.

La taille ne va pas ici à un dixième ; il y a un nouveau rôle tous les ans. On paye séparément pour les chevaux, le bétail, les troupeaux.

1h 45 parti d'Ochain ; 4 h 50' ; Eure [*Heure*], montagnes désertes.

5 h 32', parti d'Eure c'est à 10 heures de Liège, et 12 de Bouillon ;

7 h 30, This, mauvais village où il y a un assez joli château.

9 h 35, Rochefort, gros village où il y a un couvent de carmélites, une fontaine jaillissante, une chapelle de Se Barbe, le propriétaire demeure près de Francfort, c'est à 4 lieues de S. Hubert, abaye riche en fonds de terre, où l'on guérit de la rage, en taillant et mettant sous la peau un morceau de l'étole, mettant un bandeau et faisant observer une neuvaine, jeûner ; il est venu 120 personnes d'Anvers. C'est pays de Liège, on ne paye point la taille à moins qu'on ne brasse.

Talin [*Tellin*], à deux lieues, a des maisons de Liège, Luxembourg et Bouillon.

Ville [*Villers*] sur Laisse [*Lesse*] où la rivière se perd dans les montagnes.

1. A eu semble-t-il différents titres : *Almanach de Liège pour l'année commune, almanach pour cette année... supputé par Maître Mathieu Laensberg, Almanach supputé sur le méridien de Liège...*

120 **[de Liège à Bouillon]**

**Samedi 9 juillet,**

Parti de Rochefort qui est à 9 lieues de Bouillon.

Vavrier [*Wavreille*] 8 h 0' ; Talin [*Tellin*] 9 h 0', parti à 9 h 15' et aussitôt on rentre dans l'Ardenne, bientôt dans le bois. 9 h 45' on voit de loin S. Hubert sur la gauche, à deux lieues de distance.

11h 45 Transine [*Transinne*], mauvais petit village. 0 5', Messin [*Maissin*], village de la province de Luxembourg à un quart de lieue de la principauté de Bouillon, à 4 lieues de Bouillon.

J'y ai vu une jauge de fer divisée qui se plonge par le bondon [1] oblique et fait voir le nombre de hottes de vin, chacune de 13 bouteilles.

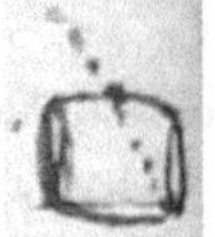

Parti à 2 h 13'. Paliseu [*Paliseul*] 3 h 37', bois de Bouillon 5.0, Bouillon 6 h 30'. Il y a un chemin qui passe à Noleveau [*Nollevaux*], Plaineveau [*Plainevaux*] et Belleveau [*Bellevaux*].

**Bouillon**

Ville de 2500 habitans dont beaucoup de pauvres.

Château sur une crête de montagne, gardé par 60 invalides françois. Arsenal de 6.000 fusils. Souterrains qui vont jusqu'à la rivière, à moitié éboulés, où l'on pourroit loger beaucoup de monde.

Cour souveraine, président procureur général, 8 conseillers. Le prince est venu prendre possession de la souveraineté il y a 17 ans [2], l'envoyé de Bruxelles vint le complimenter de la part du Roi.

Elle rapporte 35 mille livres, qui sont employés à payer les charges, il n'y a aucune espèce d'impôt. Il a refusé même le don gratuit à son avènement. Il a menacé de la potence ceux qui lui ont présenté des projets. Il y a 50 villages.

*Le Journal encyclopédique* y est établi depuis 1760 [3], [*Pierre*] Rousseau fuyant Liège pour l'affaire avec le synode, sous le prince Théodore.

1. Cheville de bois grosse et courte qui sert à boucher un trou qu'on laisse aux tonneaux par dessus pour les remplir ou leur donner de l'air.

2. Charles Godefroy de la Tour d'Auvergne (1706-1771), 5 $^{e}$ duc de Bouillon a été le seul à visiter Bouillon, en 1757.

3. Rousseau a d'abord publié le *Journal encyclopédique* à Liège jusqu'en décembre 1759, ce qui suscita une forte opposition, de l'église en particulier, et malgré l'appui du prince

Le *Journal politique* [1] est fait par M. [*Jacques Renéaume*] de La Tache, chevalier de S. Louis. Mr. Charpentier [2], avec M. Meunier de Kerlon [*Meusnier de Querlon*] et M. [*Antoine*] Bret font le *Journal encyclopédique.*

La Société typographique, établie en 1769, est réduite à rien, M. [*Pierre*] Rousseau ne s'y connoissant pas. M. [*Jean-Pierre Louis*] Trécourt, son beau frère, en a la direction. M. Veissembruk de Sarbruck [*Charles-Auguste de Weissenbruch*], son beau-frère, a la direction de l'imprimerie [3]. M. Guiton, autre beau-frère de Rousseau qui tient les livres et le bureau [4]. Il y a eu 2.500 souscripteurs, il y a 2 ans et demi, 400 en 1762.

J'ai soupé et couché chez M. [*Jean Baptiste René*] Robinet.

## [Bouillon]

121

**Dimanche 10 juillet à Bouillon,**

J'ai été voir Md. [*Jeanne Marguerite*] Vessembruk [*Weissenbruch*], fille de M. [*Marc Michel*] Rey, qui pleure d'être éloignée de son père, et haïe de sa mère. Elle a un enfant de 2 ans, fort et charmant, qu'elle a nourri.

Il y a ici un couvent d'Augustins, un prieuré de Bénédictins, et un couvent de chanoinesses de S. Seplulchre de 30 religieuses qui ont 50 pensionnaires à 50 écus. 2 grands corps de casernes. Nous avons été nous promener dans le vallon de la Poulie. Derrière le château, passage singulier, le long de la Semoi. [*Semois*]

évêque Théodore de Bavière, Rousseau dut quitter Liège. Le *Journal* paraît à Bouillon à partir de janvier 1760.

1. *La Gazette des gazettes ou journal politique pour l'année...* a commencé à paraître en 1764 ; à partir de 1773 il s'intitule *Journal politique ou Gazette des Gazettes,* plus connu sous le nom de *Journal de Bouillon.*

2. Le *Journal encyclopédique* 8:1, Bouillon, décembre 1774, p. 501 mentionne « M. Charpentier, habile méchanicien ».

3. Des sœurs de Charles Auguste de Weissenbruch, l'une, Louise Frédérique Christiane a épousé Pierre Rousseau, l'autre, Christiane Magdeleine Henriette a épousé Jean Pierre Louis Trécourt.

4. Voir *Le Journal encyclopédique et la Société typographique, exposition en hommage à Pierre Rousseau1716-1765 et Charles Auguste de Weissenbruch 1744-1826,* Bouillon, L. Weissenbruch, 1955 et G. Biart, « L'organisation de l'édition à la Société typographique de Bouillon », [*Studies on Voltaire and the Eighteenth Century*], n. 216, 1983, p. 232-233.

Dîner chez M. [*Jean-Louis*] Castillon [*Castilhon*], qui travaille pour les supplémens de l'*Encyclopédie* ; il y a deux petits imprimeurs, outre Weissembruk.

Le pont du château, d'une seule arche bien faite, percée d'un œil de bœuf d'un beau profil.

Dans la salle à manger du gouverneur, au bas du château, on ne voit le jour que par dessous le pont.

Le gouvernement, ou la cour souveraine, s'assemble, où le prétendant [*Charles Edward Stuart*] a habité 7 à 8 ans, au sortir de Liège, en 1759. Il en est parti en 1767 pour aller à Rome où il s'enyvroit, Il [?] chassoit. On lui [?] enleva la baronne de Douglas, il se nommoit le baron de Douglas, il tiroit des coups de fusil, il faisoit des folies, les dernières années il ne vouloit plus voir personne. Il s'est marié à Rome [1]. Il avoit un enfant, la petite Victoire, qui est mariée dans la maison d'Yorck. La baronne se fit enlevé, il la battoit dans les rues, elle se fit enlever [2].

Le Chevalier [*César Joseph*] d'Aguessau [*de la Luce*], ingénieur.

M. [*Jacques Renéaume*] de la Tache a mis un article dans le *Journal politique* de demain.

J'ai soupé chez M. [*Charles Auguste*] Wisseinbruck [*Weissenbruch*], avec M. et Mad. [*Jean Pierre Louis*] Trecourt, Mle. Vissembruch, M. et Mad. Guiton.

**Lundi 11 juillet,**

Parti de Bouillon à cheval à 6h-20'.

Arrivé à Carignan à 9 h 45', 4 lieues, logé chez Mle. Turin du Luxembourg françois au *Lion d'Or*.

Carignan, ville de 900 communians, chapitre de 12 chanoines, et le doyen curé. Duché de M. [*Louis Jean Marie de Bourbon*] de Penthièvre actuellement duc de Chartres. Evêché de Trèves.

Pour aller à Tonnelalong [*Thonne-la-Long*], il faut, à 3 lieües, quiter la chaussée à Tone [*Thone-le-Thi*] et prendre à gauche, passer près du château d'Yancmin [*Hyacquemine*], à M. Whaa [*Waha*] de Liège.

1. En 1772, avec Louise de Stolberg-Gedern (1752-1824), qui le quitta en 1780.

2. Le récit de Lalande est confus : Charles Edward Stuart a vécu à Liège avec sa maîtresse Clementina Walkinshaw dont il eut une fille, Charlotte, née en 1753. Alcoolique, il est violent avec elle, elle s'enfuit avec sa fille en 1760.

La Viotte [*Avioth*] où l'on va en pèlerinage, et un quart d'heure plus loin à Tonnelalong [*Thonne-la-Long*]. De Tonnelalong on peut aller à Orval 2 h, à Ville devant Orval [*Villers devant Orval*] ½ lieue, Pully [*Puilly*] ¾ [*de lieue*], Carignan 2 lieues, de Carignan à Sedan 4 lieues.

**Sedan.**

Le duc de Chartres nomme les canonicats, le Roi le doyenné. Sacagée en 1639 de fond en comble, il ne resta qu'une maison.

## [Carignan et la région]

**121 v.**

Lundi et mercredi à midi le carrosse part de Sedan pour aller coucher à Mézières.

La diligence de Rheims par[t] le mardi, va à Paris en un jour et demi, arrive mercredi matin. En 5½ jour, 60 lieues.

2 échevins présentés par la communauté, au duc de Penthièvre [*Louis Jean Marie de Bourbon duc de Carignan*]. Auparavant c'étoient les états, le clergé, la noblesse et le peuple.

L'Abbé de Turin, fils du duc de Carignan [?], chanoine, est échevin. M. Tafanel ancien chirurgien major de la Vieuville est l'autre.

3 conseillers de ville, 4 notables. Md. Chardon [1], Mad. De la Tule [?], fort riches, 12 à 19 mille livres ; Md. Chardon est dame de Breu [*Breux*], près Tonelalong [*Thonne-la-Long*]. M. le doyen [de Carignan] est à Nancy, M. le vicaire y a vu Md. [*Reine* ?] Le Paute.

Monquintin, château de l'archevêque suffragan de Trêves [*Jean Nicolas de Hontheim*] [2] près Tonnelalong [*Thonne-la-Long*] où il ordonne quelquefois. Orval, abaye de 700 [3] mille livres de rente, Bernardins de l'étroite observance, a 60 religieux, 40 frères de tous métiers. Bâtimens qui coûtent déjà 2 millions et demi, et qui ne sera pas fini de dix ans. Les religieux nomment 3 sujets, la reine choisit. Ils bâtissent pour que la reine ne leur demande pas de l'argent. Ils font beaucoup d'aumônes, reçoivent tout le monde.

J'ai été voir la maison du doyen de Carignan qui est à Nancy, [*Jean Baptiste*] Stourm. Convention avec Mle. Turin du *Lion d'or*.

1. Elisabeth Grandjean de Muno, veuve de Georges Charles Chardon, seigneur de Breux, conseiller du roi, trésorier de France au bureau des finances de Metz, devient douairière en partie de la terre de Breux à la mort de son époux en 1763. Marie Catherine épouse d'Henri Chardon, fils de Georges Chardon est aussi dame de Breux.

2. Il achète Montquintin en 1763.

3. Lalande avait d'abord écrit 500 avant de mettre 700 au-dessus.

Parti à 11 h 30'. Passé à Blagny 0 h 10', Linay 0 h 34', Froini [Fromy] 0 45, vis à vis de Margu [*Margut*]. Le ruisseau du Tassigni qui vient d'Orval.

1 h 25' Signy, et Montlibert sur le chemin, Tonelathil [*Thonne-le-Thi*] ou la grand Tune. 1 [h] 45', Tone [*Thonne la Long*].

J'ai été voir [*Jean*] Joseph Lepaute, maréchal et taillandier, père de Sully, qui a le fils de son fils, qui est gentil, 3 ans. Sa fille [*Marie*], 18 ans, se plaint de l'oubli de son frère [1].

La maison de M. Michel, neveu de l'ancien curé ; Joseph a sa fille [*Marie*] avec lui, 18 ans, sœur de Sully. A Tonelle [*Thonnelle*], voir Joseph [*André*] Le Paute, maréchal et taillandier, qui a deux enfans, il demande son frère Sully.

Jolie maison de Mrs de Courville. A Montmédy, près de Tone les prés [*Thonne les Prés*] où est la jolie maison de Mle. de Pouilly, M. [*Jean*] Favier curé.

## 122 [Thonne la Long et la région]

J'ai été voir Mad. Jaquemin à la poste, soeur de l'abbé Morency [?] et Mle. [?] Jaquemin qui a 3 sœurs à Paris et une à Vincennes, et un frère notaire et controlleur qui a épousé une femme riche.

J'y ai reçu une lettre de la Reine [?].

J'ai fait le tour du rampart.

Tonelalong [*Thonne la Long*], passant au dessus de la basse ville de Ire les prés [*Jrez les Prés*], Frénoy [*Fresnois*] ; Viléclouet [*Villecloye*], et grand Verneuil [*Verneuil-Grand*], et petit Verneuil [*Verneuil-Petit*].

J'ai vu M. Pierre Le Paute [2], méréchal et taillandier, [son fils] Dorval ou Dominique Le Paute horloger, receveur de la marque des fers, 400 livres, qui travaille avec Jean-Didier Le Clerc, du moulin de Viote [*Avioth*], son cousin germain par leurs mères [3]. Le bisayeul étoit de Mogue. J.B. Le Paute, du moulin et du four bannal, 600 livres par an,

1. Pierre Basil Lepaute dit Sully était parti vers 1766 rejoindre à Paris ses oncles Jean André et Jean Baptiste horlogers du roi et son cousin Joseph Lepaute d'Agelet, horloger élève astronome de Lalande qui trouvera la mort lors de l'expédition La Pérouse.

2. Pierre Lepaute, frère de Jean Joseph. Pour la famille Lepaute, voir l'arbre généalogique, *infra*, p. 319.

3. Jean Didier est fils de Pierre Le Clerc et de Marie Demouzon, elle-même, sœur de Martine Demouzon l'épouse de Pierre Le Paute.

qui a épousé Catherine Le Paute [1], qui ont cinq enfans parce que la femme en a deux de son premier mari, Mouson. Les 2 sœurs [*Marie et Catherine*] de M. de Thone [2] l'attendent avec impatience.

J'ai été voir le château, qui est à Mles [*Jeanne et Françoise*] d'Herbemont de Charmoy [3] à Romagne [*Romagne sous les côtes*], à 7 lieues.

La maison Colignon, la nouvelle maison Le Paute qui coûte 3.000 livres de bâtir, couverte d'ardoise, la fontaine Thiéri, ~~la fontaine grande~~, derrière le château Bailleul qui est excellente, au-delà de la rivière. La Pichelotte, ruinée ; la ~~Grèmi~~ Castalier qui vient d'en haut.

Marie Henri ou Florentine, qui a épousé François Wilhelm, fort travailleur, elle a 3 filles [en 1774] et sa sœur [*Catherine*], qui a épousé Pierre Devaux, en a 4. Elle m'a joué du violon, assez bien.

Jacques Le Paute [4], de Bellefontaine, taillandier, à trois lieues au Nord Est.

J'ai vu de loin l'église de Viotte [*Avioth*] où il y a 4 fabriciens de 400 livres chacun, la vierge y fait des miracles ; les forges Berchiwé à une lieue à l'orient au-dessus de Tonnelalong [*Thonne la Long*], à M. [*Claude Baudard*] de S. James ; plus bas, Oudrigni [*Houdrigny*] aux chiches ; près de Villelalou [*Villers-la-Loue*], c'est une des plus belles forges, il paye fort bien, on est fort content de lui ; son fer va à Charleville pour les armes.

La sœur [*l'épouse* ?] de [*Pierre*] Le Clerc sert dans la maison de Pierre Le Paute avec une autre sœur de sa femme, Mad. [*Catherine*] Henri [5].

## [Thonne-le-long et la région]

**122 v.**

On a fait en 1769 l'échange de Gérouville etc. pour d'autres villages voisins de Montmédi.

Le bisayeul qui vint s'établir à Mogue où il y a plusieurs Lepaute venoit de Awire [*Awirs*], entre Huy et Liège sur la Meuse.

1. Sœur de Pierre et de Joseph, elle épouse en 2ème noces Jean-Baptiste Le Paute (1738-1803) originaire de Mogue.

2. Surnom de Pierre Henry, fils de Jean Henry et d'Elisabeth Le Paute.

3. Ou Charmois *cf.* le site guydherbemont.com

4. S'agit-il du père de Jacques Joseph Le Paute, dit de Bellefontaine, reçu maître horloger à Paris en 1775 ?

5. Martine Demouzon épouse de Pierre Le Paute a deux sœurs, l'une, Catherine qui a épousé Nicolas Henri, l'autre, Marie a épousé Pierre Leclerc.

**Mardi 12 [juillet]**

J'ai été voir la fontaine de la Grémi, les bois de Tonelalong [*Thonne la Long*] et de Petit Verneuil, l'hermitage de Lanau [*La Nauve*] où le frère Guillaume travaille à des rouets, il a du bois et des prés, deux fontaines, des prés, des abeilles.

Le cousin Grisart [*Grisard*] [1] de Carignan, maître fondeur, qui gagne 6 livres en deux heures de temps, a dirigé la fonderie.

Le jour de terre a 80 ~~pieds~~ perches en carré, de 22 pies marchand chacun.

Il est dû 300 livres à Florentine, par M. Le Paute qui les a reçus en mouvemens.

Les Le Paute de Tone [*Thonne la Long*] et de Tonel [*Thonelle*] sont venus dîner avec nous et M. de Genes [?], directeur de la marque des fers de Sedan.

Dorval, receveur, a 400 livres, il reçoit 10 mille livres, rien que des forges de Berchiwé, 19 sols ½ par quintal.

Je suis parti de Tonelalong à 3 h 30'. S. Brice hermitage, église mère de Viote [*Avioth*]. J'ai été voir l'église de Viote, ancienne, beaucoup de sculptures, vierge miraculeuse pour les enfans mort nés.

4 h 40 Breu [*Breux*], vieille tour qui est minée par le pied.

5 [h] 40 Orval. L'aile droite est finie ; l'église au milieu s'élève. Souterrains prodigieux, chapelle de l'infirmerie, bibliotèque, belle sculpture, apoticairerie, serrurerie, beaux ouvrages, quartier abbatial, beau réfectoire ; peintures mauvaises d'un novice qu'on a fait voyager, beaux marbres de Namur, colonnes, pavé, tablette.

123

## [Orval et la région]

Il y a plusieurs tables :

Bouvrie [2] pour les pauvres, comtesse [3] pour le peuple ; l'attaque, les prêtres ; le caveau pour les gens comme il faut ; la grande salle pour les officiers ; la salle de cérémonie pour les seigneurs.

80 tant religieux que frères, 38 prêtres, règle austère.

Don Barthélémi, portier ; Damien, Maitre des hôtes ; Dinvel directeur des bâtimens.

1. Peut-être Didier Grisard de Carignan maître fondeur à Berchewez, mort en 1799 ou son fils Jean Grisard 1744-1833 né à Carignan, maître fondeur également.
2. Ou bouverie = étable à bœufs.
3. L'hostellerie est ainsi appelée à Orval.

Rond buisson, moulin sur le grand étang avec une chaussée qui sépare de l'Empire, à 400 toises de l'abaye. Forges couvertes en fer. Jardins en terrasse. 55 bœufs pour le service de la maison. Tombeau du fondateur.

Parti à 6 h 55. Ville devant Orval [*Villers-devant-Orval*] 7.20.

7 h. 50 Tassigny, beaux jardins.

8 h 17 vis à vis Moiry, S. Walfroy, à gauche sur la montagne, grande foire de chevaux etc. le 25 juin. On y va pour les boîteux.

8.27 vis à vis Margu [*Margut*] et Olizi [*Olizy sur Chiers*] d'où est Alexandre [?].

10.30 à Carignan, au petit pas. J'avois fait ce chemin hier en cinq quart d'heures.

M. [*Jean*] Favier, curé de Tonne les Prés, parrain de M. [*Jean André*] Le Paute a 40 neveux.

Fontaine où la comtesse de Chinyan vit perdu son anneau, une truite lui rapporta, vallis aurea 1130 [1].

## [Carignan et Sedan]

124

M. [*Jean Baptiste*] Le Paute, du moulin [2], est venu dîner avec nous à Carignan.

La taille à Tonnelalong [*Thonne la Long*] est plus d'un quart du revenu pour quelques uns. M. Le Paute, 100 livres.

La cure est à la nomination de S. Hubert, Viote [*Avioth*] de l'abbé de S. Simphorien de Metz.

**Mercredi 13 juillet 1774**

Parti de Carignan à 6 h.

J'étois à 8 h 42' à Baseille [*Bazeilles*], où est la belle maison et le beau jardin de M. La Boche [*Louis Labauche*] principal drapier de Sedan.

9h 15' à Sedan, logé près du collège sur la place d'armes où il y a une fontaine.

**Sedan :**

La rue Neuve de Bourbon qui va à Torcy et la rue S. Michel sont remplies de jolies maisons neuves. J'ai été voir les casernes sur le bord de la Meuse. J'ai été voir la paroisse qui est fort commune. Au château, voir les antiques. Armures qui portent les noms de Reneau de Montauban

1. 'Vallis aurea', origine du nom Orval.
2. Du moulin banal de Thonne la Long.

mort à la bataille de Ronceveau en 792, de Godefroii de Bouillon, de Roland le furieux, de la Pucelle, de Lamboy, de Faber [1], de plusieurs princesses de Sedan, de Frédéric Maurice [*de la Tour d'Auvergne duc de Bouillon*] qui, en 1642, remit la principauté au Roi Louis 13.

La salle d'armes m'a été montrée par la fille de Echet [?], qui est au Berceau, à la Maison blanche, sur le chemin de Bicêtre.

Parti à 11 h, passé la Meuse, arrêté au village de Torcy, bureau d'entrée du royaume, où l'on visite toutes les marchandises.

Sedan ville de dix mille âmes, 2 bataillons, 2 escadrons.

Les Paignon [*Etienne Jean et Gilbert son oncle et associé*], [*Jean Venant*] Rousseau, [*Jean Abraham*] Poupart [*de Neuflize*], [*Louis*] La Boche sont les 4 drapiers privilégiés et annoblis. 35 maisons, depuis 2 jusqu'à 60 métiers. Laines d'Espagne 112 livres pour 48 aunes, laine 4 livres 10 sols après la filature, 8 livres la livre.

A 2 h, notre roue a cassé, retard de 2 heures.

## [Charleville et Mézières]

A 7 h ½, Charleville. J'ai été voir la grande place d'où l'on voit les 4 portes, de Mézières, de Flandres, du Moulin, du Petitbois. Le Petitbois charmant, à l'orient les places d'Anevert [*de Nevers*], des Capucins, du Sepulchre.

6 couvents, comédie, belle allée qui conduit à Mézières, le prince et la princesse de Croy [*Anne Emmanuel, duc de Croy et son épouse Augustine Frédérique Guillelmine de Salm Kyrbourg*] y sont.

**125** Je suis revenu à Mézières souper avec Mr. [*Charles Humbert Marie*] Vincent, [*Georges Henri*] Du Marché, [*Jean Baptiste Thuillier de*] Beaufort, [*Etienne François*] Senovert, etc. à 33 livres par mois sans vin [2] ; j'ai été voir leur salle de travail, 6 h par jour, leurs appartemens, le cabinet de physique de M. [*Gaspard*] Monge, au-dessus de la porte, c'est celui de l'abbé [*Jean-Antoine*] Nollet, sa méridienne, le cadran de l'abbé [*Charles*] Bossut. M. Vincent m'a fait voir ses desseins de fortifications. Ils m'ont offert de me mener à Rhethel.

La ville de Mézières est laide, irrégulière.

1. Abraham de Fabert d'Esternay († 1662), gouverneur de Sedan.

2 . *Cf.* Anne Blanchard, *Dictionnaire des ingénieurs militaires, 1691-1791,* Montpellier, Centre d'histoire militaire de l'Université Paul Valery, 1981. Les élèves de l'Ecole royale du Génie de Mézières prenaient pension dans des auberges de la ville.

Le chevalier Bayard l'a déffendue, son éloge est dans la cathédrale, le cavalier de la citadelle porte son nom [1]. Il a fondé les chevaliers de Mezières.

**Jeudi 14 juillet [de Mézières à Rethel]**

Parti à 6¼ de Mézières. Pluye et vent très froid. Ouragan. Arrivé à 11 h à Launoy, village. Parti à 1 h, arrivé à Rethel à 6 h ½ dans la voiture publique.

Rethel Mazarin, j'ai été au château de mad. la duchesse [*Louise Jeanne de Durfort, duchesse de Mazarin*], qui n'y est jamais venue, on a de sa terrasse la vue de la plus belle plaine, le village de Romans [*Romance*], la rivière qui serpente. Les jardins de Mles Linard [?] où il y a de belles allées de marroniers, ceux de M. [*Louis*] de Roquefeuil où il y a des bosquets, des allées, un canal, au-delà de la rivière.

5.000 âmes, rivière d'Aine [*Aisne*]. Bel hôtel de ville, grande halle près de laquelle demeure le gros M. de Varnet [?] et sa belle-mère et sa belle-sœur et une autre dame ; 4 domestiques à lui seul ; gros, bizarre il ne sort plus. Un vicaire a été cause de la séparation et une femme qui le sert. [?]

Renfermerie ou hôpital général pour 52 orphelines et 12 vieillards. Grande et belle promenade des isles, allées couvertes près de la renfermerie. On se propose de les augmenter. J'ai vu rentrer toute la vacherie de la ville qui est nombreuse. Hôtel Dieu, une 30 e de lits.

**Vendredi 15 juillet [de Rethel à Reims]**

Parti de Rethel Mazarin à 4 h 30', beau chemin tout de niveau.

Isle [*Isles sur Suippe*], village de la dînée, 9 h 35' ; on commence à trouver des maisons bâties de craie.

Dans les villages il y a des carreaux de terre séchée au soleil, dont on bâtit des maisons très solides, rivière féconde en écrevisses.

Partis à 11 h 52'. Arrivé à 3 h 45' à Rheims.

1. Voir [N. N.] Vincent, *Eloge de Pierre du Terrail, dit le chevalier Bayard, sans peur et sans reproche, proposé par l'Académie de Dijon*, Dijon, Defay, 1771.

126

## [Reims]

Rheims, ville de 24 mille âmes, sur la Vesle, bâtie en bois, grande et presque déserte, rues larges. La cathédrale est le plus beau vaisseau gothique qu'il y ait en France. Trésor où l'on voit les présents du sacre de chaque Roy, vaisseau d'or d'Henri 3, ostensoir de 100 marcs, de Louis-15 [1].

Tombeau du cardinal [*Charles*] de Lorraine qui avoit plusieurs évêchés, il y a 200 ans, qui a fondé l'université [2], la plus célèbre depuis Hincmar et Gerbert pape. Il brilla au Concile de Trente [3] contre Théodore De Bèze.

On va reculer la grille du chœur et faire un jubé pour le Roi. Les ingénieurs et les tapissiers y ont déjà été. Sacré le 11 juin 1775.

S. Remi, abaye de 40 religieux dont le cardinal [*Jean François Joseph*] de Rochouart est abbé. Tombeau de S. Remi en marbre avec beaucoup de statues de marbre, dans lequel est la Se ampoule.

Dom [*Jacques Claude*] Vincent frère du libraire [*Philippe Vincent*], mathématicien.

Se Nicaise, jolie église gothique très élégante et svelte faite en 1280. Bel autel de marbre, où il y a de la brocatelle d'Espagne, du verd campan, belles stalles, cierges de Caffiéri [4].

Hôtel de ville qui n'est pas achevé, où est la salle de concert, l'école de mathématique, celle de dessein, fondés par les soins de M. [*Jean-Louis*] Lévesque de Pouilly.

Place royale, belle statue du Roi, faite par [*Jean-Baptiste*] Pigalle. L'inauguration s'en fit par une fête de 70 mille livres. Dans la promenade, salle de bal de cent pieds, illumination de 600 livres, pyramide de 120 pieds [5].

1. Œuvre de l'artiste Thomas Germain, offert par Louis XV à la cathédrale à l'occasion de son sacre.

2. Le cardinal Charles de Lorraine (1524-1574), a favorisé la création de l'Université en 1548.

3. Au colloque de Poissy, 1561.

4. Dans sa monographie de Saint-Nicaise, l'abbé Nanquette indique que l'autel subit entre 1760 et 1764 des embellissements et que les chandeliers et ornements de l'autel dus au sieur Caffieri académicien coutèrent 8200 livres ; il s'agirait alors de Jean-Jacques, sculpteur, de l'académie de peinture et sculpture. Mais c'est son frère Philippe qui est fondeur ciseleur. Cf. *Annales de l'Académie de Reims*, second volume, 1843-1844, Reims, L. Jacquet, 1844, p. 251.

5. Voir Pierre de Saulx, *Description des fêtes données à Reims pour l'inauguration de la statue du roi au mois d'aoust 1765*, Reims, J. B. Jeunehomme, 1765.

Machine hors de la ville faite par le P. [*André*] Ferry qui élève l'eau à 80 pieds pour la distribuer à une 20 ᵉ de fontaines, cela a diminué les goîtres que la craye occasionnoit.

M. [*Jean*] Godinot, chanoine, a dépensé 600 mille livres pour le bien de la ville. Promenade superbe de 600 toises depuis la porte de Mars [1], jusqu'à la porte de Paris, plusieurs allées, parterres, pattes d'oie ; au milieu est la porte royale ou porte neuve bâtie pour recevoir le Roi à son arrivée de Metz.

La ville a 250 mille livres de revenus, mais elle a dépensé plusieurs millions et n'a rien achevé. L'intendant [*Gaspard Louis Rouillé d'Orfeuil*] ne s'oublie pas mais il ne fait rien pour la ville de Rheims. L'entretien du pavé coûte 25 mille livres par an.

La rue qui traverse la place va depuis la porte de Cerés jusqu'à la porte de Paris, une autre depuis celle de Mars jusqu'à celle de dieu lumière (Apollon).

## [Reims]

**127**

Rheims

Eglise cathédrale une des plus belles qu'il y ait ; devant d'autel d'or. Souterrain près la porte de Mars où l'on voit Remus et Romulus. Eglise S. Remi, couvent brûlé cet hyver par la [méchance ? = malchance ? méchanceté ?] d'un jeune poliçon [2].

S. Nicaise où est le pilier tremblant M. l'e c--- [?] ne la point vu trembler [3].

M. [*Nicolas*] Lallemand, professeur de mathematiques près le Mar [?]. M. [*Antoine*] Migeot, habile professeur de philosophie de l'Université au collège, chanoine.

M. Jacquin, chanoine.

Md. [*Marie Catherine Le Franc*] de Courtagnon à 3 lieues de Rheims a un cabinet d'histoire naturelle.

1. Arc de triomphe d'ordre corinthien érigé en l'honneur d'Auguste mais postérieur au III ᵉ siècle.

2. En janvier 1774 un terrible incendie dévore le monastère de Saint Rémi et menace l'église, le fils d'un gentilhomme des environs fut soupçonné d'avoir mis le feu. *cf.* Auguste Lacatte-Joltrois, *Essais historiques sur l'église de Saint Rémi de Reims,* Reims, 1843.

3. Arc boutant, qui n'était pas solidement fixé à la masse de l'édifice, et qui tremblait lors de la sonnerie des cloches. Ce fait connu suscitait la venue de nombreux curieux et personnages célèbres désirant voir le phénomène.

La fabrique de Rheims est considérable, on y fait 50 petites étoffes différentes.
Les canonicats valent environ 2.000 livres.
Les noms sont par les rues en beaux caractères.
Il y a une belle maison de genovéfains.
Jean le Bon est le premier Roi qui ait été certainement sacré à Rheims.
On voit la place d'un ancien chateau de l'évêque près la porte de Mars.
Il y a deux chanoines dont l'un [*Nicolas Bergeat*] a un cabinet de physique et l'autre [*Christophe Elisabeth Favart d'Herbigny*] un cabinet de coquilles [1]. Un autre chanoine de la cathédrale qui aime l'astronomie et qui est grand amateur de mes livres. M. [*Nicolas*] Carbon, prieur de Belleval.
M. de Lévesque de Champeaux à Aurainville [*Orainville*] près de Rheims, frère de M. [*Jean Lévesque*] de Burigni et de feu M. [*Louis Jean*] Lévesque de Pouilly célèbre par la *Théorie des sentiments agréables etc.* [2] ...

128

## [de Reims à Soissons]

**16 juillet, samedi**, parti de Rheims à 2 h ¼ du matin.
Junchery sur Vele [*Vesle*]. 5 h 50', on y déjeune. Parti à 7 h.
Fime [*Fismes*] 9 h 15, petite ville. Parti à 9 h ½ Braine le Comte [3].
0 h 10', dîner. Md. [*Sophie Jeanne Armande Elisabeth de Vignerot du Plessins de Richelieu*] la Comtesse d'Egmont est dame du lieu elle est 6 ou 7 mois de l'année.
J'ai été voir l'église où il y a plusieurs mausolées fort anciens en bronze, marbre.
Parti de Braine à 2 h 25. Sermi [*Sermoise*] 4.15, Soissons 6.25.
Soissons, ville de 7500 âmes. Logé à la *Grosse Tête.*
Belle cathédrale, dont il n'y a qu'une tour de bâtie.
S. Léger, abaye et paroisse de genovéfains, dont M. Barthélémy Mercier est abbé [4].

1. Voir, ainsi que pour une grande partie des informations concernant Reims, Jean-Baptiste François Geruzez, *Description historique et statistique de la ville de Reims,* Reims/Paris, Chalons, 1817.

2. [Louis-Jean Levesque de Pouilly], *Théorie des sentimens agréables, où, après avoir indiqué les règles que la nature suit dans la distribution du plaisir, on établit les principes de la théologie naturelle et ceux de la philosophie morale,* Genève, Barrillot et fils, 1747.

3. Il s'agit en fait de Braine sur Vesle.

4. Connu comme Barthélémy de Saint Léger.

N. Dame, abaye de filles, grandes aiguilles à jour sur l'église.
S. Jean des Vignes, abaye unique.
S. Médard, riche abaye de bénédictins, 16 religieuses, M. [*François Joachim de Pierres*], le Cardinal de Bernis, abbé. Souterrains où sont les tombeaux de Clotaire I, fils de Clovis, et de Sigibert son fils, avec deux inscriptions à leur honneur, aux deux côtés du chapitre. Clotaire fonda cette abaye après la mort de S. Médard.
Congrégation où Mle. Pluvinet a été pensionaire.
Académie, ancienne fille de l'académie françoise et qui y a un 40e fauteuil, en payant un tribut annuel.
Intendance de 700 mille livres, où étoit l'ancien château, on prétend que le château d'albâtre des rois de la 1e race étoit dans la plaine de S. Crépin.
Md. [*Marie Etiennette Charlotte Prospère*] Daminois est la plus jolie femme.
M. [*Jean-Baptiste-Charles*] de Prolanges, correspondant de l'académie ne voit personne, il est à la campagne.
M. [*Guillaume-Germain*] Guyot, prévôt de la cathédrale va faire l'oraison funèbre du Roi [1], c'est l'homme le plus lettré.
En 1767 il y eut un camp de 22 mille hommes
J'ai soupé à l'abaye avec M. l'abbé de S. Léger, et le prieur qui est homme d'esprit.

## [de Soissons au Mesnil Amelot]

129

**17 juillet dimanche**

Parti de Soissons à 4 h 0'. A 7 h 0', Vertefeuille, poste à l'entrée de la forêt de Rey ou de Villers Coteret. 9 h ¾, Villers Coteret, vieux château de M. [*Louis Philippe*] le duc d'Orléans meublé en indienne, même l'apartement de Mad. [*Charlotte Jeanne Beraud de La Haye de Riou*] de Montesson qui est au-dessus du sien. Beau parc, une belle patte d'oie en face de la terrasse. Gros bourg très vivant depuis que le prince y habite.

1. Guillaume-Germain Guyot, *Oraison funèbre de Louis XV [...] surnommé le Bien-Aimé, prononcée [...] dans l'église de Soissons, le 18 août 1774*, Soissons, L.-F. Waroquier, 1774.

0.45 parti de Villers Coteret.
3.7, *Les 14 frères chênes accouplés*, où il y a une table de dix couverts.
3. 22, Gondreville.
6. 33, Nanteuil, grand château flanqué de 4 tours en briques garni de grands fossés. Aux bénédictins qui sont vis à vis, est le tombeau en marbre du maréchal de Schomberg [1], celui de plusieurs seigneurs de Nanteuil depuis 1200. Le Maréchal [*Victor Marie*] d'Estrée y habitoit il y a 40 ans. Cette terre fut érigée par François I en comté pour un de ses favoris. Le parc est inculte et négligé, mais on dit qu'on va réparer pour le duc de Bourbon [*Louis Joseph de Bourbon Condé*]. On fait ici des métiers à filets et autres ouvrages au tour à bon marché.
Je voyage avec M. Furet et M. Riballier

**Lundi 18 juillet**
Partis de Nanteuil à 4 h 5', environ 21 milles
Le 23 e mille 4 [h] 55
20 e, 6 [h] 17
19 e, 6 [h] 43

17½ e, Dammartin [*en Goële*], gros bourg fort marchand, 7 [h] 13.
Laboureur qui est secrétaire du Roi.
Partis 7[h] 34
17 e 7[h] 50
16. Villeneuve [*sous Dammartin*] 8 [h] 13. (25' par mille)
15 8 [h] 40
14 9 [h]4
Le Mesnil [*Amelot*], 9 [h] 7. M. [*Henri Lefèvre*] d'Ormesson [2].

1. Le mausolée de marbre élevé pour Gaspard de Schomberg mort en 1599, était également le tombeau de son fils Henri et de son petit fils Charles.

2. Le domaine du Mesnil a été acheté en 1769 par Mme Louise Charlotte Le Peletier de Mortefontaine épouse de Henri Lefèvre d'Ormesson.

## [Arrivée]

**Lundi 18 juillet 1774,**

Partis du Mesnil à 11 h 25'

L'arpent de terre à Nanteuil vaut environ 12 ou 14 livres de ferme, 3 livres de taille, rapporte 6 pour un ; 24 livres de labour, 20 livres de fumier 1/13 de dime [?], un setier de 270 pesant de semens, 11 livres pour sayer [1], 1 livre pour bâtir.

13 e mille 11 h 46'

11 e Roissi 0 [h] 40, beau château de M. [*Victor Maurice de Riquet*] de Caraman, beau parc, manque d'eau.

J'y ai trouvé mon Agate[2] qui m'est venu au devant.

10e 1 h 7'

9 e 1 [h] 29' ; peu après est le chemin de Gonesse et celui de Flandres

7 e, 2 [h] 13'

6 e Bourget 2 [h] 35'

4 e 3 [h] 22'

Après nous être arrêtés à La Vilette, nous sommes arrivés à 4 h ½ à la barrière S. Martin. J'ai dépensé 25 louis pour mon voyage en dix semaines et un jour, sans compter 7 louïs de livres et de monoyes étrangères que j'ai rapportées.

FIN DU VOYAGE DE HOLLANDE

1. = seyer, couper.

2. Il s'agit peut-être de la gouvernante de Lalande qui apparemment tenait une place importante, *cf.* E. Badinter, « un couple d'astronomes, Jérôme Lalande et Reine Lepaute », *Société archéologique scientifique et littéraire de Béziers*, 10 e série, vol. 1, 2004-2005, p. 70-76.

ANNEXE I

# NOTES POSTÉRIEURES AU RETOUR

Nous avons transcrit, dans l'ordre dans lequel elles se présentent dans le carnet, les notes qui se trouvent après la « Fin du voyage en Hollande ». On peut retrouver dans l'index la plupart des personnages cités, des notes de bas de page identifient quelques autres noms.

1774, le 21 juillet j'ai écrit à M. [*Lambertus*] Bi[*c*]ker] par la voye de **130**
M. [*Jean Jacques*] Le Fevre
[*Pierre*] Gosse
[*Jean Nicolas Sebastian*] Allaman[d]
[*Pybo*] Steenstra
[*Joseph*] Mandrillon
[*Johan Friedrich*] Hennert
[*Abraham*] Perrenot
[*Rijklof Michael*] Van Goens
M. le docteur [*Lambertus*] Bi[*c*]ker à Roterdam
M. [*Edme*] Dufour à Mastricht, par la veuve Savoye, rue S. Jacques
M. [*Abraham*] Perrenot chez le libraire Spruit à Utrecht
M. [*Gerrit Willem*] Van O[*o*]st[*en*] de Bruyn à Harlem. Mon ami a cessé de l'être quand il a su que je ne pensois pas comme lui sur la religion.
Promesses 58

131 Le bruit a couru pendant mon absence que des paysans me voyant observer un jour qu'il grêloit m'avoient pris pour sorcier et m'avoient tué. On l'a dit jusqu'à Toulouse.

Le 30 juillet [1774] J'ai envoyé à M. [*Jacques Joseph*] Gardane la lettre de M. Bartholomeus Tersier, docteur en medecine de Harlem, qui demanda une correspondance pour son journal. M. [*Bartholomeus*] Tersier, docteur en médecine à Harlem fait un journal de médecine (terzire) ~~en hollandois~~. M. Gardane pourra être de l'académie de Harlem.

La Société de Vlissingen en Zélande m'a fait offrir une place par M. [*Johan Friedrich*] Hennert, le 4 e volume de son recueil est sous presse, j'ai reçu le diplôme.

Octobre 1774, Mad. [*Petronella Johanna*] Hennert a fait des vers hollandais pour mettre sous mon portrait [1].

1775, le libraire [*Jan*] Morterre fait graver mon portrait à Paris, 300 livres, dont j'ai fourni 60 livres pour avoir 60 épreuves ; il demeure près de Harlem Sluys. Le 24 mars j'ai eu la planche.

Le 4 mai 1775 l'impression de la traduction de mon *Astronomie* en est à l'article 1964 vers la fin des éclipses [2].

*Voyage d'Italie et de Hollande* par M. l'abbé [*Gabriel*] Coyer, chez Duchesne, 1775.

Le 1er aout M. Guillaume Te Water, de Vlissingen m'a offert des *Mémoires sur les Provinces-Unies* pour mon voyage. J'ai engagé M. [*Abraham*] Perrenot à en faire la rédaction.

M. Justus Tjeenk, secrétaire de l'académie, m'a envoyé mon diplôme de l'académie de Flessingue.

132 L'arbre dont tous les jardins de Hollande sont pleins est le Carpinus dud. plus lisse et luisant que le nôtre.

M. [*Pierre*] Tournier partira pour Batavia en mai 1775, M. [*Cornelis*] Van Oudermeule l'a placé à ma recommandation. Il m'a écrit des lettres de remerciements les plus tendres.

La Société « Concordia et libertate » d'Amsteldam, à laquelle sont dédiés les collections de papillons. *Journal des Savants.* 1775, p. 753.

1. Ce poème est inconnu.
2. Cette traduction parut en 1776 chez Morterre à Amsterdam.

Le 14 novembre 1775, il y a eu un débordement dont on n'avoit pas mémoire. L'eau a été à Amsterdam à 102 pouces au-dessus du peyle, et à 93 vers le Slaper Dyck que l'eau a surmonté de 40 pouces.

En 1782, l'empereur démolit Namur et les autres villes de barrière.

La guerre contre l'Angleterre fait beaucoup de tord aux hollandois qui se deffendent mal ; la nation est pour la France mais ceux qui gouvernent trouvent leur intérêt à empêcher qu'on n'agisse.

Le 7 juillet 1782, M. [*Pybo*] Steenstra est venu me voir à Paris, je lui ai témoigné toute ma reconoissance. Parti le 16 aout. Il est mort en 1788.

1783, Société à Amsterdam pour le progrès de la géométrie [1]. M. [*Arnold*] Bastia[*a*]n Strabbe, secrétaire et directeur. M. [*Claude Pahin*] de La Blancherie, 5 mars 83, a annoncé les deux premiers volumes.

1784, 8 octobre. L'Empereur entreprend d'avoir la navigation de l'Escaut, on se prépare à la guerre, M. [*Yves Marie Desmarets*] de Maillebois est appellé, on s'accommode pour de l'argent.

1786, M. Camper le fils [*Adriaan Gilles*] est à Paris et suit mes leçons au Collège royal.

M. [*Barthélémy*] de S. Léger va en Hollande

1785, [*Joseph*] Mandrillon à Paris et à Bourg.

1789, révolte des Pays-Bas autrichiens. Bruxelles, Gand, Namur, sont occupés par les patriotes. Mais Luxembourg les arrêtera.

1790, Mandrillon à Paris pour négotier auprès de l'Assemblée Nationale.

6 Juin, j'ai vu M. Wybo Finje [*Fijnje*], de Delft, qui a été obligé de quiter son pays à cause de la révolution. Il s'est beaucoup occupé des courbes algébriques, jusqu'au 6e ordre.

1795, 23 janvier, les françois à Amsteldam.

Population 2 ou 3 millions p. 41 **133**

Suivant les tables de Zimmermann

| | |
|---|---|
| La Hollande contient par mille carré d'all. | 236 habitants |
| Les Pays Bas autrichiens beaucoup plus | 250 |
| L'Italie | 180 |
| La France | 152 |
| L'Allemagne | 135 |
| Les îles britanniques | 115 |

*Histoire abrégée des Pays Bas,* 1792 chez La Vilette, rue du Batoir, n° 8.

1. Wiskundig Genootschap onder de zinspreuk '*Een onvermoeide arbeid komt alles te boven*', fondée en 1779 par Bastiaan Strabbe.

141 **Gouvernement voir p. 148**

En Frise il y a une espèce de démocratie en ce que il y a des terres qui donnent droit de suffrage pour les élections. Les 30 'griteries' ont chacune alternativement le choix des membres des Etats et le 'griteran' est choisi quand il a su se rendre maître de la pluralité des voix, v. le mémoire de Mr. [*Hendrik Willem*] Hurter, manuscrit.

Les bourguemestres donnent tous les emplois à leurs domestiques il y en a qui ont 2000 livres de rente. Avant le stadhouderat ils donnoient même les emplois militaires, et celui qui avoit été derrière le fauteuil se trouvoit dedans le lendemain.

A Utrecht on peut faire arrêter un homme à ses dépens en répondant. M. [*Antoine Marie*] Cerisier l'a été par son libraire en 1781.

En Zélande il y a bien des familles opposées au stadhouderat.

Les provinces qui ne sont pas riches se plaignent des dépenses et commencent à refuser leur contingent.

Le Prince demande une augmentation de troupes, Amsterdam une augmentation de marine ; on a harangué dans les Etats pour suspendre ce projet.

Le Prince, le jour de sa majorité, avoit été accompagner jusqu'en bas les Etats généraux dont il est le sujet, à dîner il dit à l'un d'eux : restez derrière ma chaise il faut que je me dédomage.

Arlequin disoit je voudrois être ... Roi... non, stadhouder pour avoir le plaisir de donner des coups de pied à mes maîtres.

[*Pieter*] Burman à Amsterdam est un grand antistatoudérien déclaré.

Les Zélandois le sont aussi. Le Prince n'y a que sa voix aux Etats comme abbé de Middelbourg, seigneur de Flessingen, marquis de Veren [*Veere*], les six villes en ont chacune une.

Le C[*omte Dirk Hubert*] de Veerelst [*Verelst*] qui vient de mourir envoyé à Berlin étoit fils du Bouguemestre de Veeren qui occasionna la révolution de 1747.

*Mercure* 27 mai 1780 **142**

Le revenu ordinaire des Provinces-Unies approche de 2 millions sterling (46) dans la guerre de 1715, cinq millions st.

Dans des besoins urgens ils lèvent la 8ème partie des biens, ils mettent une capitation de plus de 100 vaisseaux de guerre en mer.

Du temps de Cromwell en 1652 et sous Charles II ils en eurent 150. Outre la force des hollandois au-dedans, leur Compagnie des Indes est en état d'équiper dans ses établissemens 60 vaisseaux de guerre et de faire sur terre une levée de 40 000.

Lorsque le commodore [*Charles*] Fielding a arrêté les vaisseaux convoyés par le Comte [*Lodewijk*] de Byland, on n'a pas assez considéré et ménagé la neutralité d'une puissance respectable [1].

## Notes pour Paris **143**

M. [*Pybo*] Steenstra m'a promis des lettres sur l'astrologie qu'il a étudiée avec soin.

Il a une traduction de mon exposition du calcul astronomique à laquelle je ferai des augmentations.

Il m'a promis des marées au Texel et en divers endroits de la Zuiderzee.

M. [*Christiaan*] Bruinings [*Brunings*] des marées de Catwick, je les ai reçues.

M. [*Gerard Hulst*] Van Keulen m'a promis toutes ses cartes, et je lui ai promis les fuseaux de nos globes, les éphémérides par M. [*Marc Michel*] Rey, et de lui chercher un astronome à 700 florins.

A M. [*Bernardus*] Douwes l'errata de Sherwin, pour l'édition qu'il fait dans mon errata de mes tables, j'ai oublié celui de la page 132.

Planisphère en feuille 30 sols, monté en carton 6 florins, 10 sols ; en cuivre, 17 florins ; avec l'engrenage, la lune, le soleil, 25 florins.

M. [*Charles Guillaume*] Le Clerc, quai des Augustins, correspondant de M. Rey.

M. de Marolles [?] de la police contrarie M. Rey, savoir pourquoy.

M. Rey peut-il venir à Paris ? M. le Chancelier s'y oppose-t-il ?

1. Incident maritime arrivé en décembre 1779 entre la flotte britannique et la flotte néerlandaise.

Il a la *Morale naturelle*, 2 vol. 8° pour le commencement de l'année [1].
*Maximes du droit public françois*, 2 vol. 4° [2].
Si on continue de le tourmenter il contrefera toute la France au lieu que la France gagne avec lui.
M. [*Abraham*] Perrenot m'a promis des errata pour l'*Encyclopédie* sur la Hollande.
Le dénombrement de Kuilenbourg [*Culemborg*], et celui d'Alcmaer [*Alkmaar*]. Marées de Zélande.
Tableau de l'Europe, 7 e volume de l'Abbé Raynal.
M. [*Pieter*] Boddaert offre à M. de Buffon le gymnotus electricus p. 100
M. [*Johan Friedrich*] Hennert complimens à M. [*Charles Joseph*] Messier, [*Pierre Charles*] Lemonnier, [*Jean le Rond d'*] d'Alembert, 2 Le Roy. L'horloger lui a donné des leçons.
L'abbé [*Gabriel*] Coyer, Observations de Saturne à 2 mois de distance.
A Voltaire et d'Alembert de la part de l'évêque Prince de Liège.
J'ai promis à M. Howard [?] de venir mettre en place son mural [quadrant].
M. [*Guillaume*] Aston a écrit à M. Morand sur la pompe à feu et n'a point reçu de réponse.
[*Dirk*] Klinkenberg m'a promis de travailler sur la comète de 1770 si on lui envoie les observations.
J'ai laissé 2 paquets à M. [*Charles Auguste*] Veissenbruck [*Weissenbruch*].

**144** **sur les eaux**

Vers [*Den*] Helder la mer a 100 pieds de profondeur près de la digue et mine le fondement, il faudra reculer les digues qui ont couté des sommes immenses
En général la mer gagne les Hollandais.
M. [*Johan*] Lulofs devoit écrire sur les eaux d'après une expérience de 20 ans, il a été prévenu par la mort en 1768, novembre. Ses papiers ont été enlevés par la Cour de Gueldres.
Les vers avoient endommagé les digues en Zélande, Nord Hollande, Friesland il y a 30 ans ; on en donna la description dans le temps.
[*Johannes Florentius*] Martinet et [*Cornelis*] Nouzeman [*Nozeman*], dans leurs pièces de l'académie de Harlem en ont parlé.

1. Paul Henri Dietrich Holbach, *La morale universelle ou les devoirs de l'homme fondés sur la nature,* Amsterdam, Rey, 1776.
2. Claude Mey, *Maximes du droit public françois,* Amsterdam, Rey, 1775.

Cela fait renoncer aux pilotis.

Les pilotis en Frise coûtent 3 florins chacun et ne dure que 25 à 30 ans il y en a un million. Cela ruine la province.

Le Stadhouder est l'arbitre entre les provinces mais il ménage tout le monde ; chaque ville a le droit de protester contre tout ce qui peut lui nuire, et empêche les projets les plus utiles.

Les eaux du Rhin menacent de ruiner les pays qu'il arrose, mais personne ne peut s'accorder.

Le Leck a haussé de 4 pieds depuis 25 ans, les digues ont déjà 24 pieds et ne peuvent supporter une plus grande élévation, le terrain est trop foible.

Les digues ont été faites trop près des rivières et les lits se comblent trop vite.

Le Stapel Reicht des habitans de Dort, droit de préférence sur toutes les marchandises qui y passent et de séjour des vaisseaux, fait beaucoup de tord au commun et empêche *(phrase non terminée)*

A Kuilenbourg [*Culemborg*] un morgen de terrein coûte 6 ½ florins par an pour les moulins et 1½ d'impôts = 8, quelquefois 10, et il rapporte communément 25.

'Klok slag' coup de cloche est la hauteur de la Meuse à laquelle chacun doit être à son poste au coup de cloche.

La 'Dif Dyk' qui joint le Leck au Lingen [la *Linge*] a été faite pour garantir les 50 seigneuries et la Alblasser Weerd (isle) qui dépend de Dort ; elle a été achetée à force d'argent d'un des comtes de Kuilembourg par la province d'Hollande. Sa grande hauteur cause les inondations du comté de Kuilenburg entre Kuilemburg et Everdingen.

145

A Peten [*Petten*] dans la Nord Hollande, il y a 3 digues dont une est enlevée chaque année ; depuis 25 ans la mer a gagné une lieue, ce sont des sables mouvans. A Ter Heiden embouchure de la Meuse, écluses de Nieuwe Sluys, à 2 lieues d'Utrecht entre Amsterdam et Utrecht digues de sable avec des retranchemens pour inonder le pays. M. [*Christiaan*] Brunings le 8 juin 1774.

A Half wegen la mer de Harlem a quelquefois 50 pouces Rhinlandig au-dessus de l'Y et l'écoulement de 2 ou trois jours baisse de 6 pouces.

La marée haute de l'Y est de 15 pouces en hyver et printemps au-dessus du lac de Harlem et 24 en été.

La plus grande hauteur de l'Y au-dessus du paje d'Amsterdam 68 pouces (en décembre 1717, 96 pouces)

Le paje est la haute marée ordinaire du dernier siècle, elle est un ou 2 pouces plus haute actuellement ?

Harlem mer 6 pouces au-dessus par le vent de Sud-Ouest et 32 au-dessous, tranquile en été.

L'année dernière 26 ou 27, l'évaporation moindre et la pluye plus grande.

Le lac de Harlem en hyver, 11 à 12 pouces au-dessous du paye d'Amsterdam.

13 pouces de marée moyenne dans l'Ye à Amsterdam, en supposant qu'il n'y ait pas de vent, flux 4 heures, reflux 8 heures, par le vent de Sud, il n'y a point de flot ou flux, par le grand vent de nord il n'y a point d'ebbe ou de reflux.

On a imprimé le journal des marées de la mer du nord vers Catwick.

Les 3 écluses de Halfwegen ont été faites entre 1724-27. Il y en a une dc 20 pieds, les autres 18. Portes doubles.

Les prairies sont de 10 pouces au-dessous de Harlem mer à Sparendam. Il y a 4 écluses dont une pour la décharge de l'eau, et 3 pour la navigation. La 1re à doubles portes, les 3 autres triples portes, 25.18.10 pieds de large.

A la fin du XIII e siècle il n'y avoit point d'écluse.

La première pour les gros vaisseaux, 7 florins. La 2 e 4 fois par jour. La 3 e pour les petites barques de Harlem.

L'Y étoit séparé du Zuyderzee à la fin du XIII e siècle et ne communiquoit qu'avec les lacs de Nord Hollande

146 Les plateformes des écluses sont à 9 pieds en dessous du ~~paye~~ peyle d'Amsterdam.

L'Ye a été observé 48 pouces au-dessous du peyle par un grand vent de Sud et 96 au-dessus.

Il y a 600 roads de digue (1160 toises) qui n'a que 52 pouces depuis 1650. (112 pouces la digue au-dessus du peyle ordinairement.)

C'est un 'slaaper' ou digue dormante près de Sparendam et comme l'Y va à 68 pouces (en 1717, 96 pouces) elle inonde les prairies, le Spar et le lac de Harlem.

Cela est arrivé il y a 15 jours (le 9 juin) 62 pouces ; cela peut durer de manière de hausser de 8 pouces le lac de Harlem.

C'est un préjugé de la ville d'Amsterdam à qui cela ne sert à rien, le peuple est enchanté quand le 'Slaaper' est inondé, il croit que c'est sa sûreté.

A Amsterdam l'Y est plus haut de 8 pouces que vers le 'Slaaper', ainsi cela ne soulage point Amsterdam.

Le fond de Harlem meer est de 14 pieds au-dessous du peyle en général, partout.

L'agrandissement annuel du lac étoit de 96 morgen par an, actuellement de 12 parce qu'on a mis de l'ordre dans les fouilles de tourbe, c'est la tourbe qui a fait le malheur du pays.

Pêche d'anguilles est 3600 florins, à 100 roads autour de l'écluse ; il y a une petite vanne pour établir un courant qui attire les anguilles et elle sert à faire passer quelques barques.

La profondeur de l'Ye vis-à-vis Half Wegen a 6 ou 7 pieds sous le peyle, mais il y a des endroits de 80 pieds au-dessous du peyle.

M. [*Christiaan*] Brunning n'est point d'avis de l'écluse de Catwick, cela est trop dangereux, ni du déssechement puisque le Rhinland a besoin d'un égoût et qu'on ne trouveroit pas de tems pour les chaussées.

Aujourd'hui, 8 juin à 7 heures, il est 6 pouces au-dessus du peyle. 3 h 15 minutes environ, établissement du port à Half Wegen. 3 heures 0 à Amsterdam.

Peyle veut dire mesure, c'est la mesure à laquelle on ouvroit les écluses d'Amsterdam pour laisser entrer l'eau dans les canaux, actuellement plus haut.

**147**

Il y a des poutres pour fermer les portes quand la mer de Harlem est trop basse, 22 pouces au-dessous du peyle afin de ne pas diminuer la navigation de Spar à Harlem.

L'écoulement par Sparendam cesse à cause de la résistance longtemps avant celle de Half Wegen, le passage est plus libre.

Le Spar paroit avoir été une partie du Rhin.

J'ai été voir les digues du lac de 540 roads, en pilotis et grosses pierres 90 000 mille florins ; on a dépenssé, depuis 1767, 1200 florins pour les digues du lac, ce sont les Etats de Hollande, sous la direction de Rhinland.

Le canal qui va vers Amsterdam est communément plus ~~haut~~ bas que l'autre parce qu'on ~~ne le baisse pas~~ le décharge dans les fossés d'Amsterdam où il y a une écluse ; ~~et qu'~~ il y a 3 moulins qui y versent les eaux de la prairie. La différence peut aller à 18 pouces ; mais la partie du Rhinland peut aussi être plus élevée.

Les ¾ de l'année on a le vent du Sud qui décharge Amsterdam.

Le canal de Harlem communique en plusieurs endroits à la mer de Harlem il est toujours de niveau avec cette mer.

La hauteur moyenne des prairies du Rhinland est de 2 pieds au-dessous du peyle.

On avoit fait un projet pour ouvrir l'Ye dans la mer du Nord mais cela ne diminuerait pas la hauteur de l'Ye ; seulement il en résulteroit un canal de navigation pour Amsterdam mais cela renverseroit l'accord des villes, on ne passeroit plus à Roterdam le sable y est trop mouvant.

20 pouces de plus par un grand vent de Sud ~~entre~~ à Zvanenburg que derriere Leyde, nivellé par [*Johan*] Lulofs à ¼ de pouce près.

M. [*Christiaan*] Brunnings est chargé de corriger l'échelle gravée qu'il me donnera, et il m'enverra la nouvelle.

Mayer [*Cornelis Meijer*] ingénieur hollandois qui passa en Italie et y publioit un ouvrage où il parle d'écluses vers 1580. M. Brunings m'enverra le titre. Le P. [*Paolo*] Frisi p. 205 parle de 2 ingénieurs de Viterbe, 1481.

Les canaux ont 60 pieds sur 5 ou 6 pieds de profondeur. On les récure pour mettre la boue sur les prairies, sur les ~~allées~~ jardins.

**148**

## Gouvernement voir p. 141

Une des sept provinces peut refuser d'accéder à ce que les autres ont décidé, et de prendre part à une guerre étrangère à moins que les autres ne soient en danger. La pluralité des voix ne lie point.

Dans le cas de guerre il faut dans chaque province l'unanimité des voix de chaque ville qui y a entrée.

Le traité avec l'Angleterre obligeait la Hollande à prendre part à la guerre dès que le prétendant paroîtroit, et dans la guerre de 1756 on auroit paru si le prétendant eût menacé l'Angleterre.

Une province séparée ne peut faire de changement dans les monoyes, cependant la Zélande l'a fait. Une province ne peut faire d'alliance ni en rompre seule, cependant la Hollande fit la paix avec [*Oliver*] Cromwell malgré les autres.

Aucune loi ne se publie au nom des Etats généraux que relativement à la religion, à la milice, les doüannes, les monoies, les successions ~~les affaires~~ des colonies, les successions ab intestat ; mais il faut le [??]. En 1651 on s'assembla inutilement pour reformer l'union.

En 1748 on a suprimé les fermes et établi les collectes ou régies, l'Etat y a gagné.

Le gouvernement des villes étoit devenu tyrannique, le stadhouderat est le rempart de la liberté des peuples.

On paye 7 ½ pour cent de mari à femme pour droit de mutation, 5 de frère à sœur et de fils au père. 10 au-delà du 4 ᵉ degré en Hollande. Dans les autres, 5 pour cent.

Dans les ventes le 40 ᵉ du prix.

En cas de nécessité les bourgeois gardent la ville mais on ne les force point à s'enrôler.

L'abbé Raynal a bien raison dans ses 2 1ᵉʳ volumes sur la Compagnie des Indes.

Les anglois sont les véritables ennemis de la Hollande, mais l'alliance de la maison d'Orange engage ses propres intérêts. Ils font la guerre aux Hollandais sur la côte de Coromandel sous le nom d'un nabab.

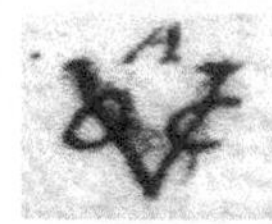

Dessin du sigle Vereeningde (unie) ost Company Amsterdam.

Le Roi Guillaume disoit qu'il seroit avec la République comme mari et femme, on lui dit Votre Majesté devra donc être la femme.

A Zool, Deventer et Campen, 3 villes d'Overyssel, les 6 bourguemestres sont souverains absolus dans leur ville, ils élisent deux personnes le Prince en nomme une. **149**

A Horn [*Hoorn*] dans la Nort-Holland les bourgeois s'assemblent une fois l'année pour élire les bourguemestres au scrutin, par maîtrises mais on leur insinue quels sont ceux que le Prince désire, mais ils prêtent serment d'élire le meilleur. A Zutphen et en Gueldres cela se faisoit avant le Stahouderat, mais il falloit acheter les suffrages. Le Prince ne rend de visite aux ambassadeurs que depuis la paix de 1748. Il n'y a que la Cour de Hollande dont il est président et où il siège une fois, qui intitule les jugemens de son nom. La province de Hollande a la majeure influence, comme l'intérêt principal dans toutes les délibérations des Etats généraux. Le Pensionnaire de Hollande comme ministre, ne va qu'après les 6 députés de la province.

Le Prince ne peut faire grâce qu'en consultant la Cour de Hollande.

Les Etats après le 3 ᵉ jugement accordent quelquesfois une révision de procès quand il y a eu 1/3 des voix contre le jugement.

M. [*Pieter Antoni de Huybert, seigneur*] de Cruiningen a fait imprimer en 1747 un petit parallèle du Stadhouderat avec le roi d'Angleterre [1].

La *biblioteca dunconiana* est un recueil immense de pièces et de brochures.

Dans les audiences publiques on place les ambassadeurs vis-à-vis le président, couverts l'un et l'autre.

1. [Pieter Antoni de Huybert, seigneur de Kruiningen], *La Puissance d'un roi d'Angleterre mise en parallèle avec l'autorité et pouvoir d'un Stadhouder et gouverneur héréditaire des Provinces-Unies,* La Haie, 1747.

Dans les assemblées des Etats, il n'y a guères que les 7 qui portent les voix, qui s'assoyent, les autres se promènent, jasent, font du bruit.

Il n'y a point de vacances, il en reste toujours une 20 e à La Haye.

Il y a une 15 e de comissions pour les différens objets, auxquelles on renvoie chaque chose pour faire leur rapport.

Le président de séance signe seul avec le secrétaire la rédaction de l'assemblée précédente.

150

## Gouvernement

Chaque province, chaque ville a ses statuts ou coutume pour les successions ab intestat &c ... le droit romain n'est employé que dans le silence des coutumes...

Les baillis nommés par la province, ont des apointemens des villes, 10 mille florins, les droits et les amandes. Ils jugent en 1ère instance au civil et au criminel avec les échevins (scheepen) on appelle à la Cour de Hollande à La Haye, puis au Haut conseil, Hoogen Rad. [*Hoge Raad*]

Pour obtenir une révision des états de la province on paye 1500 florins ou plus.

On suit encore le code donné par le duc d'Albe, il demeuroit à Bruxelles.

On travaille à un nouveau code de procédure.

Dans l'*Encyclopédie d'Yverdon* M. [*Pierre*] Gosse m'a dit que les mots Etats généraux, stadouderat, union et réformation seront de bonne main.

Quand on envoie à Mastricht ou dans les païs de la généralité des députés des Etats généraux, ils reçoivent les honneurs du canon, on prend l'ordre chez eux, on les traite en souverains.

Le ' Comiteerde Rade' est comme souverain à La Haie, il peut mettre un citoyen en prison. Gosse en a été menacé pour nommer son correspondant à Paris, mais le Prince qui lui a fait donner la Gazette, le soutient.

Un Pensionaire de Hollande disoit que la république devoit plus qu'elle ne valloit mais on éteint peu à peu la dette nationale.

Nos effets augmentent beaucoup par la réputation d'oeconomie que le roi se fait.

11 millions de florins, dépense du militaire et des gouvernemens en 1773, suivant un état que m'a fait voir M. L'Ambassadeur d'Espagne [*Alvaro de Navia Osorio y Villet*].

Le greffier, comme dépositaire des papiers des Etats fait les [?], dit son avis ce qui donne un grand poids.

Le Pensionaire est chargé de veiller à l'exécution des réglemens.

Le Prince est timide, le dernier qui lui parle a raison, le duc le gouverne mais Bleiswik a plus d'esprit et voudroit gouverner.

A Amsterdam on le regarde comme le 1er ministre.

151

## Gouvernement

Quand un célibataire meurt, on paye pour son mariage à l'état de 3 à 30 florins.

Le pain paye ½ sol par livre d'accise et coûte 7 sols les 3 livres.

Le Prince peut chaque année destituer les régens dans plusieurs villes. Les petites provinces sont jalouses de la Hollande et la contrarient souvent.Les Frisons sont très différens des Hollandois et sont très attachés à leurs usages.

A Molquern [*Molkwerum*] près Staveren [*Stavoren*] village de la Frises 8 [?] culottes, chapeaux de bois, maisons séparées par des fossés, sans rues, l'habillement et le langage sont tout étrangers. Les habitans sont bateliers.

Les anciennes familles de la noblesse sont Vasnaer [*Wassenaer*] Bentik [*Bentinck*] (angloise) Boetzelar, Hompesch &c...

Dans la ville de Horn [*Hoorn*] le peuple a des électeurs qui élisent les conseillers.

Dans Overyssel le peuple choisit ses tribuns qui élisent les magistrats.

Le Prince est presque souverain en Utrecht, Gueldres, et Overyssel qui furent conquises et qui pour rentrer dans l'Union furent obligées de renoncer à leurs privilèges.

Dumte [=Drenthe ?], les choses se sont conservées comme sous les comtes de Hollande.

Harlem, [*Theodorus*] Schreverius [*Schrevelius*] [1], littérature grecque, histoire ; Surinus ou Van Sure [?], beaux vers. Maarten Van Heemskerk[2], peintre célèbre du XVI e siècle, Cornelius Van Harlem, peintre du XVI e siècle, Frans Hals peintre XVII e siècle. [*Laurens Janszoon*] Coster commença l'imprimerie vers 1428 le plus ancien livre imprimé est en vieux hollandois, histoire sainte en figures avec des caractères détachés, 2 exemplaires, 1 à l'hôtel de ville 1 à la bibliothèque publique c'est le *Speculum humanae Salvationis*, le *Rationale*

1. Theodorus Schrevelius (1572-1649), directeur de l'école latine de Haarlem.

2. Maarten van Heemskerck (1498-1574), portraitiste et peintre d'histoire, néerlandais, école d'Anvers.

*durandii* est de Mayence. Adrien Junius de Horn [1] le plus savant hollandois, recteur des écoles latines de Harlem a conservé la mémoire de l'invention, mort en 1575. M. [*Gerrit Willem Van Oosten*] de Bruyn a imprimé sa vie. M. [*Johannes*] Enschedé a les statues de Coster et de Junius.

**152** L'on a de la peine à obtenir justice aux Etats contre les régences des villes qui chacune tendent à l'indépendance dans leur ressort.

A Harlem et dans la Nort Hollande le père et la mère succèdent à leurs enfans comme aussi en Zust Hollande ; mais l'un des deux étant mort celui qui a survécu succède avec les frères et les sœurs en Nord-Hollande, mais les frères et les soeurs seulement en Hollande australe.

Le premier droit s'appelle aasdoms-recht, le second schependoms-recht.

Pour le droit coutumier et la jurisprudence ordinaire de l'Hollande, combiné avec le droit romain, les meilleurs auteurs sont l'illustre Grotius dans son introduction dans le droit Hollandois in 4° [2] &c. Monseigneur Simon van Leiweny [*Van Leeuwen*] dans son Droit Romain Etc, Hollandois, in 4° tous deux en hollandois. V. les livres p. 71

En 1748 on a payé 1/50 de tous ses biens, fonds, magasins, meubles &c. avec serment de dire la vérité.

On tire des blés de la Hollande même, de l'Allemagne, de la Russie et actuellement du Cap de Bonne Espérance qui est fort bon.

L'autorité paternelle est assez bornée en Hollande, un enfant peut se marier à 25 ans en sommant son père de déclarer les raisons de son refus mais si elles sont jugées bonnes il n'y a point d'appel.

Un testament mutuel peut être changé par l'une des 2 parties en Holl[*ande*] et Utrecht.

En Gueldres on ne peut disposer que d'un ? de ses biens. Un carrosse à 2 chevaux paye 55 florins.

M. [*Antoine Maillet-*] Du Clairon dit qu'on fait autant à Paris avec les livres qu'ici avec les florins.

1. Hadrianus Junius (1511-1576), médecin et érudit.

2. Hugo de Groot, *Inleiding tot de Hollandsche Rechtsgeleerheid,* s'Gravenhaghe, 1631. Première description en langue vernaculaire du droit civil de la Hollande.

*Journal des savans,* 325 volumes in-12 à 1 florin chaque. **153**

Eypey [*Nicolaas Ypey*], géomètre de Franeker, habile.

M. [*Petrus*] Camper, célèbre anatomiste est fort inconstant il a été professeur à Franeker, à Amsterdam, à Groningue, il est revenu à Franeker, il avoit envie d'être 'grituran'.

[*Wilhelmus*] Ouwens, médecin honoraire et bourguemestre à Franeker.

Liège, fameux imprimeur [*Jean François*] Bassompierre.

*Rivierkundige verhandeling* (commissariat des rivières dissertation), Cornelis Velsen, 1768, 8°.

[*Martin Wilhelm*] Swenck[*e*], professeur à La Haye, botaniste.

*Journal littéraire*, dédié au roi par une société d'académiciens, vol. 8, novembre et décembre 1773

*Die Gottliche Ordnung in den Veränderungen des Menschlichen Geschlechts*, Peter Sussmilch, Berlin, 1761. Sur la mortalité, mérite d'être traduit, 2 vol. 8°.

36 [e] volume de l'*Histoire universelle*, à Amsterdam, chez Merkens.

==========================================================

**Lecture tête-bêche** **153**

| | |
|---|---|
| Gemak | commodités |
| Melk | lait |
| Eieren | œufs |
| Inkt Kooker | écritoire |
| Glas water, | verre d'eau |
| Zuiker, | sucre |
| Ik bedank u' zeer | Je vous remercie fortement. |

ANNEXE II

# NOTES DU CARNET EN LECTURE TÊTE BÊCHE

**199** **Garde contre collée avec cachets**

**198** **Livres sur la Hollande**

Janiçon. *Etat des Provinces-Unies* [1].
*Voyage en Hollande,* de M. de La Popelinière [2].
*Journal du voyage de M. le M. de Courtanvaux* 1768, in 4° [3].
*Lettres* de M. de la Barre de Beaumarchais [4].
v. p. 155 d'autres livres. p. 186.
*Délices de la Hollande* [5].

1. François Michel Janiçon, *Etat présent de la République des Provinces-Unies et des païs qui en dépendent,* La Haye, 1729-1730. Il existe plusieurs éditions postérieures.

2. Lancelot Voisin de La Popelinière, *La vraye et entière histoire des troubles et choses mémorables avenues tant en France qu'en Flandres et en pays circumvoisins depuis l'an 1562,* Bâle, 1572.

3. François César Le Tellier de Courtanvaux, *Journal de voyage de M. le marquis de Courtanvaux [...]. Mis en ordre par M. Pingré,* Paris, Imprimerie Royale, 1768.

4. Antoine de Labarre de Beaumarchais, *Le Hollandois ou lettres sur la Hollande ancienne et moderne,* Francfort, 1737. Il existe des éditions postérieures.

5. Jean Nicolas de Parival, *les Délices de la Hollande avec un traité du gouvernement et un abrégé de ce qui s'est passé de plus mémorable jusques à l'an de grâce 1660,* Leiden, 1660. Nombreuses éditions postérieures avec additions et variations de titre : *Les Délices de la Hollande contenant une description exacte du païs, des mœurs et des coutumes de habitans avec un abrégé historique depuis l'établissement de la République jusques à l'an 1710, ouvrage nouveau sur le plan de l'ancien,* La Haye, 1710.

*Délices des Pays Bas* [1].
*Guide de Flandres et de Hollande avec la carte,* chez Duchesne, 48 sols [2].

**[blanche]**

**[carte] (*voir photo*)**

La distance de Paris à Amsterdam en ligne droite est de 3° 58' ou à peu près 100 lieues.
De Paris à Bruxelles et à Gand 59 lieues.
De Bruxelles à Anvers il n'y a que 8 lieues, mais en passant par Louvain et Malines il y a un peu plus.
D'Anvers à Bergen op Zoom il y a 7 lieues ½, on y va par l'Escaut oriental au Nord.
De Bergen op Zoom à Roterdam 10 ½
Le passage du Texel qui est à 4 ½ lieues au nord d'Amsterdam. Il y a une fameuse digue d'une lieue de long faite avec du sable, couverte de paille, où les vaisseaux du Nord sont obligés d'apporter des pierres.
D'Anvers on peut aussi aller à Ostende qui est vers le Nord ouest, à 25 lieues de Bruxelles, et à 10 lieues de Dunkerque au N. E.
Les 17 provinces des Pays Bas
Duchés de Brabant. Espagnol, hollandais
Limbourg
Luxembourg
Gueldres, Betuwe, Veluwe, Zutphen
Comtés de Flandres, espagnole, hollandoise, françoise.
Artois
Hainault espagnol et françois
Namur,
Hollande
Zélande
Zutphen
Marquisat d'Anvers
Seigneuries Malines

1. *Les Délices des Pays-Bas, ou description géographique et historique des XVII provinces belgiques,* Liège, 1759.
2. *Le Guide de Flandre et de Hollande,* Paris, Duchesne, 1779.

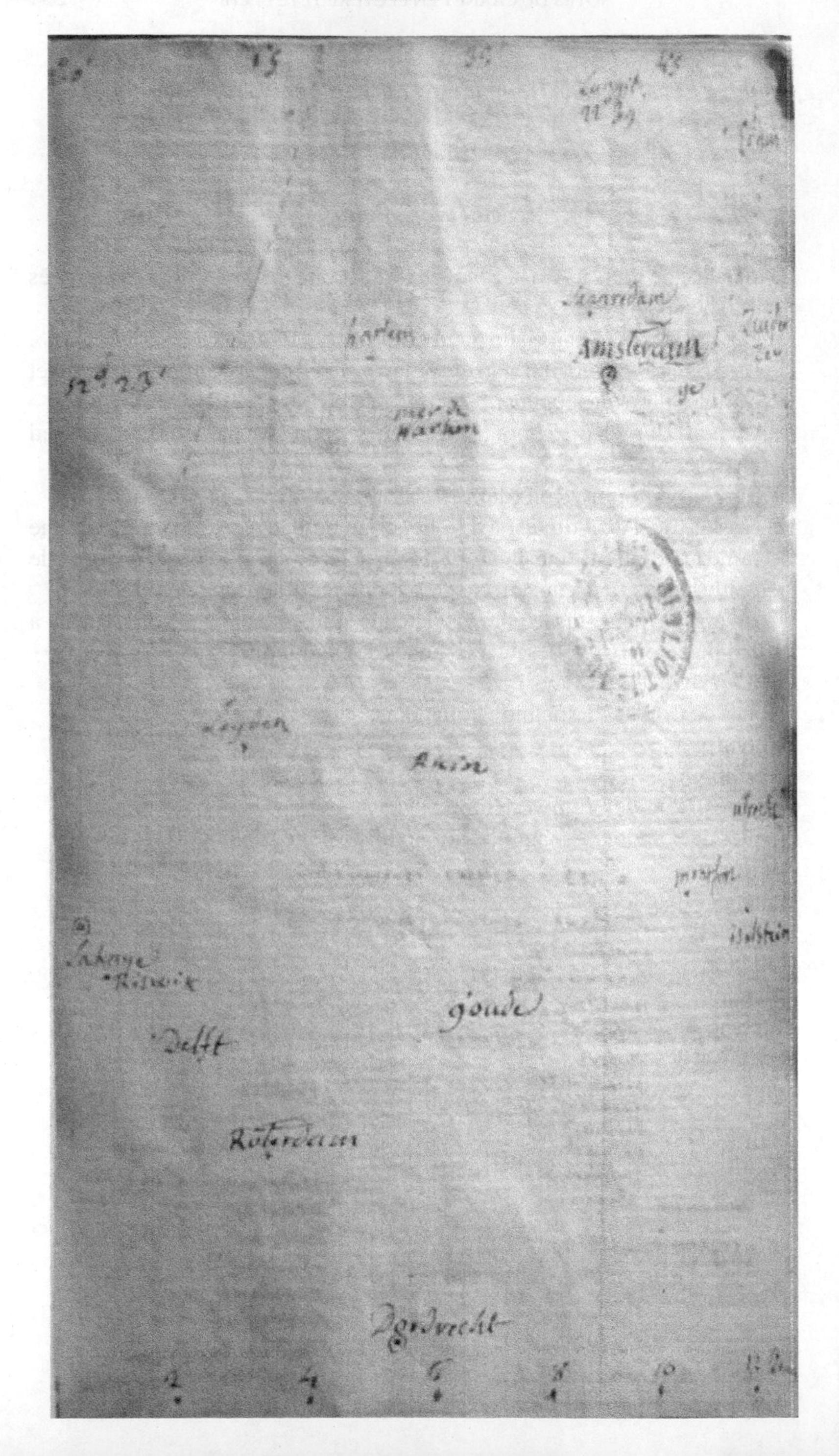
Amsterdam
goude
Delft

Utrecht
Overissel où est Groningen
Westfrise
L'archevêché de Cambrai et l'évêché de Liège sont enclavés dans les Pays-Bas

[*A droite sur le feuillet* :] 7 Provinces-Unies

| | | |
|---|---|---|
| Gelderland | 5 livres ? | 12 sols ½ par cent |
| Holland | 58 | 6 |
| Zeeland | 9 | 3 1/2 |
| Utrecht | 5 | 16 ½ |
| Friesland | 11 | 13 |
| Overyssel | 3 | 11 |

Stad en Lande ou Groningen, et Ommeland 5. 16 ½
Drenth paie 1 pour cent de plus.

Le pied de Leyden a 11 pieds 7 lieues 183 sur la toise de Mairan, M. Hennert, témoin **194**
50 roeds de 12 pieds = 580 pieds = 96 2/3 toises
Morgen de 600 roeds carrés = 2240 toises = 2 ½ arpens de Paris
Pied de Bruxelles 8 onces 21 grains, l'once se divise en 20 estelins, l'estelin en 32 as c'est le poids de Troyes qui est aussi employé à Amsterdam

| | | livres | sols | | |
|---|---|---|---|---|---|
| Reyder | 14 florins | 29 | 18 | 6 | v. page 27 |
| Ducat | 5 florins stuivers | 11 | 4 | 5 | |
| Gulde ? | | | | | |
| Ducaton | 15 15 on n'en voit plus | 33 | 3 | 3 | |
| Gros écu | 3 florins rares | 6 | 8 | 3 | |
| Richstale | 2 li 10 s usités | 5 | 6 | 10 | |
| Daller ou écu 1 | 10 communs | 3 | 4 | 1 | |
| Skalin ou scelin | 6 | | 12 | 10 | |

Tonne d'or est de cent mille florins
Le last d'Amsterdam est de 27 mudden ou 36 sacs
Dont 17 font le muid ou les 12 setiers de Paris v. p. 188
*Traité général du commerce* Ricard, Struyck, 1732, 4°
Juin 1772 change à 56, ou 56 deniers de gros par écu de France. La livre de gros = 12 livres 17 sols qui contient 20 sols de gros et le sol = 12 deniers

Revenu des Etats généraux 60 millions de livres ou 100 on ne peut le savoir
Intérêts à deux pour cent, depuis qu'on a offert de rembourser
Un last fait deux tonneaux de France ou 4000 pesant
*Woordenboek door* François Halma, Utrecht, 1719. 4°

---

Le change est à 54 1/16, ainsi on donne 54 deniers 27 sols de gros argent de banque pour un écu.
4¾ l'agio de la banque
Ainsi on donne 104¾ sols argent de caisse pour 100 sols argent de banque – il a été – 0 ¼ en 1763 dans le temps des faillites

**193** Ce fut sous Philippe II Roi d'Espagne, en 1579 29 janvier, que les Provinces-Unies secouèrent le joug. Les Etats de Hollande, Zeelande, Utrecht, Gueldre, Overyssel, Friesland et Groningue conclurent entre eux le 4 février la fameuse union d'Utrecht, sous la médiation des comissaires impériaux. Guillaume I stadhouder ou gouverneur.
On peut dater de la paix de Gand en 1576 ou toutes les provinces s'allièrent pour leur commune deffense et que l'Espagne fut forcée d'approuver. La Hollande avoit été érigée en comté par Charles le Chauve en 863 en faveur de Thierri duc d'Alsace qui en fut le premier comte et il y en eut 35 jusqu'à Philippe II roi d'Espagne, Philippe le Bon, duc de Bourgogne l'étoit en 1436.
.....

Guillaume 1er après la mort du comte d'Egmont et du Comte de Horn près Alcmaer est à la tête des affaires il s' ? prend le port de la Brisse le 1er avril 1572. Assassiné par Maurice en 1583. Il soutient les gomaristes parce que Barneveld étoit arminien, exécuté le 13 mai 1619.
Prend Nimègue en 1591.
Fréderic Henri 1625, son frère. On étendit le commerce, la pêche du hareng occupoit 150 mille hommes et 3000 batimens.
Sa devise patri ? patrique, pour vanger son père.
Guillaume II, 1647 forme le projet de souveraineté, ~~soutient les gomaristes parce que Bata~~ attaque Amsterdam et échoue, fait reconoître l'indépendance à Munster par l'Espagne même, en 1648. Interruption de 22 ans.
Guillaume IV, Charles Frison mort en 1751 étoit stathouder particulier, en 1722, il fit des tentatives mais en 1747 la guerre le fit élire généralement et rendre la charge héréditaire. On ignore les ressorts secrets qui ont préparé et fini cet événement. On prétent que les

hollandois s'étoient laissé battre pour amener les françois et occassioner la révolution. On avoit mis à Berg op zouven [*Bergen op Zoom*] un général vieux et aveugle, le comte [*Isaac Kock*] de Cronstrom.

Guillaume V, né en 1748, stadhouder en 1751, princesse de Prusse née en 1751. Le prince de Brunswick qui a été gouverneur du Prince décide de tout ; sa cour est la plus brillante, le comte de Bintinck [*Willem Bentinck*] a rendu les plus grands services au Prince. Pendant sa minorité sa mère, tante du roi d'Angleterre, étoit gouvernante frauw gouvernante, elle avoit de la tête et de l'influence.

On a fait imprimer en 1772 le jubilé de Guillaume I. Le 24 août 1772 est né le fils aîné du Stadhouder, anniversaire de la mort de [Johan] de Witt.

Amsterdam a 240 mille 200 habitans 28 mille naissances, Hollande et Westfrise 980 000 **192**

| | |
|---|---|
| Rotterdam | 56 |
| Leiden | 63 60 |
| La Haye | 41½....38 |
| Harlem | 50½ 20 |
| Gouda | 20 |
| Delft | 25 ou 15 elle est déchue |
| Groningue | 6½ |
| Dordrecht | 24 |
| Utrecht | 28 |

.

Total des Provinces-Unies 16 cent mille d'autres disent 3 millions
2

Proeven van ??

v. M. Kirseboom, *Essai de calcul politique,* A La Haie, chez Van der Bergh, 1748 [1]. Il étoit à la chambre des comptes et il avoit le moyen d'être bien instruit.

---

1572 et 1573 siège et prise de Harlem. Le duc d'Albe y fit pendre et noyer plus de 2000 personnes. Le duc d'Albe et son fils appellés....

1. Willem Kersseboom, *Proeven van politique rekenkunde, vervat in drie verhandelingen,* 's Gravenhage, 1748.

1574, siège de Middelburg qui dure deux ans. 1575 les espagnols assiègent Leyde inutilement. On y garde les pigeons messagers. 1577 édit perpétuel. 1576 paix de Gand.

Entreprise d'Anvers, par le duc d'Anjou 1583. Phillippe Guillaume mourut en 1618, son frère Maurice lui succéda. La flotte invincible de l'Espagne détruite en 1588.

Célèbre deffense d'Ostende contre les espagnols qui dura 3 ans.

Bataille de Nieuport en 1600 que Maurice gagne contre l'archiduc Albert.

1609 trêve de 12 ans jusqu'à 1621 avec les espagnols.

1622 il fait lever le siège de Berg op Zoom au marquis Spinola [1].

1637 le cardinal de Richelieu lui donne le titre d'Altesse.

Il reprend Breda que le marquis Spinola avoit prise en 1625.

Tribus regibus frustra rectitantibus

1645 mort de Grotius Bollandus 1665, Daniel Heinsius 1655.

1654 traité entre Cromwell et la Hollande.

1725 Abadie, Spinosa 1677.

1705 Bayle

M. de Burigny dans sa vie de Grotius a fait beaucoup de fautes à cause de la langue.

1657 déclaration de guerre aux portugais qui venoient d'achever de les chasser du Brésil, après la révolution de Portugal en 1640. Les hollandois y renoncent en 1661.

1664 guerre entre l'Angleterre et la Hollande pour la côte de Guinée.

Le Roi donne du secours à la Hollande en conséquence du traité de 1662. Ruyter étoit appuyé par de Witt, et Tromp par le prince d'Orange. Leur mésintelligence fit tord aux Hollandois.

1668 28 janvier triple alliance entre l'Angleterre, la Suède et la Hollande par la jalousie qu'on avoit de Louis 14. Le chevalier Temple persuada de Witt de se détacher de la France

**191** Anvers, patrie de Wan Dick [*Antoon van Dyck*] et de Rubens.

Bruxelles beau tableau de Rubens, J.C. prêchant ses apôtres à la paroisse de la chapelle, vendu à Amsterdam.

---

Le Roi alors fit sa paix avec l'Espagne et garda ses conquêtes de Flandre.

1670 la duchesse d'Orléans sœur du roi d'Angleterre y va et détache le roi d'Angleterre de cette alliance. Turenne avait eu la faiblesse de confier ce secret.

1. Ambrogio Spinola Doria, 1569-1630, gênois au service de l'Espagne.

1671 le Roi détache aussi le Roi de Suède Charles XI dans l'intention de punir les hollandois, on ne put déterminer la Régente d'Espagne.

A Delft M. [*Johannes*] Van der Wall, lecteur en mathématique que M. [*Jean Nicolas Sebastien*] Allaman[*d*] a prévenu. Savoir où est [*Denis*] Diderot.

A Amsterdam, loger à *La première bible* et à *l'Etoile d'Orient.*

La collection la plus intéressante de tableaux flamans est à Dusseldorf, sur le Rhin à l'Electeur palatin ; le jugement dernier de [*Pierre Paul*] Rubens, les Van der Warf [*Adriaen Van der Werff*] les meilleurs. M. [*Friedrich Heinrich*] Jacobi, conseiller des finances. Le baron de Hompech grand veneur, que M. de Liserin [*Frans Michael Leuschsering*] préviendra.

M. [*Jan*] Hope, fils d'un négociant d'Amsterdam, qui a été en Italie.

M. [*Johann Friedrich*] Hennert à Utrecht. **190**

M. le marquis [*Maximilien Henri*] de S[*aint*] Simon, et M. le Professeur [*Rijklof Michael*] Van Goens d'histoire ami de M. de Liserin [*Frans Michael Leuschsering*].

M. [*Guillaume*] Mercer à l'Académie angloise à Liège.

M. [*Frans*] Hemsterhuis, comis du conseil d'Etat à La Haie, a fait des recherches en astronomie, prévenu par M. [*Jean Nicolas Sebastien*] Allaman, qui viendra à La Haye.

Loger au *Parlement d'Angleterre* un florin pour la chambre et 1 par repas.

M. le professeur Allamand à La Haie, phisicien, qui me viendra au-devant.

Il l'a promis à M. de Liserin, gouverneur des petits princes de Darmstadt.

M. [*Pybo*] Steenstra, à Amsterdam, examinateur de la marine.

M. [*Jacobus*] Van der Wall, à Amsterdam, négociant qui a fait un télescope de 8 pieds, ami du P. [*Roger Joseph*] Boscovich.

Van Dyl [*Jan van Deijl*] à Amsterdam, opticien.

M. [*Lambertus*] Bikker, médecin, secrétaire de la société botanique à Roterdam.

M. [*Johannes*] Van de Wall à Delft, professeur de mathématique des orphelins.

Van der Belt [*Jan Pieters van der Bildt*], opticien admirable à Franeker en Frise.

Anvers, M. [*Joseph*] Ghesquiere, chef des bollandistes, M. [*Jean*] Clé, [*Philippe*] Cornet, [*Donatien*] Dujardin, Lessens, auteurs des *Analecta belgica.*

Amsterdam, Marc Michel Rey, libraire.

Jean Jacques Lefebvre, négotiant, cousin de M. Beauregard [?] de Bourg et de M. Meunier [?], chef des affaires contentieuses à la Compagnie des Indes.

[*Johan*] Burman de *Flora Zeiland. Herbarium Amboinense*, *Plantae capens*. Son fils.

[*Jan*] Morterre qui imprime la traduction de mon astronomie. Le 3 avril, le 7 e livre est imprimé.

M. [*Jacques Georges*] Chauffepied, ministre. M. [*Rudolph Louis*] Creps, [*Cresp*], horloger vis-à-vis la bourse.

Leyde ou à La Haye, Pierre Gosse junior, libraire de l'Encyclopédie d'Yverdon.

[*David*] Ru[*n*]ckenius, [*Hieronymus David*] Gaubius, [*Lodewijk Caspar*] Valkenar [*Valckenaer*], littérateurs, [*Friedrich Wilhelm*] Pestel pour le droit public.

La Haye M. Enzi [*Rudolph Henzy*], précepteur des pages, ami de Md [*Reine*] Le Paute.

M. [*Pieter*] Gabry, correspondant de l'académie, docteur en droit.

M. [*Jean Jacques*] Blassière, docteur en philosophie à La Haye traduit mon astronomie.

M. [*Jean*] Deutz op de Keisers graft (canal) by de Spiegel (miroir) straat, Amsterdam.

M. [*Arnout*] Vassnaër [*Vosmaer*], directeur du cabinet du Stathouder avec qui M. [*Pierre Isaac*] Poissonier est en relation.

M. [Jean] Richard sur l'ind in Bombes [*Boompjes*] à Roterdam, françois, millionaire pour qui M. [*Balthazard Alexandre*] de Jarente [*marquis d'Orgeval*] m'avoit promis une lettre.

Leyde, [*David*] Van Royen, neveu.

Le fils de [*Jan Frederick*] Gronovius qui a donné *Flora virginica* n'est pas à la ville.

Bruxelles, M. [*Jean Baptiste*] Chevalier.

M. [*John Tuberville*] Needham, M. [*Jean Joseph*] Vogels, médecin à Louvain vient le jeudi à Bruxelles, desjambes [?]

M. [*Janesz Vajkard*] Hallerstein, frère de l'astronome de la Chine, confesseur.

A La Haye, Schwenck [*Martin Wilhelm Schwencke*] a un beau jardin, il a une plante de son nom.

189

De Paris à Bruxelles, 34 postes, diligence tous les 2 jours, 70 lieues, nourri, en 3 jours.

| | | | | |
|---|---|---|---|---|
| Le Bourget poste royale | | | | |
| Louvres | | 1½ | | 5 lieues |
| La Chapelle | | 1½ | | |
| Senlis | | 1 | | |
| Pont Ste Maixence | | 1½ | | |
| Bois S ?Liheu | | 1½ | | |
| Gournay | | 1 | | 9 de Paris |
| Cuvilly | | 1 | | |
| Conchy les pots | | 1 | | 3 |
| Roye | | 1½ | | 2° à 3 lieues de Noyon |
| Fonches | | 1 | | |
| Marche le pot | | 1 | | à 2 lieues de Ham |
| Péronne | 1½ | 16 | | 7 |
| Fins | | 1½ | | |
| Bonavis | 1½ | 5 | | |
| Cambray | | 1 | | 2 Berline pour Valenciennes |
| Bouchain | | 1½ | | 3 3 lieues de Marchienes et de Douay |
| Valenciennes | | 2 | | 4 |
| Quiévraing | | 1½ | | près Condé visite rigoureuse |
| Carignon | | 1½ | | |
| Mons | | 1 | | 27½ 7 lieues. 50 lieues de Paris |
| Casteau | | 1 | | |
| Braine le Comte | | 1½ | 30 | 5 près d'Enghien |
| Tubise | | 1½ | | |
| Bruxelles | | 2½ | | 34 6 Que l'on compte 60 |
| Malines | | 5 | | |
| Anvers | | 6 à Moërdick 10. Dort 5 Roterdam 4 | | |
| Berg op Zoom | | 7 | | |
| Dordrecht | | 12 | | 91 lieues de Paris |
| Roterdam | | 3 | | |
| Delft | | 5 | | 99 |
| La Haye | | 2 | | |
| Leyden | | 5 | | |
| Amsterdam | | 9 | | |
| Harlem | | 4, Utrecht 9 d'Amsterdam | | |

**188** De Paris à S. Quentin, carrosse part le lundi et le jeudi, rue S. Denis vis à vis les Filles Dieu ; diligence de Bruxelles le 2.4. 6. 0 h mat., on va le lendemain coucher à Valenciennes.

Revenir par Arnhem, Nimègue, Mastricht, Liège, Sedan Rheims.

| | | |
|---|---|---|
| D'Utrecht à | Nimègue, | 11. Paix de 1678. |
| | Mastricht | 27 |
| | Liège | 5 |
| | Sedan | 23, à 9 h de Montmidi. |
| | Rheims | 21 |
| | Paris | 28 |
| | [total] 115. | |
| De Paris à Utrecht | 128 | |
| total | | 243 lieues |

On passe à Carignan Sedan Charlevilles Mézieres Rethel Lannoy Rheims Jonchery Braine Soissons Villers Cotterets, Nanteuil, Roissy

---

| | | | |
|---|---|---|---|
| Amsterdam | Tonne | 6804 Pouces cubiques de France | |
| | mudden | 5443 | |
| | sacke | 4082 | v. Jurgen Elert Krusens, *Contorist etc* Hamburg 1761 [1]. |
| | schepel | 1361 = 4 mudden | |
| Roterdam | hoeden | 54056 | |
| | sak | 5067 | |
| Leyden | sacke | 3293 | |
| Harlem | sacke | 3812 | |
| Utrecht | mudden | 5878 | |
| Amsterdam | Stekan | 960 | |
| | Viertels | 366 | |
| | Stoopen | 120 | |
| | Mingelen | 60 | |
| | Pinten | 30 | |
| Roterdam | Stoopen | 129 | |
| Leyden | .......... | | |

1. Jürgen Elert Kruse, *Allgemeiner und besonders hamburgischer Contoris,* Hamburg, 1761.

*Histoire du stathouderat*, Raynal 1749, p. 48 [1]. **187**

La Cour d'Espagne se laissa persuader qu'il n'y avoit pour finir les troubles qu'à faire sortir toutes les troupes étrangères des Païs Bas, cet ordre imprudent dont il ne fut permis ni d'empêcher ni de suspendre l'exécution mit le comble aux fautes énormes qu'avoit faites Philippe second dans le cours de cette sanglante révolution. Il l'avoit en quelque sorte préparé en confiant d'abord à une femme et à un prêtre désarmés (Granvelle) un gouvernement où l'autorité affoiblie et détestée avoit besoin d'un appui solide, d'un ministre qui eût la force en main. Ce premier faux pas fut suivi d'un autre : les esprits rentrés d'eux-même dans une espèce de calme pouvoient être entièrement ramenés au devoir par une conduite douce, et il leur donna un homme cruel (duc d'Albe) qui dans six ans de gouvernement envoya 18 mille personnes sur l'échafaut et qui se reprochoit encore de n'en avoir pas fait périr davantage.

Lorsque la guerre fut allumée de tous les côtés, et qu'elle ne pouvoit être heureusement terminée que par un capitaine tel que le duc d'Albe, ce grand général fut obligé de céder sa place à un honête homme sans talens et sans expérience.

La mort de Requesens occasionna s'il se peut un plus mauvais choix. On ne contestoit pas à Don Juan d'Autriche un mérite brillant, solide et éprouvé, mais s'il avoit des vues de fortune et des prétentions d'indépendances qui ne s'accordoient pas avec la place qu'on lui faisoit remplir. L'élévation du duc de Parme (Alexandre Farnèse) pouvoit peut-être remédier à tous les malheurs mais Philippe fut encore trahi par sa politique lorsqu'il interrompit par le rappel des troupes espagnoles le cours des exploits de son général. 1578.

En 1672 les Hollandois craignoient la maison d'Orange et avoient licencié les vielles troupes. Divisions intestines. Sécheresse extraordinaire on passa le Rhin à gué, ils rompirent les digues comme autrefois dans le siège de Leyden par les Espagnols.

En 1782 les Hollandois se plaignent beaucoup du Prince qui n'a pas voulu les déffendre par mer contre les Anglois.

[*Joseph*] Mandrillon a publié le traité fait avec les 13 Etats Unis de l'Amérique.

1. Guillaume Thomas Raynal, *Histoire du Stadhoudérat depuis son origine jusqu'à présent*, Amsterdam, Ryckhof, 1749.

**186** *Mémoires pour servir à l'histoire du 18 e siècle*, par M. de Lamberti, à La Haye, 1731-4° 14 vol. 4°, fort utile pour la Hollande.

*Histoire des guerres et des négociations qui précédèrent le traité de Vestphalie, sur les mémoires du C. d' d'Avaux,* par le P. Bougeant, 1767, 3 vol. 4°.

*Histoire de Hollande depuis 1609 où finit celle de Grotius jusqu'à 1673*, par M. de La Neuville, 4 vol. in-12.

*Histoire générale des Provinces-Unies* par Ms. Desjardins et Snellius, 8 vol. 4° avec cartes et portraits chez Nyon, rue du Jardinet. 48 livres

*Histoire de la révolution des 7 Provinces-Unies* par M. Hilliard d'Auberteuil, ----- 3 vol. 8°, chez l'auteur, rue des fossés Montmartre, n°35.

**185** **blanche.**

**184**

## Images de Hollande

Les maisons penchent quelquefois de 4 à 5 pieds en avant, de peur que l'eau des toits ne gâtent les compartimens des murs.

Il est impoli de cracher, tapis de pied partout.

Il y a peu de meubles. Carreaux de vitres fort petits. On repeint souvent.

On ne brûle que de la tourbe qu'on tire comme de la boue végétale.

On récure les étables et on trousse la queue des vaches de peur qu'elles ne se salissent.

Quand on va dîner on donne 2 scalins en sortant.

On parle peu du gouvernement, il y a un espionnage.

Le clergé a de l'empire sur le peuple et gêne la liberté de penser.

Capitalistes, six mille florins de capital payent tous, les plus riches sont les moins ch. [?]

Gouvernement aristocratique les riches épargnés, impôt même sur les pommes de terre.

Les magistrats des villes s'élisent réciproquement à vie.

A 70 ans ceux de Delft cessent d'avoir voix délibérative.

L'eau est mauvaise à Amsterdam on a creusé 240 pieds sans en avoir de bonne.

On étend un tapis sur les roües de carrosse quand les dames montent.

On distille beaucoup d'esprit de genièvre à Roterdam.

Water-molen.

Les moulins d'épuisemens servent à découvrir toutes les prairies à la fin de l'hyver.

Les servantes ont des paniers sous leurs jupes.

On ne tue point les grues et les cigognes, elles mangent les crapauds.

On lave beaucoup parce que la mousse détruiroit les maisons et corromproit l'air.

On plante beaucoup 1° pour avoir du bois 2° pour attirer la pluye et empêcher la chaleur qui infecte les canaux en été et cause beaucoup de maladies.

Les femmes sont fort sages, les filles font plus parler d'elles.

En Nort Hollande on jette du sable dans les rues en compartimens et l'on n'ose pas y marcher, il y a des planches à côté.

On fait sur la glace 4 lieues en un quart d'heure avec des patins ; mais les corbeaux vont encore plus vite.

Le fromage de la Nort Hollande va en Portugal, en Russie, aux Indes occidentales et orientales.

La maladie des bestiaux en 1772 leur a fait plus de mal que la guerre des françois.

La conjonction que j'avois annoncée pour le mois de mai a fait une ferment[*ation*] prodigieuse en Hollande et en Frise, un boulanger d'Amsterdam donnoit son pain pour rien.

Les femmes ont peu de ressort, peu d'esprit, les hommes y sont peu gais, peu sociables.

On coupe le pain par petites tranches, on donne du vin avant le dîner.

Verres sans bases, coussins détachés des chaises.

Parcs environnés de bois, palissades.

Cabriolets à timons à 2 chevaux, en équilibre, caisse variable.

Bas-reliefs en bois sur les maisons.

Couvert à l'italienne modernes … anciens.

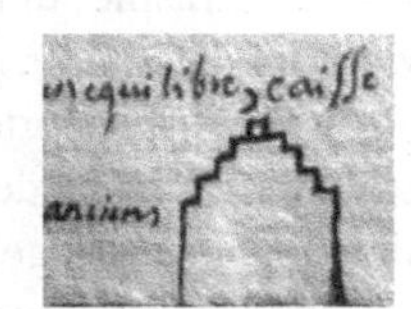


183

Calandres pour rouler les servietes et draps, avec une manivelle et 2 cordes.

Cheminées dont le sommet tourne sur une plateforme par le moyen d'une giroüette v. p. 77.

On mange le poisson à l'eau avec des tartines de beurre.

'Quispel door' [*kwispedoor*], crachoir qu'on met sur la table quand on fume.

On embrasse par 3 et sur la bouche.

On met du citron avec tous les mets.

Mariages faits à l'hôtel de ville avant d'être faits à l'église.

Au mois de mai il y en a 80 par jour.

Des 'pannekoek', matefins.
Il y a beaucoup de fièvres en Zélande la crème [?] y est fiévreuse les hollandais craignent d'y aller [?].
Petit réchaud de tourbes sur la table.
Commodités à côté de la salle à manger, de la chambre à coucher, toujours très propres, garnies en fayance.
Dans les grandes tables on porte à chacun une assiete de chaque mets et un verre de chaque vin.
Dans les villages, même les domestiques ont leur thé et leur caffé deux fois la journée.

182 **Roterdam** ville de 60 mille âmes sur la Meuse, ville depuis 1270.
Digue sur la Rote.
8' 4" à l'orient de Paris, 51° 94'5".
Yacht des Etats, 68 pieds et celui du prince Stathouder. Chacun en a pour se promener.
Chantier des Etats. L'Amirauté de la Meuse a son siège à Roterdam, c'est la 1ère amirauté.
M. Vanderhoewen de Tienoven [*Johan Adriaan van der Hoeven van Tienhoven*] consul de France, juin 1767.
M. [*Gerard François*] Meyners, premier bourgmestre, directeur de la Compagnie des Indes orientales.
M. [*Jacob*] Vanderheim, Secrétaire de l'amirauté.
Statue d'Erasme sur la place, maison où il nacquit en 1467.
M. [*Jan*] Bisschop, mercier, a le plus beau cabinet de l'univers, il porte sur sa poitrine le portrait du roi.
La Bourse, l'Hôtel de ville, la poissonerie.
M. Stephane Hoogendyck, horloger, moulin à vent pour élever les eaux et dessécher la mer de Harlem. Pyromètre que l'haleine fait varier.
Cabinet de M. Abraham Gevers, Bougmestre, et directeur de la compagnie des Indes, l'un des plus beaux de l'univers, surtout en coquilles.
Environs de Roterdam, assemblage de maisons avec de petits jardins que les voleurs visitent de temps en temps.
Hellevoet Sluys, chantier de l'amirauté où l'on construit les vaisseaux de guerre à 6 lieues de Roterdam.
On en construit également à Roterdam, vers Ost Poorte.

**Delfs Haven**, port de Delft à une demi lieue de Roterdam.
Il y a un canal qui va à Delft.
Dordrecht une des plus anciennes villes de Hollande, la 1ère aux Etats.
Maisons plus belles qu'à Roterdam dans une isle de la Meuse seule.
La grande église est de toute beauté, belle chaire.
Le 19 novembre 1421 cent mille personnes périrent par l'inondation.
~~Cabinet de M. Abraham Gevers l'un des plus beaux du monde surtout en coquilles~~
A Gouda, les plus belles vitres peintes de la Hollande.
A Breda, le tombeau où il y a une figure par Michel Ange.
Delft, 3e ville de Hollande à 2 heures de Roterdam, fondée en 1071.
Grande église ou église neuve, beau monument de Guillaume 1.
4 vertus en bronze, le chien qui mourut de douleur.
Carrillon de 800 cloches.
Eglise vieille où est le tombeau de l'amiral [*Maarten*] Tromp, mort en 1653.
Tombeau de Pieter Hein qui, de simple matelot, devint grand amiral de Hollande, tué en 1629.
Tête de [*Antoni*] Le[*e*]uwenhoeck dans une colonne.
Maison du prince Guillaume [1er].
Arsenal de 50 000 mille fusils, beaux cannons.
Tombeau de [*Hugo*] Grotius qui étoit de Delft, ambassadeur de Suède à Paris malgré le cardinal de Richelieu. Mort en 1645. L'endroit où il est enterré ne paroît pas.
Riswick, traité de 1697, château du prince d'Orange.
Le Roi sacrifie une partie de ses conquêtes à cause de la mort prochaine du Roi d'Espagne. Le 11 octobre 1698, il se fait à La Haye un traité de partage de la succession d'Espagne ce qui porta le Roi d'Espagne à faire un testament.
[*Nicolaas*] Hartsoeker y a passé ses dernières années.

[Numérotée par erreur 168 en haut à droite]

**La Haye, s'Gravenhange**, la Haie du Comte, 40 mille âmes, à 1 lieue ½ de Delft.
C'était une maison de chasse des comtes de Hollande.
Le Pleyn, place d'armes, le Woorhout, belle promenade.
Hôtel d'Amsterdam, hôtel de Rotterdam, et des 18 villes qui députent aux assemblées des Etats généraux.

La Cour, c'est à dire le palais, est occupée par le Prince et par les Etats. Dans les salles des Etats on voit les guerres des romains contre les anciens bataves.
Dans la grande église S. Jacques, tombeau de l'amiral Jacques de Wassenaer baron d'Opdam, tué en 1665.
Tour très élevée et qu'on voit de loin.
Le Sanhedrin des juifs imposa une pénitence à un juif qui fréquentoit trop les [?]
4 cigognes, pensionnaires de la ville, font les armes de la [ville] *phrase non terminée.*
M. et Mad [*René Charles Bruère*] Des Rivaux.
M. le marquis de Noailles connoit beaucoup M. l'abbé [*Jean-Jacques*] Garnier.
M. [*Pieter*] Gabry, observations météorologiques, auteur adroit, de la Société royale de Londres.
M. [*Jean-Jacques*] Blassière, docteur en philosophie, traduisoit mon astronomie.
M. [*Dirk*] Klinkenberg, astronome.
Maison du Bois qui est au Prince, peintures de Rubens, Van Dyck.
Une lieue au-delà est le petit Loo, ménagerie du Prince.
Route de Scheveling [*Scheveningen*], pavée de briques, la plus belle route de Hollande.
« Zorgvlied », (Sorflit) : fuite du Souci ; le comte de [*Willem*] Bentinck [*van Rhoon*], 1er président du conseil, parc dans le goût anglois, arbres non taillés, allées irrégulières, gasons fins comme des tapis.
Scheveling, village de pêcheurs, fort propre, charriot de Simon Stevin, qui alloit à voiles à Petten, 17 lieues en 2 heures.
Sur le chemin de Leyde on trouve Leydsendam, digue de Leyde, qui retient les eaux plus hautes du côté de Leyde.
On y vient manger du poisson.
Belles maisons sur la route.
[?-??] 1629.

179 **Leyde**, ville de 60 mille habitants. 3 lieues de La Haye, ville sur le Rhin.
M. [*Jean Nicolas Sébastien*] Alaman suisse, professeur de philosophie.
Ptolémée en fait mention, près de là étoit Britannion.
Une tempête ferma l'embouchure, le Rhin se fit d'autres issues.
Elle paroit déserte, il n'y a que des manufacturiers et des écoliers.
Dans la grande église St Pierre, tombeau de Boerhave mort en 1738.

Université fondée en 1575 par Guillaume 1 au nom de Philippe II, en récompense de ce qu'elle avoit soutenu un siège terrible contre les espagnols.

Les catholiques vont étudier à Louvain.

Cabinet de physique, d'histoire naturelle, d'antiquités, jardin botanique.

Cette université a eu Grotius, Heinsius, Vossius, Burmannum, Scaliger, Descartes, Saumaise, Gronovius, Grolius, Baile, Basnage, Le Clerc, Schultens, Erpenius, Golius, Boerhave, Albinus.

M. Falkenburg, jardin de plantes étrangères.

Voorschoten, à une petite lieue de Leyde, est la patrie de Boerhave. Son père y étoit ministre il y a un moulin où il portait des sacs de blé, sa maison de campagne à Poelgeest un quart de lieue de Leyde, s'appelle encore Boerhave, elle est belle. Sa maison à Leyde est près de l'Académie et de celle des Elzevirs où M. [*Frans*] Hemstruys a demeuré.

M. [*John*] May, excellent officier de marine à Leyde, il a un frère à Amsterdam.

Dans le Sénat de l'Académie sont les portraits des professeurs Arminius, Vitriarius, Boerrhave, s'Gravesande.

Bibliothèque mal en ordre mais où il y a beaucoup de bons manuscrits orientaux qu'un consul à Constantinople, élève et ami de [*Jacob*] Golius, avoit rassemblés.

**Harlem**, 2 [e] ville sur le Sparre. 16 mille habitans.

A 5 lieues de Leyde. Harlem meer autrefois habitée et qu'on veut dessécher.

Evêché érigé en 1557, c'est le seul de la Hollande. Onze églises catholiques. On marque d'un C les maisons des catholiques.

S. Bavon la plus grande église de la province, belle grille de cuivre, bel orgue de 32 pieds, tête du duc d'Albe arrachée par le diable.

Boulet de canon dans le temps du siège de 1572 qui dura 7 mois où l'on mangeoit les enfans, 13 000 personnes moururent de la famine.

A l'hôtel de ville *Speculum humanae Salvationis* imprimé en 1440 à Harlem par Laurent Coster il paroit que ce n'étoit qu'une gravure en bois. Guttemberg et Fauste détachèrent les caractères.

Schoeffer substitua les caractères de fonte. Maison de Coster.

Commerce de toiles, blanchisseries curieuses.

Oignons de tulipe de 50 mille francs, autrefois.

Hôpital singulier, on achète la maison 5000 florins (de 42 s) et l'on est défrayé de tout par les administrations.

Paradis des anabaptistes le long du Sparre derrière le bois.

Près de Harlem on passe sur une écluse où la mer est plus haute d'un côté que de l'autre. Half weg.

'Bleyk', blanchisseries fort belles et qu'il faut voir.

L'on ne fait nulle part de toiles si blanches qu'à Blumendal [*Bloemendaal*] près de Harlem.

Les mennonites ont quelques fois des servietes de 100 florins.

La maison de Berckenroode est à une demie lieue de Harlem.

C'est une petite seigneurie dont l'ambassadeur porte le nom.

177 **Amsterdam**, 5 e ville, 300 000 habitans, digue sur l'Amstel.

Ville du XIII e siècle.

52°21' 5" et 10' 6" à l'orient.

Hôtel de ville.

Loger à *Het Rondeel logement* Doel Straat.

Sur l'Ye, golfe de 10 à 11 lieues qui s'ouvre par le Pampus dans le Zuyderzee (mer du Sud) à 7 lieues d'Amsterdam.

M. Maillet du Clairon commissaire de la marine de France a fait [?], il est de Mâcon ou du Beaujolais.

M. Jean van Ryneveld, riche négotiant, fort obligeant.

M. le C. de Groonsfeld [*Bertrand Philip Sigismund Albrect de Gronsveld*], président de l'amirauté : mort.

M. [*Jan Jakob*] Hartsinck, M. [*Jan*] Hope, fameux négociant à qui je puis me présenter.

M. Ryneveld, M. [*Cornelis*] Douwes qui traduit mon astronomie examinateur des marins avec [*Arnold Bastiaan*] Strabbe.

Les maisons ne sont ni si belles, ni si propres qu'à Rotterdam.

Canaux croupissans, puans.

M. [*Pieter*] Cramer instruments de physique.

Cheminées à girouettes

M. [*Willem*] Van der Meulen, cabinet d'histoire naturelle

M. [*Cornelis*] Ploos van Amstel, amateur de physique.

6300 pilotis pour une tour.

Les vaisseaux construits à Amsterdam sortent entre deux chamaux lestés d'eau et vont se charger au Texel, canal difficile bordé de bancs ; et garnis par des balises, des bouées, des tonnes colorées.

Il y a plus de catoliques que de réformés, 40 mille juifs, des mennonites ou anabaptistes qui ne croient pas bon le baptême des enfans, qui ne prêtent point serment, ne font point la guerre. Thomas Muncer [*Muntzer*], luthérien exécuté à Mülhausen en 1525 enthousiaste,

qui vouloit exterminer les souverains et les magistrats. Simon, fils de Mennon de Frize fut un de leurs premiers docteurs.
Eglise neuve, Se Catherine, tombeau de [*Michiel de*] Ruyter mort le 29 avril 1676 dans un combat contre M. du Quêne [*Abraham Duquesne*] ; il a 30 pieds de haut.
22 églises catoliques mais chaque prêtre doit être connu du magistrat. 9 églises jansénistes et 13 molinistes qui se haïssent.
2 synagogues, les juifs portugais sont les plus riches et en plus grand nombre que les allemands, ils sont stables ne s'allient point aux autres.
M. [*Isaac de*] Pinto a reçu chez lui le stathouder, leur synagogue est belle.
L'hôtel de ville est un chef d'œuvre, 280 pieds de long (113 ½ d'Amsterdam en font 100 de Paris).
Célèbre banque d'Amsterdam on y entre par 7 petites portes qui représentent les 7 Provinces.
Planisphères de 20 pieds de diamètre, tableaux magnifiques.
Les prisons, le tribunal ou la chambre criminelle.
La salle des 18, celle des bourgmestres.
Salles obscures, portraits par Van Dick, Rembrandt, Rubens.
Bourse, 250 pieds de long sur la même place de Ste Catherine.
Amirauté, Compagnie des Indes orientales.
Il n'y a point de belles places.
Tableaux de M. [*Gerrit*] Braamkamp (mort, vendus)
Observatoire de M. [*Jacobus*] Van Wall hors de la ville.
Horn [1] et [*Willem Cornelis*] Schouten, voyageurs célèbres.
M. C*hristian* P*aulus* Meyer [*Meijer*], Heeren Gracht, beau cabinet d'histoire naturelle, je l'ai vu chez M. Vosmaer.

[numérotée en haut à droite 172] **176**

**Utrecht** 40 000 âmes.
Le canal d'Amsterdam est le plus beau chemin de l'univers par la continuité des maisons. 7 lieues d'Amsterdam on remonte l'Amstel, belles maisons, villages de Moolendrecht, Huys-te-Abcoude, Bambrudge, Sloot, on tombe dans le Vecht, bras du Rhin à Niesversluys. Ecluse. Beau village de Maersen. La route de Wesep [*Weesp*] est encore plus agréable, 5 e des provinces, archevêché janséniste. Belle cathédrale,

1. Willem Schouten était originaire de Horn. Lalande a-t-il fait une confusion avec le nom d'un autre navigateur. Il pourrait s'agir aussi de Willem Ysbrantsz Bontekoe van Hoorn (1587-1657).

tombeau de l'amiral [*Willem Joseph, baron*] de Gendt [*tot Drakenburgh*], tué en 1672 au combat naval de Soulsbaay.

Païs de la savante [*Anna Marie Van*] Schurmann, morte à 100 ans dans l'autre siècle.

Congrès d'Utrecht 1714.

Village de Zeys où sont les hernutes. Théâtre anatomique, esquimau pris dans le détroit de Davis [1].

Manufacture de Wanmole où un moulin fait aller 1500 dévidoirs. M. [*Rijklof Michael*] Van Goens, professeur de belles-lettres, a conseillé la traduction de mon voyage.

M. [*Willem*] Str[*a*]alman, près Nieuwersluys, belle maison.

M. [*Johannes David*] Hahn, professeur de médecine et de physique expérimentale.

Loge, le Comte Lord d'Athlone [= *Frederik Christiaan Reinhart*], Maître, le capitaine [*Jan Carel*] Smissart substitut.

**Weesp**, ville de 400 âmes, fonderie établie par le C. de Groonsfeld, manufacture de porcelaine.

C'est d'ici que l'on conduit de l'eau douce à Amsterdam dans les bateaux d'où on la pompe dans des réservoirs, ou des cuves, chaque maison a aussi une citerne.

**Saardam** [*Zaandam*], village au-delà de l'Ye, 1 lieue ½, célèbre par sa propreté ; on porte les étrangers plutôt que de laisser salir les appartemens ; on colorie les troncs des arbres dans les jardins. C'est là que le Czar travailla à la construction, on montre sa maison. On peut y aller en une heure.

**Broeck** [*in Waterland*], beau village de la Nort Hollande à quelques lieues. Bucksloet [*Buiksloot*] pour la propreté et les manières hollandaises.

Le 25 avril [*Pierre*] Rousseau m'a exhorté à voir la Nort Hollande, pays singulier où les gens les plus riches et les plus somptueux sont encore paysans ; leurs femmes, deux fois l'année sont couvertes de diamans et de perles après quoi il n'y paroit plus.
**Heyden** à 2 ½ d'Amsterdam où sont les écluses pour inonder le pays. Cela vaut la peine d'être vu, l'écluse est dans Bélidor qui y a été en 1735.

Pierre Burmann, professeur de géométrie et de littérature à Amsterdam ami de M. de Witt, il est à la campagne.

1. Le théâtre anatomique d'Utrecht conservait un canot d'écorce dans lequel était un petit esquimau dans l'attitude où il fut pris au détroit de Davis.

**Alcmaer** [*Alkmaar*] une des plus anciennes villes de la Nort Holland ou West Frise où Jacques Metius trouva les lunettes. C'est après 1609 par hazard, mais Lipp. [*Hans Lipperhey*] à Middelburg en avoit fait avant lui. **175**

[*Christiaan*] Huygens, *Dioptrique*

Maison de ville assez belle, grande église.

**Amsterdam** absorbe son commerce

Au-delà est le Coegras [*Koegras*], partie septentrionale de la Hollande terminés par [*Den*] Helder et Huysduine [*Huisduinen*], villages qui font 1.500 habitans. 53° 1'. Le curé M. de Vynck ne peut suporter que le vin de Constance.

Les digues sont ici la plus grande merveille de la Hollande. La campagne est plus basse que la mer. Tout vaisseau allant en Suède y apporte des pierres. En dedans des batardaux sont des parapets de simple goémon et derrière le parapet est la véritable digue de sable où l'on met des joncs, de la paille que les voitures étendent en passant, et qu'on renouvelle de temps en temps. Il y en a sur une longueur de 2000 toises, 2 toises au-dessus de la plus haute mer.

Fanal, grand réchaud chargé de gros blocs de houilles corps des matelots qui se révoltèrent et emmenèrent leur vaisseau à Lisbone.

En 1737 une vente de 120 oignons de tulipe fit 200 mille livres.

1617, [*Willebord*] Snellius entre Alcmaer et Leyde trouva 17 7000 pieds de Leyde et 31' 4" de différence de latitude, ce qui fait le degré 68 400 pas de Leyde, ou pas romains antiques, le pied de Stabilius étant, selon lui, égal au pied de Leyde. Le P. [*Giovanni Battista*] Riccioli trouve 80 000 en rectifiant le rapport, M. [*Jean-Dominique*] Cassini 1600 toises de plus. *Mémoires* 1702, p. 65 [1].

Il mourut en 1626. En quelle année étoit il né ?

## Amsterdam

**174**

Pendule de [*Rudolph Louis*] Cresp. Il n'est pas bien dans ses affaires. Md. Dedraps [?]

Van Vessem [*Wessem*] près M. Ray [*Marc Michel Rey*] qui fait toutes les couleurs avec des verres d'une seule couleur.

M. [*Hendrik Willem*] Hurter m'y mènera.

1. « Réflexions sur la mesure de la terre, rapportée par Snellius », in *Histoire de l'Académie royale des Sciences année 1702...*, p. 60-65, Paris, Imprimerie Royale, 1702.

Rey me donnera les œuvres de Gravesande, édition d'Allamand.
M. [*Johan*] Burman l'aîné, botaniste célèbre.
Les deux autres sont un théologien et un grand littérateur, le plus célèbre de la Hollande. Comme son oncle, il est Burman Secundus, il a fini le Virgile, Claudien, *l'Antologia latina*, les *Principia*.
M. Hurter chez M. Van Eik sur le Heeren Gragt Amsterdam.
Carte de M. [*Pierre Paul*] Ménadier.
M. [*Jan*] Engelman, médecin et directeur des écluses de Spaarendam, ami de M. Ménadier.
M. Thomas Hope est retiré à Roterdam, son fils Jean, député. M. Baudouin [?] de Rouen est leur [?].
Isaac Hope qui était à Roterdam a un fils à Paris, Olivier.
Adrien Hope, non marié suit le commerce. Laborieux. Ils étoient 11, 8 garçons et 3 filles... Henri est garçon. Archibald est fils d'un frère mort. Sa femme est [*Magdalena Antonia*] Van der Pol.
[*Gerardus*] Vossius étoit d'Amsterdam.
M. [*Abraham*] Calkoen, ancien 1er secrétaire de la ville a été en Italie. Sur le Kayser's gracht. A fait graver des tables des marées à Amsterdam. M. [*Pybo*] Steenstra le connaît (à la camp. [?])
Van Deylen [*Jan van Deijl*], opticien dans le Vinken Straat près la porte de Harlem.
Heerkens [*Gerardus*], *Notabilium Italiae libri 4,* en latin, 2 vol. Groningae.
Musicaux, à 11 h du soir, tous les jours exceptés le vendredi.
*Historische Beschryvinge van de reformatie des Stadt Amsterdam,* door Isaak Le Long. In folio, 1729, avec 70 planches. Ancien état des églises d'Amsterdam.
Les cartes Nicolas Visscher sont fort bonnes.
Gros atlas gravé à Amsterdam dans le dernier siècle qui renferme des cartes de différents auteurs.
M. Jean Deutz, syndic a été échevin mais il n'est pas conseiller Kaysers gracht, près de Spingel straat, il est en Angleterre, il est grand ami de M. [*Jacob Jansz*] Boreel, fiscal de l'Amirauté qui peut influer sur les longitudes.
Orneca [*Horneca*] Fiseaux et compagnie et M. Grand [1] qui fait tout, Kaisers gracht.

1. Jean-Jacques Horneca (?-1779), banquier d'Amsterdam d'origine suisse ; Henri Fiseaux ; Georges Grand (?-1793), banquier à Amsterdam.

## Blanche

173

1672 Abrégé chronologique du président Hainaut [1].

172

Déclaration de guerre par la France et l'Angleterre à la Hollande du même jour 7 avril. Conquête de la Hollande, qui s'attira tous ses malheurs par la conduite peu mesurée de ses ambassadeurs dans toutes les cours de l'Europe, et surtout devant Buningen en France, par l'insolence des gazetiers de ce pays, et par les médailles qu'elle fit frapper. Les maréchaux de Bellefond, de Créqui et d' Humières se retirèrent pour ne point servir sous M. de Turenne que le Roi avoit fait maréchal dès l'année 1660. Le Roi avoit trois corps d'armées : il en commandoit
un, ayant sous lui M. de Turenne, le prince de Condé commandoit l'autre, et le comte de Chamilli le troisième. Celui-ci se saisit de Maseic le 15 de mai. Orsoi se rend au Roi le 3 juin pendant que M. de Turenne prenoit Burich : M. le Prince prend Vesel le 4 Rhimberg se rend au Roi le 6, Emeric à M. le Prince le 7 ainsi que Rées à M. de Turenne. Le pensionnaire Jean de Witt l'homme qui connoissoit le mieux les intérêts de sa République ne fit point de difficulté de dire en apprenant la réduction de Rhinberg que le Roi de France pouvoit dès lors se vanter
d'avoir la moitié de la Hollande sous sa domination. M. de Beauviré prend Doetekum le 8. Le duc de Luxembourg, général des troupes de Munster prend Grool le neuf. Le fameux passage du Rhin vers Tholuis le 12, le premier qui passa à la nage fut le comte de Guiche à la tête des cuirassiers, commandés par le comte de Revel : le jeune duc de Longueville qui avoit passé le Rhin fut tué par son imprudence à l'âge de vingt-quatre ans, et fut cause d'une blessure que M. le Prince de Condé reçut à la main : il alloit être élu roi de Pologne. M. de Turenne prend le commandement de l'armée du prince de Condé, il se rend maître d'Arnheim le 15 [?] et le 19 du fort de Skenk que les Hollandois n'avoient pris sur les espagnols en 1636 qu'après neuf mois de siège. Utrecht se soumet au Roi le 20. Il prend Doesbourg le 21. L'évêque de Munster prend Deventer le même jour, et Zuvol le 22. Monsieur prend Zurphen le 25, Nimègue se rend le 9 juillet à M. de Turenne Coeverden le 12 à l'évêque de Munster ; Naerden fut pris le même jour par le marquis de Rochefort [on a dit que] s'il n'avoit pas négligé de s'emparer de Mugden, c'étoit

171

170

169

1. Charles François Hénault, *Abrégé chronologique de l'histoire de France jusqu'à la mort de Louis XIV*. La première édition est de 1744. Jusqu'à la p. 159, Lalande recopie ou résume d'une écriture rapide très allongée quelques passages de l'ouvrage.

168 fait dAmsterdam, et par conséquent de toute la Hollande ; Grave se rend le 14 au comte de Chamilli : M. de Turenne prend le fort de Crevecoeur le 19 juillet et l'Isle et la ville de Bomel le 26 septembre, et tout de suite il sort des terres de Hollande pour passer en Allemagne, où, n'ayant que douze mille hommes il contient l'Electeur de Brandebourg qui étoit entré dans la ligue contre la France, et qui avoit pris la route de Westphalie à la tête de vingt cinq mille hommes. M. de Luxembourg fait lever le siège de Voerden au prince d'Orange le 12 octobre : cette action fut admirée des Hollandois même.

167 M. de Montal fait lever le siège de Charleroi au prince d'Orange le 22 décembre : le duc de Luxembourg à la faveur des glaces prend Bodegrave et Suaumerdam le 28. En un mot, en peu de mois les armées du roi traversèrent trois rivières, prirent les trois provinces de Gueldres, d'Utrecht et d'Overissel, et plus de quarante villes fortifiées. Cette campagne qui fit l'admiration de toute l'Europe obtiendroit à peine créance aujourd'hui, si la campagne de 1745 ne nous avoit fait voir que rien n'est impossible aux françois quand ils ont leur maître à leur tête.

166 La guerre eut fini au bout de trois mois si l'on avoit suivi l'avis de M. de Pomponne qui vouloit que l'on se contentât des avantages proposés par les Hollandois, et que l'on se rejettât sur les Pays Bas catholiques pour punir le Roi d'Espagne de l'infraction qu'il avoit faite au dernier traité d'Aix-la-Chapelle en secourant les Hollandois. Mais l'avis de M. de Louvois l'emporta sur cet article, ainsi que sur l'avis de M. de Turenne qui vouloit que le Roi fit démolir les places à mesure qu'il s'en emparoit par la difficulté de les pouvoir garder. Le maréchal Duplessis ne fit pas cette campagne à cause de son

165 grand âge ; il dit au Roi qu'il portoit envie à ses enfants qui auroient l'honneur de servir Sa Majesté, que pour lui il souhaitoit la mort puisqu'il n'étoit plus bon à rien : le Roi l'embrassa et lui dit : M. le maréchal on ne travaille que pour approcher de la réputation que vous avés acquise, il est agréable de se reposer après tant de victoires. M. de Vendôme est mortifié de n'être point employé, on avoit dit au Roi qu'il négligeoit le service. Il y avoit eu dès le 7 juin un combat naval donné proche de Soultsbaie entre la flotte d'Angleterre et de France sous le commandement du duc d'Yorck

164 et du comte d'Estrées, et celle de Hollande sous Ruyter. Cette bataille, suivant Ruyter, fut la plus furieuse qu'il eût vue, on s'attribua l'avantage de part et d'autre. Le danger imminent des Hollandois leur fit prendre le parti de déclarer le prince d'Orange Stathouder, (grand à l'âge de la monarchie,) et de révoquer l'édit perpétuel que les deux frères Corneille et Jean de Witt ennemis de cette maison avoient fait rendre à la mort de Guillaume II pour

que cette charge fut supprimée. Le crédit du jeune prince d'Orange fut bientôt fatal aux deux frères ; on leur
imputa les malheurs de la République, et ils furent massacrés par la populace le 22 août. La haine des deux frères pour la maison d'Orange venoit de plus loin. Guillaume II, père de Guillaume III d'accord avec le cardinal Mazarin qui flattoir l'ambition du jeune prince, vouloit que la République après la paix de Musnter gardât des troupes sur pied, sans doute pour en faire usage à son profit. Elle n'en voulut rien faire : Guilllaume fut assés hardi de faire arrêter six des députés qui alloient à La Haye, parmi lesquels étoit le père des de Witt. **163**

Il fit plus, comme la grande résistance venoit de la ville d'Amsterdam, qui soupçonnoit ce prince d'en vouloir à la liberté de la Hollande, il tenta de s'en rendre maître en 1650. Son projet échoua, et il mourut bientôt après ; on disoit que c'étoit de la petite vérole, mais le cardinal Mazarin faisoit entendre que cette mort étoit arrivée bien juste pour être naturelle ; la haine des pères passa aux enfans, et les de Witt y succombèrent. C'étoit le fils de Guillaume II, dit Guillaume III (depuis roi d'Angleterre 1688) qui venoit d'être fait stathouder **162**

Ce qui conféra depuis le trône d'Angleterre cette dignité qui s'éteignit à la mort et que nous avons vu renaître en 1747. **161**

1673 L'allarme étoit trop grande dans l'Europe pour qu'elle ne prit point de parti : l'Empereur et l'Espagne renouvellerent un traité avec les Hollandois le 30 août.

Qui auroit dit en 1609 que ce seroit l'Espagne qui défendroit la Hollande contre la France et l'Angleterre !

L'anniversaire de la Saint Barthélémy fut celui de la mort des de Witt le 24 juin 1672

Le 29 juin 1673 le Roi prend M[*a*]astricht en 13 jours, siège mémorable par les actions de valeur, elle fut rendue à la paix de Nimègue, elle a été prise en 1748 par le maréchal de Saxe qui avoit trompé les ennemis en feignant de ravitailler Berg op Zoom. **160**

Le 14 septembre les Hollandois et les Espagnols reprennent Naerden mal déffendue par Dupas qui fut dégradé et alla se faire tuer au siège de Grave. Bonn se rend à Montecuculli le 12 novembre. M. de Louvois impute à Turenne les avantages des ennemis quoiqu'il eût fait ses efforts pour empêcher la jonction des Impériaux aux Hollandois. Le Roi est obligé d'évacuer plusieurs villes conquises.

Conquête de la Franche-Comté.

1674. Le Roi d'Angleterre fait sa paix, de même que l'Electeur de Cologne et l'évêque de Munster. L'électeur palatin malgré les obligations qu'il avoit à la France, signe le 10 mars une ligue officielle avec l'Empereur. Le 12 juin le vicomte de Turenne passe le Rhin à Philisbourg et ravage le Palatinat.

On a publié que Van Beunigue [*Coenraad van Beuningen*] (du Boudin) s'étoit fait graver dans une médaille arrêtant le soleil, devise du Roi. Mais M. Du Maurier [?] dit que cette médaille n'a jamais été vue. Il est vrai qu'après la paix d'Aix-la-Chapelle 1668 dont ils s'attribuaient tout l'honneur les Etats firent faire des médailles defensis conciliatis regibus vindicata marium libertate &.

A la fin de 1671 on les a suprimées tant qu'on a pu.

C'est la paix 1668 par laquelle on rendit la Franche Comté où le Roi conserva ses conquêtes des Pays-Bas.

M. de Witt à Bruxelles a un manuscrit fait par le père des 2 frères, où l'on voit l'ordre que le prince d'Orange donna pour retirer la garde qui contenoit le peuple, et que le 1er coup fut donné par le grand père du Comte de Bintink.

1710. 9 mars, 25 juin, conférences de Gertruydenberg entre le maréchal d'Huxelles et l'abbé de Polignac ; Buys et Van der Dussen pensionnaire d'Amsterdam et de Gouda, député des Etats. Ils vouloient que le Roi contribua à détrôner son petit-fils. On voit bien que vous n'êtes pas accoutumés à la victoire.

**159** 1712, le 29 janvier ouverture du fameux congrès d'Utrecht qui donna la paix à l'Europe.

Cependant, le 24 juillet, affaire de Denain où Villars trompa le Prince Eugène.

1713 le 11 avril. Traité avec le Hollande. Le Roi s'engage à remettre à Leurs Hautes Puissances en faveur de la maison d'Autriche suivant le traité de Bavière qu'ils feront entre eux ce que lui ou ses alliés possèdent des Pays Bas catholiques, Luxembourg, Namur, Charleroy, Nieuport & .....

Lorsque les françois eurent pris les villes de la barrière que les Hollandois et les Autrichiens gardoient en 1745, on menaçoit d'entrer dans la Flandre hollandoise, les zélandois demandèrent du secours au Roi d'Angleterre. M. de Saxe vouloit entrer dans la Flandre pour obliger les Hollandois à signer la neutralité. M. d'Argenson ne vouloit pas les pousser à l'extrémité, il prévoyoit le stathouderat auquel le peuple [?]

Le prince d'Orange étoit stathouder de Frise, gendre du roi d'Angleterre, fort éloquent. Le peuple mécontent vouloit assomer les magistrats de

Rotterdam ; on auroit dû le nommer capitaine général et ceux qui ne vouloient point de stathouderat étoient de cet avis mais l'autre avis prévalut.

Un bourgmestre de Tervureren en Zélande fut le premier qui courut risque de sa tête en assemblant le peuple de nuit, et lui peignant le danger, et les avantages du stathoudérat.

M. [*Guillaume*] Bitaubé vient de faire un poëme Guillaume I en 10 chants [1].

En 1747 une harangère avec un bonnet de grenadier et un bâton parlant fort haut se fit suivre par le peuple jusqu'à la porte des Etats, les députés mouroient de frayeur on les força à arborer le drapeau d'Orange.

On fit répandre de l'argent par des émissaires secrets pour fomenter le mouvement qui commença en Zélande, on sema de faux bruits que les François étoient descendu à Gravesande quoique les bancs de sable soient impraticables.

On laissa prendre Berg[*en*] op Zoom ville de 5000 âmes, septembre 1747 pour rendre le Stathouderat héréditaire. Il y avoit à côté du bastion de Cohorn [*Coehoorn*] au milieu [?] une petite porte, ouverte, quelques-uns disent tout exprès. Des bombes qui ne crevoient pas faisoient baisser les soldats. On en profita [2].

D'autres croient que l'on laissa une porte ouverte pour de l'argent, mais Cronstron [*Isaac de Cronström*] à qui l'on fit son procès ne fut convaincu de rien. On assure que M. de Lowendal avoit écrit le jour où l'on entreroit dans la ville. On entra par la porte de Falkenius [*Hayo Johannes Walkenius*], professeur de Franeker, aussi [le bastion] de Coehorn qui étoit mal gardé. Fort peu de soldats entrèrent par la brèche. Le bastion n'étoit pas gardé, on comtoit [*comptoit*] trop sur le ravelin [*ravelijn*].

**[Voir aussi p. 149]** **158**

Les Hautes Puissances, les Etats généraux, entretiennent en temps de paix 33.000 hommes ou 40, et 15 à 20 vaisseaux de ligne, elle triple en temps de guerre. Il y a actuellement dix mille suisses, plusieurs régimens allemands, écossois, wallons qui sont tenus à la prussienne.

1. Guillaume Bitaubé, *Guillaume en dix chants,* Amsterdam, M. Magérus, 1773.
2. A partir de là, la suite du texte se trouve en bas de la p. 158.

La Compagnie des Indes orientales a à son service 30 mille hommes, 160 vaisseaux en mer et 80 mille personnes qu'elle employe aux Indes.

---

Dans les affaires importantes il faut que les sept voix soient d'accord aux Etats Généraux.

4, 6 députés -ou 18 de Gueldres- de chaque province, 3 ans ou à vie, en tout 50.

Il y a des députés extraordinaires qui n'y vont que par curiosité.

On s'assemble tous les jours toute l'année, exceptés samedi et dimanche 11 h – 1 h.

Le président de semaine est celui à qui les ministres étrangers s'adressent, à moins qu'ils ne veuillent être introduits pour présenter eux-mêmes leurs mémoires.

Les députés ordinaires d'une province s'assemblent pour conférer et ne former qu'une voix.

Le Grand Pensionnaire de Hollande n'en a point.

Les députés de Zélande sont à vie. Il y en a en tout 48 mais il en manque toujours plusieurs. Les assemblées de plus de 40, leurs Hautes Puissances s'assemblent tous les jours pour les affaires des ministres étrangers pour celles de la Généralité, pour renvoyer aux Etats provinciaux ce qui les concerne, pour les octrois ou privilèges, pour les Compagnies.

Le Grand Pensionnaire de Hollande est toujours celui qui a le plus d'influence. M. de [*Pieter van*] Bleiswyck est très savant, ami du Prince.

Cette semaine ~~30~~ 27 mai 1774 c'est M. [*Iman*] Cau, député de Zélande, qui est président de semaine.

Le Prince a un fauteuil mais il ne préside pas, et n'a pas la première place. Ce n'est pas lui qui donne audiance publique à un nouvel ambassadeur, ce sont les Etats ; l'ambassadeur est placé vis-à-vis du président et il va voir le président et le stathouder, qui vont le voir aussi.

Il y a des villes où le Prince ne nomme point la régence.

Amsterdam a des privilèges qu'elle stipula en 1747.

Le roi Philippe II n'avoit guères plus de crédit en 1572 que le Prince n'en a aujourd'huy, c'étoient déjà les Etats qui se gouvernoient.

Le Prince peut faire grâce, exceptés en cas d'assassinat, crime de lèse-majesté.

## Projet de voyage

**157**

Le 9 mai 1774 parti

| | | |
|---|---|---|
| Voyage effectif | 11 | Etouilli |
| | 13 | St Quentin |
| | 14 | Cambrai |
| | 15 | Mons |
| | 16 | Bruxelles 17-18 |
| | 19 | Malines |
| | 20 | Anvers 21 |
| | 23 | Rotterdam, 24. 25. 26. 27 |
| | 28 | Delft |
| arrivé le 26 | 29 | La Haie, 30. 31. 1. 2. 3. |
| | 4 juin | Leyde 5. Harlem 6. Parti effectivement |
| 9 | 7 | Amsterdam 8-14 |
| 22 | 15 | Utrecht, 16. 17. |
| | 18 | Nimègue |
| 2 juillet | 21 | Mastricht aller à S. Pierre |
| | 22 | Liège, 23 les eaux de Spa et Chaufontaine |
| | 25 | Sedan. Tonnelalong 26, 27 |
| | 29 | Rheims |
| 18 juillet | 1er juillet à Paris 53 jours 7 ½ semaines | |

**156**

M. Vilette [*François Villette*] opticien à Liège vis-à-vis les Jésuites a travaillé pour Louvain.

A La Haye au *Lyon d'or*, au *Parlement d'Angeleterre*

A La Haye *chez Craun*, au Doul 28 sols par repas avec du vin.

A Roterdam, au *Maréchal de Turenne,* 20 sols le dîner, 15 le souper, 12 sols la chambre.

A Amsterdam, à *La ville de Lyon*, à *La 1ère bible* et *l'Etoile d'Orient* dans le Neiss [*Nes*] ou plutôt *Het heeren logement* op de Burgwal, table d'hôte où viennent les premiers de la ville.

Il faut parler au Prince d'introduire la science des longitudes dans la marine.

M. [*Denis*] Diderot est chez le prince [*Dimitri Alekseyevich*] Galitzin.

*Grondbeginsels der Sterrekunde*. Steenstra, 1772. 2 vol. 8° chez Yntema et Tieboel [1]. Principes fondamentaux d'astronomie.

*Natuurlyke historie van Holland*. Berkhey [*Joannes Le Francq Van Berkhey*]. 1769. Il est professeur à Leyde, fondation du Sénat.

*Vervolg van de Beschryving der Staartsterren*. Description étoiles à queues door Nicolas Struyck. Amsterdam, Tirion, 1753, in-4°. Il y a une partie du volume sur la population de Hollande et sur la géographie.

*Inleiding tot eene natuur en wiskundige Beschouwinge des Aardkloots* = Introduction physique et mathématique [et] contemplation [du] globe terrestre [par] Johan Lulofs, Leyden 1750, 4°. Il y a beaucoup d'astronomie : sur les marées, les longitudes, la figure de la terre.

*Astronomische oefening verhandelende de beginselen der Sterreloopkunde in 10 plaaties* = Exercice traitant principes cours des astres, Amsterdam, 1771. 2 vol. in-12.

*Beginselen der waare sterrekunde*, [par *Johannes Leonardus*] Rost, Harlem 1748, in-8°. Principes vraie astronomie ; Traduction de l'allemand.

Les 7 dialogues en anglois sur le démembrement de la Pologne [2].

155 *Hedendaagsche historie of tegenwoordige Staatder veerenigde Nederlanden*, De ce temps histoire présent Etat unies Pays Bas. Amsterdam, Tirion, 1739-1759.

-------------------

*Vaderlandsche historie vervattende de geschiedenissen der Vereenigde Nederlanden* De la patrie contenant choses remarquables unies Pays-Bas *inzonderheid die van Holland, etc...* Amsterdam, Tirion, 20 volumes in- 8°. principalement [de la Hollande]

On y a pris l'histoire de la Hollande en 8 volumes 4° A Paris, chez Simon.

*Abrégé de l'histoire de la patrie*. Amsterdam, Tirion, 1759. In-12°, 206 pages.

M. [*Pierre*] Lyonnet à La Haye pour les chenilles.

M. de La Barre [*Louis François Delebarre*] pour les microscopes à La Haye.

A Nimègue M. [*Léonard*] de Beyer, secrétaire de la ville de la part de M. [*Frederic de*] de Rainville.

1. Pibo Steenstra, *Grondbeginsels der Sterrekunde*, Amsterdam, 1772.

2. Gottlieb Pansmouser, *The polish partition illustrated in seven dramatick dialogues or conversation pieces between remarkable personages*, London, 1773.

A La Haye parler à M. [*Marc Michel*] Rey de M. [*Anne François Joachim*] de Fréville.

*Géographie universelle* traduite de l'allemand de Büsching. A La Haye, chez Gosse. In-8°. Il y a un volume où l'on a fait un bon usage de l'ouvrage hollandois cy-dessus, mais cet ouvrage n'a pas encore paru.

*Histoire des Provinces-Unies.* Wicquefort, 1719. 2 vol. fol.

*Histoire des Provinces-Unies.* Basnage, 1726. 2 vol. folio.

Mais il ne savoit pas le hollandois.

154

*La Grande chronique des Pays-Bas,* Le Petit, 1601, 2 vol. folio.

*Chronique de Flandres* publiée par Sauvage, 1562, fol.

*Tableau de l'histoire des princes et principauté d'Orange* par J. de La Pise, 1638, in-folio.

[*Adrien*] Baillet a fait une continuation de Grotius sous le nom de M. de La Neuville tout contre la maison d'Orange [1].

*Histoire naturelle de la province de Hollande* par M. [*Johannes*] Le Franc de Berchey, 13 volumes in 8° en hollandois.

Les bourgmestres d'Amsterdam ont un principe invariable de soutenir la liberté de la presse, [*Marc Michel*] Rey n'oseroit ailleurs imprimer comme il fait.

M. [*Jean-Edmé*] Dufour libraire à Maastricht correspondant de M. [*Louis*] de Joncourt a beaucoup de relations de librairies.

Einschedé [*Johannes Enschedé*] à Harlem, gazetier, homme de lettres, a une belle typographie.

M. Barneveldt [*Martinus van Barnevelt*] à Gorcum a écrit des observations sur les rivières [2].

M. [*Cornelis*] Redelikheid y a répondu en 1773 in-8° [3].

*Histoire métallique des Pays Bas,* M. de Loon, 1732, 5 vol. folio.

M. Isaak Tencate negotiant, anabaptiste Harlem Zeil Straat de la part de M. Enzi [*Rudolph Henzy*].

1. Adrien Baillet (psn. de la Neuville), *Histoire de Hollande depuis la Trève de 1609, ou finit Grotius jusqu'à notre tems,* Paris, 1698.

2. Martinus van Barnevelt, *Rivierkundige waarneemingen uit ondervinding opgemaakt, dienstig tot het bepaalen van middelen ter voorkoming van overstroomingen der aangelenste rivieren in Gelderland en Holland,* Amsterdam, 1773.

3. Cornelis Redelijkheid, *Rivierkundige aanmerkingen op de Riverkundige waarneemingen enz,* s'Gravenhage, 1773.

Gravinan [?] dans son livre de la lumière des marchands (*Licht van der Koophandel*) a donné la meilleure arithmétique qu'on puisse voir [1].

Prix de l'or et de l'argent à Amsterdam.

*Zeemans-Tafelen*, Douwes 1761 in-8° [2], pour avoir la latitude par 2 observations, démonstration dans le 1er vol de Harlem dont son fils m'enverra la traduction.

Rey imprime le droit public de la France [3].

1. Arnoldus Bastiaan Strabbe, *Het vernieuwde Licht des Koophandels of Grondig onderwys in de Koopmans Rekenkunst,* Amsterdam, 1771.

2. Cornelis Douwes, *Zeemans-Tafelen en Woorbeelden : de hierby behoorende Verbeteringen van de waarmeemingen met het Octant,* Amsterdam, 1761.

3. Claude Mey, *Maximes du droit public françois*, Amsterdam, Rey, 1775.

# APPENDICES

APPENDICE A

# LETTRE DE WILLEM BENTINCK VAN RHOON,
## ANNONÇANT LA VISITE DE LALANDE AU STADHOUDER, LE PRINCE GUILLAUME V, LA HAYE, 3 JUIN 1774

*Koninklijk Huisarchief, La Haye. inv.nr. 1335.*

Fig. 1 : Willem Bentinck van Rhoon (1704-1774)

Monseigneur,

Mons. De la Lande m'ayant prié de le mener aujourd'hui chez Votre Altesse Sérénissime je n'ai pas voulu le lui refuser. Et il viendra chez moi avant deux heures à cet effet. Mais voici mon plan. Je le mènerai à l'antichambre, je le consignerai au Chambellan de service. Après quoi je ferai semblant d'avoir à faire, et le laisserai là. Mon but est que votre Altesse Sérénissime aie plus de plaisir de sa conversation, si vous le tenez seul, que s'il y avoit un troisième présent. Vous pouvez facilement peu à peu mener la conversation de la longitude, et de l'état des sciences en Angleterre et en France, aux personnes en place qui les protègent, et je suis persuadé que Votre Altesse Sérénissime ne s'en repentira pas si elle profite de l'idée que je lui donne, et qu'Elle donne un bon quart d'heure tête à tête à Mr. De La Lande, que vous trouverez d'une très agréable conversation, et s'exprimant remarquablement bien.

Je suis avec le plus profond respect,

Monseigneur, de Votre Altesse Sérénissime
le très humble et très obéissant serviteur,
W. Bentinck

## Appendice B

# LETTRE DE LALANDE
## À RIJKLOF MICHAEL VAN GOENS (1748-1810) À UTRECHT
## PARIS, 23 JUILLET 1774

*Koninklijke Bibliotheek, La Haye, sign. KB, sign. 130/D14/N9* [1]

Fig. 2 : R. M. van Goens (1748-1810)

1. Imprimés dans W. H. de Beaufort (ed.), *Brieven aan R. M. van Goens en onuitgegeven stukken hem betreffende*, vol.1, Utrecht, Kemink, 1890, p. 420-422 [Werken van het Historisch Genootschap, gevestigd te Utrecht ; Nieuwe Serie, n. 56].

... à Paris, le 23 Juillet 1774.

Je veno [...] [1] d'envoyer un paquet pour la Hollande, Iorsque j'ai reçu votre epitre charmante et je renvoie [...] [2] roit un second paquet pour profiter de l'occasion et ne pas vous faire attendre ce que vous desirés de Mr. [*Claude-Joseph*] Dorat [3]. Il sera bien flatté et màd. [*Anne-Marie Fiquet du*] du Boccage [4] aussi, quand je leur ferai voir ce que vous dites à leur sujet, et que je leur raconterai quel est le phénomène qui leur apparoit si favorablement.

J'ai été véritablement enchanté d'être prévenu par vous d'une manière si gracieuse, si obligeante, si flatteuse, après avoir été comblé de votre amitié pendant mon séjour à Utrecht ; mon amour propre ne sauroit m'empêcher de voir que je n'en mérite pas tant, mais que vous êtes aussi hospitalier pour les étrangers que vous êtes galant pour les belles ; votre lettre est aussi agréable pour mon cœur que votre vin du Cap le fut à mes sens le 27 Juin, à la suite des glaces, et de tout le luxe que vous aviés étalé en ma faveur.

Vous repondés en effet d'avance, mon cher confrère [5], à tout ce que j'avois résolu de vous dire, et à ce que j'avois prié mon ami [*Johann Friedrich*] Hennert de vous dire en attendant que j'eusse l'honneur de vous écrire moi même ; vous daignés me parler d'une des personnes les plus aimables et les plus intéressantes que j'aie vues [*Isabelle de Charrière, née Van Tuyl van Serooskerken*], sa pièce [*la Comédie de Justine*] m'inspira le plus tendre intérêt, elle m'arracha des larmes et je vous sais un gré infini de lui avoir parlé de moi ; parlés-lui un peu de mon admiration et du plaisir que je me fais de la revoir, ou en Suisse ou en Hollande ; presentés mes respects à Mr. de Zuilen [*Jacob van Tuyll van Serooskerken*] ; je lui sais bien bon gré de m'avoir pressé d'accepter une partie dont je ne connoissois pas tout le prix lorsque je résistois à ses bontés. Mes respects à miladi et à Md. De Charrières [*Isabelle de Charrière, née Van Tuyl van Serooskerken*].

1. Ici, il manque un morceau de la lettre.

2. *Idem.*

3. Claude-Joseph Dorat (1734-1780). Poète et dramaturge français, également connu sous le nom de chevalier Dorat

4. Anne-Marie Fiquet du Boccage, née Le Page (1710-1802) écrivain, poète, épistolière et dramaturge française.

5. Lalande fait référence à la franc-maçonnerie en appelant Vans Goens son confrère.

Il n'est pas nécessaire d'être amoureux de sa patrie pour rendre justice à vos compatriotes sur leur urbanité en faveur des étrangers, j'en ai été étonné personellement ; votre amour pour la patrie est un sentiment qui m'est commun avec vous, mais vous avés plus de raison d'aimer Utrecht que moi Bourg en Bresse [1] ; et je reverrai ce païs là à la première occasion avec plus d'empressement que je n'en avois quand je ne le connoissois pas.

Je vous envoie une lettre pour Mr. [*Lambertus Johannes*] Koedijck, je vous prie de l'envoyer chercher pour la lui remettre vous même, et de faire votre possible pour lui procurer quelques protections, il en est bien digne ; un de nos académiciens anatomistes, qui est mon ami intime, Mr. [*Raphaël Bienvenu*] Sabatier, me prie de m'y intéresser, il en fait le plus grand éloge et pour le cœur et pour la conduite, et pour les talens, et je vous aurai une véritable obligation, de faire quelque chose pour lui à ma sollicitation.

J'aurois certainement dans vous une belle occasion d'embellir mon ouvrage, si j'en faisois un sur mon voyage, et je vous ai bien des obligations de l'offre que vous daignés me faire ; mais j'ai été trop peu de temps en Hollande, j'en ignore la langue et c'est un point trop essentiel, enfin il y a trop long temps que je néglige l'astronomie, ainsi j'attendrai à mon second voyage, et je vous remercie pour à present.

Quand vous verrés ma chère muse, je vous prie bien de lui parler de moi, de ma reconnoissance, de la consideration que son cœur, son esprit, ses vertus m'ont inspirée, et du plaisir que j'ai de voir à un de mes amis une compagne, aussi intéressante.

Il est vraiement bien singulier que né à Utrecht, et sachant toutes les langues, vous fassiés dans la nôtre des vers en rivalité avec Dorat ; je suis persuadé qu'il aura autant de plaisir que moi à les lire, il les aura demain, mais je vous envoie dès aujourdhuy son ode qu'il m'envoya le lendemain de mon arrivée, et qu'il m'enverra certainement pour vous.

Adieu mon t. c. f. mille remercimens au F[*rère Jan Carel*] Smissaert ; nous avons une assemblée lundi, où j'aurai beaucoup de plaisir de parler de la maçonerie de vos provinces, dont j'ai conçu une si bonne idée, et des frères aussi aimables que distingués que j'y ai vus.

Je suis avec le plus tendre attachement, et la consideration la plus distinguée, Monsieur et tres cher confrere,

Votre tres humble et tres obeissant Serviteur,
De la Lande

1. Bourg en Bresse est la ville natale de Lalande et il s'y rend fréquemment.

APPENDICE C

# RAPPORT DE LALANDE SUR L'ASTRONOMIE EN HOLLANDE

## ENVOYÉ À JEAN BERNOULLI, ASTRONOME DU ROI DE PRUSSE À BERLIN (CA. 1777)

*En 1771, le correspondant de Lalande à Berlin, Jean III Bernouilli, astronome du Roi de Prusse, publie ses impressions d'un voyage à travers l'Europe qui l'a conduit à visiter plusieurs observatoires astronomiques* [1]. *A propos de ce livre Lalande écrit en 1803 :* « c'est un ouvrage important pour les astronomes, et que nous avons cité plusieurs fois » [2]. *Bernouilli poursuivit ses commentaires astronomiques dans plusieurs cahiers des* « Recueils pour les astronomes » *et des* « Nouvelles littéraires ». *C'est pour cette raison que Lalande lui envoya un rapport sur l'état de l'astronomie aux Pays-Bas. Dans sa lettre à Bernoulli, expédiée de Paris et datée du 7 février 1777, Lalande écrit :*

> Je vous enverrai des notes sur l'astronomie en Hollande, où j'ai fait un voyage, tant pour essayer de l'y établir, relativement à la Marine, que pour mon traité des canaux navigables.

1. Jean III Bernouilli, *Lettres astronomiques où l'on donne une idée de l'état actuel de l'astronomie pratique dans plusieurs villes de l'Europe*, Berlin, chez l'auteur, 1771.

2. J. J. de Lalande, *Bibliographie astronomique avec l'histoire de l'astronomie 1781-1802*, Paris, 1803, p. 521.

*Il poursuit, dans la même lettre* :

> Quoique je sois très occupé à cause de l'impression de mon traité des canaux, j'ai pris le temps de parcourir mon *Journal de voyage en Hollande en 1774* pour vous donner les notices d'astronomie qui vous manquaient.

*Mais, comme les Lettres astronomiques de Bernoulli ont arrêté en 1779, ce rapport n'a jamais été publié à l'epoque* [1].

## ASTRONOMIE EN HOLLANDE

M. Bernoulli, dans le premier cahier de ses *Nouvelles littéraires,* [2], dit que M. [*Arnold Bastiaan*] Strabbe a traduit l'*Abrégé d'astronomie* de M. de la Lande. C'est le grand ouvrage d'astronomie en 3 vol. *in* 4° qui s'imprime ici 8° ; et le libraire l'a enrichi d'une belle gravure du portrait de l'auteur dont la planche a été exécutée à Paris par M. [*Pierre*] Maleuvre, habile graveur.

L'observatoire de La Haye est un petit donjon que le prince d'Orange a confié dans son palais à M. [*Dirk*] Klinkenberg, habile astronome, mais occupé des fonctions d'un emploi de clerc de la secrétairerie des États généraux. Il était charpentier son talent pour l'astronomie fut l'effet d'une impulsion de la nature ; M. [*Samuel*] Konig qui était bibliothécaire de la princesse d'Orange l'attira à La Haye, et lui procura la construction de ce petit observatoire sur la cour ; mais on n'y trouve que deux télescopes, il n'y a ni quart de cercle ni pendule.

M. Hemstruys [*Hemsterhuis*] a formé du cabinet de son jardin à La Haye une espèce d'observatoire fourni de très bons instruments d'optique ; il a un télescope de 12 pieds fait par [*Jan*] Van der Bildt à Franeker, des lunettes de van Deylen [*Jan van Deijl*], opticien d'Amsterdam qui valent celles du célèbre [*John*] Dollond de Londres, des binocles ou lunettes doubles, c'est un instrument que M. Hemstruys affectionne beaucoup, qu'il a varié et même perfectionné ; il croit qu'en

1. Ce texte a été publié dans S. Dumont et J.-C. Pecker (éd.), *Lettres à Jean III Bernouilli et à Elert Bode,* « Lalandiana » II, Paris, Vrin, 2012, p. 139-143. Nous le retranscrivons ici en raison de son importance par rapport au Voyage en Hollande.

2. Jean III Bernouilli, *Nouvelles littéraires de divers pays avec des supplémens pour la liste et le nécrologe des astronomes. Premier cahier*, Berlin, chez l'auteur, 1776, p. 21. Bernoulli annonce ici la traduction par Strabbe de l'*Abrégé d'astronomie* de Lalande. Ce qui est faux : c'est la deuxième édition de son *Astronomie* en trois volumes qui est traduite en hollandais.

regardant des deux yeux dans deux lunettes différentes, on ménage ses yeux, qu'on juge mieux des distances, et qu'on a la sensation d'un champ plus vaste.

M. [*Alexandre Jérôme*] Royer, secrétaire des États de Hollande, petit neveu du célèbre [*Christiaan*] Huygens (*écrit Huïgens*) de Zuÿlichem, a sa première pendule d'équation, et une partie de ses manuscrits.

Dans la célèbre université de Leyde, il y a un simulacre d'obser-vatoire, qui est une vieille tour peu solide et sans commodités, avec de vieux instruments, moitié bois, moitié cuivre, et un théologien du pays qui a le titre de professeur d'astronomie. Cela parut à M. de la Lande également indigne de la réputation de l'université de Leyde et de la majesté du gouvernement. Mais il y a à Leyde un homme célèbre et que l'on peut regarder comme astronome parce que toutes les sciences lui sont familières et lui sont chères ; c'est M. [*Jean Nicolas Sébastien*] Allamand, né à Lozane [*Lausanne*] en 1714, et qui fut attiré à Leyde en 1736 par la réputation de [*Willem Jacob*] s'Gravesande et qui a fini par s'y établir lui-même. Il est professeur et il y a formé un cabinet d'histoire naturelle et un cabinet de physique où il y a beaucoup de choses relatives à l'astronomie. Il se propose de publier une édition de tous les ouvrages du célèbre Dominique Cassini, de concert avec M. Cassini le jeune, arrière petit fils de ce grand astronome.

M. le comte [*Willem*] de Bentink de Rhoon, qui était le premier seigneur de Hollande, et amateur de toutes les sciences, avait une réso-lution formelle de procurer la construction d'un bel observatoire pour l'université de Leyde, et il demandait déjà en 1774 à M. de la Lande un professeur d'astronomie qui eut de la réputation et de l'habileté. L'Etat dépense plus de 50 mille florins pour cette université, et les curateurs demandent des fonds extraordinaires dans le besoin, et les obtiennent. D'après cela, on sera étonné que M. de la Lande qui allait en Hollande pour prêcher l'astronomie en Hollande, spécialement pour la marine, qui a sollicité, donné des *Mémoires* et reçu des promesses formelles des principaux membres du gouvernement, n'ait pu réussir à rien pour cette partie du bien public dans les Provinces-Unies. M. le comte de Rhoon est mort en 1775, et c'était l'homme le plus capable d'y procurer cette révo-lution dans les sciences et la marine.

À Haarlem, M. [*Pieter*] Eisenbrock a un très bon télescope de [*Jan*] van der Bildt avec lequel il a fait quelques observations [1].

1. À partir d'ici le texte n'est pas écrit par Lalande, mais il a ajouté de sa main des suppléments ou des corrections.

À Amsterdam M. [*Jacobus*] van de Wal a un très bon télescope de huit pieds fait vers 1748 par lui-même ; le grand miroir a huit pouces 3 quarts de diamètre et il fait pour cet instrument une espèce d'observatoire en bois, disposé avec beaucoup d'intelligence ; le toit tourne sur des rouleaux de gayac [1] et il est environné par des roulettes de cuivre ; les ouvertures du toit sont formées avec trois plaques de cuivre, une en bas, une en haut et une au milieu ; elles glissent dans trois rainures différentes et chacune des trois peut parcourir tout l'espace par le moyen de deux cordes. Le télescope est placé au milieu sur quatre piliers de brique bâtis sur pilotis à cause de l'instabilité du terrain de cette ville ; le plancher sur lequel on marche en est tout à fait séparé pour garantir le télescope de toute espèce d'ébranlement.

M. Strenstra [*Pybo Steenstra*] est le seul dans les sept Provinces-Unies qui ait donné des ouvrages élémentaires et méthodiques en astronomie, en langue hollandaise, comme en géométrie ; le grand cours de mathématique de M. [*Johann Friedrich*] Hennert est écrit en latin et il renferme 2 vol. in 8° d'astronomie.

L'observatoire d'Utrecht est proprement le seul qu'il y ait dans les sept Provinces-Unies. La ville a destiné pour cet effet une grosse tour sur une des portes, disposé avec un toit tournant, et plusieurs autres commodités, M. Hennert a quelques instruments de peu d'importance à la vérité, mais avec lesquels il n'a pas laissé de faire plusieurs bonnes observations. Voici ce qu'écrivait M. Hennert à M. de la Lande en 1768 :

Fig. 3 : Johann Friedrich Hennert (1733-1813)

1. Gayac ou gaïac : arbre ou arbuste originaire d'Amérique Centrale à bois dur.

« Notre observatoire a de très grands désavantages, j'ai tâché de remédier à quelques inconvénients. Mais il m'est impossible de réparer tout, à moins de ne pas renverser l'observatoire de fond en comble. Il est bâti sur une vieille tour carrée située sur les remparts de notre ville à la hauteur de 60 pieds [1]. La tour destinée aux observations est très petite, environ huit pieds de diamètre et 10 pieds de hauteur. Elle est garnie d'un toit tournant, comme à l'observatoire de M. [*Joseph-Nicolas*] de l'Isle (*Delisle*) [2]. Je possède un bon instrument de passage, une pendule, un excellent micromètre à la façon de [*James*] Bradley, un instrument pour observer les hauteurs correspondantes, dont il est fait mention dans l'Optique de [*Robert*] Smith, au 6 chapitre du 3 e livre, plusieurs grandes lunettes, une pendule et deux quarts de cercle, mais les quarts de cercle n'ont que 18 pouces de rayon, et ne sont pas garni de micromètre, l'un est entièrement usé, et l'usage de l'autre quart de cercle de même rayon, qui est fait en Angleterre, est très incommode. L'axe ou l'arbre auquel le quart de cercle est attaché, tourne dans un pivot ; il faut le caler moyennant un niveau d'eau, ce qui est très fatigant. Vous voyez donc, Monsieur, qu'il me manque un bon quart de cercle. J'aurais plutôt pensé à acquérir un meuble si utile ; mais les revenus que la ville destine tous les ans à l'entretien de l'observatoire ne sont point assez considérables pour acheter des instruments de prix. C'est pourquoi j'ai dû ménager la caisse de la ville afin de ramasser une somme assez satisfaisante pour acheter un quart de cercle meilleur, et c'est de quoi je m'occupe actuellement. »

Ainsi on voit qu'il y a actuellement à l'observatoire d'Utrecht deux quarts de cercle, une lunette méridienne, un excellent micromètre ; il y a aussi plusieurs grandes lunettes, mais on aimerait mieux une lunette achromatique.

M. le Bourgmestre Lotten [*Arnout Loten*], qui est bien instruit en astronomie et qui a chez lui un excellent quart de cercle de [*John*] Bird, désirait beaucoup de procurer ce petit secours à l'observatoire et il avait promis à M. De La Lande d'employer pour cela son crédit auprès de la Régence d'Utrecht ; mais comme elle est composée de 40 personnes dont la plupart sont indifférentes pour ce genre de science, il na rien pu obtenir.

1. Cet observatoire sur la *Smeetoren* a été utilisé presque jusqu'en 1855, date à laquelle la tour a été démolie. Après cela, l'observatoire a été déménagé à l'ancien bastion *Sonnenborgh* jusqu'en 1986.

2. A son retour de Russie en 1747, Delisle installe un observatoire (devenu observatoire de la marine) au sommet d'une tour de l'hôtel de Cluny, voisin du Collège royal (mais il n'a pas un toit tournant). C'est là que Lalande a fait ses premières observations, avec Delisle, en 1749.

## INDEX DES NOMS DES PERSONNAGES CITÉS PAR LALANDE

Le nom des personnages qu'il a effectivement rencontrés et connus lors de son voyage sont en caractères gras.

Nous avons adopté en règle générale les formes d'autorité de la Bibliothèque Nationale de France. Les noms belges et hollandais précédés des paticules et articles Van, Van den, Ten, De, etc. Sont classés à ces préfixes sauf si la forme d'autorité de la Bibliothèque Nationale de France est différente.

Les numéros de pages correspondent à la pagination faite par Lalande.

NOM, Prénom, dates. Notes, page(s)


ACUGNA, *voir* Cunha.

ADAMI. Personnage cité dans la liste des adresses à Amsterdam, 73

ADAMS, George, 1704-1773. Fabricant anglais d'instruments de mathématiques et d'astronomie, 87

ADHÉMAR, Jean Balthasar comte de, 1736-1790. Diplomate français, ambassadeur à Bruxelles puis à Londres, 13

AENAE, Henricus, 1743-1810. Enseigne les mathématiques à Amsterdam, membre des différentes sociétés savantes néerlandaises, 73, 85

AGNÉS. Janséniste réfugié à Utrecht, 98

AGUESSEAU DE LA LUCE, César Joseph, ??-??. Gouverneur de Beaumont en Argonne, ingénieur en chef à Bouillon, 120

AIGUILLON, Emmanuel Armand de Vignerot Duplessis de Richelieu duc d', 1720-1788. Secrétaire d'Etat aux Affaires étrangères sous Louis XV, 75

ALBE, Alvare de Tolede y Pimental, 1507-1582. Noble castillan gouverneur sous Philippe II des Pays-Bas autrichiens à partir de 1566, 24, 102, 178, 185, 187

conseiller du roi, trésorier de France au bureau des finances de la généralité de Metz, bailli des ville et duché d'Yvois Carignan, 101 v°

BIRD, John, 1709-1776. Londonien, fabricant d'instruments, en particulier de quarts de cercle, 98

BISSCHOP, Jan, 1680-1771. A la tête d'une riche entreprise de filature de Rotterdam, célèbre par ses collections de livres, de monnaies, de coquillages et de tableaux que Guillaume d'Orange visita en 1768, 35, 85, 182

BITAUBÉ, Guillaume. Poète français à Amsterdam, 159

**BLASSIÈRE, Jean-Jacques**, 1736-1791. Professeur de mathématiques de la Fondation Renswoude à la Haye et membre de l'Académie des sciences de Harlem, 43, 46-50, 54, 180, 190

**BLEISWIJK, Pieter van**, 1724-1790. Grand pensionnaire (1772 à 1787), 3, 43, 51, 55, 56, 58, 59, 158

BOCHAUTE, Karel van, 1732-1790. Médecin, nommé professeur de chimie à l'Université de Louvain (1773), à l'académie de Bruxelles (1782), 17

**BODDAERT, Pieter**, 1730-1795/6. Médecin, professeur d'histoire naturelle à l'Université d'Utrecht, possède un cabinet d'histoire naturelle réputé, 96, 100, 143

BOERHAAVE, Joanna Maria, 1712-1791. Fille d'Herman Boerhaave, épouse Frederik, Comte de Thoms, 63

BOETZELAER, Carel baron van, 1727-1803. Lieutenant Général hollandais, grand Maître des francs-maçons en Hollande, 84

BOL, Ferdinand, 1616-1680. Peintre hollandais, 80

BON, Johannes. Médecin à Bois le Duc depuis 1754, 106

BONN, Andreas, 1738-1818. Professeur d'anatomie et de chirurgie à l'Athenaeum d'Amsterdam, 73, 92

BONNAC, Pierre Chrisostome d'Usson de, 1724-1782. Ambassadeur de France en Suède de 1774 à 1782, 52

**BOOGAERT, Paulus**, 1703-1789. Conseiller, bourgmestre de Rotterdam. Praeses-magnificus de la Société batave de philosophie expérimentale, 34

BORCK, Katharina Eleonore de. Fille d'honneur de la reine Sophie Dorothée de Hanovre mère de Frédéric II, puis de la princesse Amélie, épouse Pierre Louis Moreau de Maupertuis, 57

BOREEL, Jacob Jansz, 1711-1778. Avocat fiscal de l'Amirauté d'Amsterdam, 73, 174

BORT, Pieter, 16-- ?-1674 ? Juriste, avocat à La Haye, 71

BOSC DE LA CALMETTE, Gabriel, 1714-1803. Militaire néerlandais, possède un cabinet d'histoire naturelle, 108

BOSCOVICH, Roger Joseph, le Père, 1711-1787. Jésuite, physicien, mathématicien, astronome et philosophe, 190

de Noblet à Haarlem, membre de plusieurs sociétés savantes, en particulier de la Teylers Tweede Genoostschap spécialisée dans les sciences, 65-70, 92, 130, 151

BRUYN, P. Secrétaire de la ville de Zoeterwoude, possède des collections et une bibliothèque vendues en 1779, 63

BUFFON, Georges Louis Leclerc comte de, 1707-1788. Mathématicien, naturaliste, philosophe, membre de l'Académie royale des sciences de Paris, 56, 64,72, 100

BURIGNY, Jean Levesque de, *voir* Levesque

BURMAN, Johan, 1706-1779. Etudie à Leyde sous le professorat d'Herman Boerhaave, Médecin et professeur de botanique à Amsterdam, spécialiste des plantes de Ceylan et du Cap, 48, 52, 88, 90, 174, 190

BURMAN, Pieter, 1668-1741. Professeur de rhétorique d'histoire et de grec à l'Université d'Utrecht puis à celle de Leyde de 1697 à 1741, 63, 97, 141, 176

BURMAN, Pieter Secundus, 1713-1778. Philologue, professeur d'histoire et de philologie à l'Athenaeum d'Amsterdam, 73, 90, 97

BUSSERET, Joachim. Chirurgien de Mâcon, époux de Françoise Maillet, fille de Maillet Duclairon, 91

BUYS, Eva Martina Adriana, 1735-1811. Petite fille de Willem Buys, épouse d'Antoni Martini, 107

BUYS, Willem, 1661-1749. Grand pensionnaire de Hollande en 1745 et 1746, premier secrétaire des Etats de Hollande de 1726 à 1749, négociateur pour les Provinces-Unies à Geertruidenberg et Utrecht, 107

CAFFIÉRI, Jean-Jacques, 1724-1792. Sculpteur, académie de peinture et sculpture en 1757 ou son frère Philippe, 1714-1774. Fondeur ciseleur, 126

CALKOEN, Abraham, 1729-1796. Secrétaire d'Amsterdam de 1748 à 1766, 61, 174

CALMETTE, *voir* Bosc de La Calmette

CALVIN, Jean, 1509-1564. Théologien, réformateur, 6

CAMPER, Adriaan Gillis, 1759-1820. Médecin. Fils de Petrus, 132

CAMPER, Petrus, 1722-1789. Anatomiste, professeur de médecine, 30, 91, 92, 153

CANISY, *voir* Rouvray de Saint Simon

CARAMAN, *voir* Riquet de Caraman Chimay

CARBON, Nicolas, 1705-1745. Prieur de l'abbaye de Belleval abbé de Saint Hilaire, à Reims, 127

CARLIER, Claude (abbé), 1725-1787. Prieur commendataire de N. D. d'Andrésy, prévôt royal de la châtellenie de Verberie, historien et agronome, 5

CARTOUCHE, *voir* Garthausen

CASSINI, Jean-Dominique (Cassini I), 1625-1712. Astronome italien, devenu

CHEVALIER, Jean Baptiste, 1722-1801. Oratorien, météorologiste, astronome, correspondant de la Royal Society et de l'Académie des sciences de Paris, membre de la Société littéraire de Bruxelles, 13, 190

CHOISEUL STAINVILLE, Béatrix, duchesse de Grammont, 1730-1794. Epouse d'Antoine 7, duc de Gramont, salonnière, bibliophile, 107

**CHRISOSTOME, F.** (le Père). Carme du Lunebourg, 89

CLAIRAUT, Alexis, 1713-1765. Mathématicien, de l'Académie royale des sciences de Paris, 42

CLÉ, Jean, 1722-1800. Jésuite, enseigne les humanités et la rhétorique à Gand, bollandiste, 24, 190

CLIFFORD, George, 1685-1760. Avocat, banquier et botaniste, 66

CLUSIUS, Carolus, *voir* L'Ecluse, Charles

CLUVERIUS, Philip, 1580-1622. Géographe et historien, 62

COBENZL, Charles, Philippe Jean, 1712-1770. Diplomate, ambassadeur, est nommé en 1753 ministre plénipotentiaire dans les Pays-Bas par Marie-Térèse archiduchesse d'Autriche, 13, 24

COCCEJI, Heinrich von, 1644-1719. Juriste allemand, enseigna à Heidelberg et à l'Université d'Utrecht, 97

COCCEJI, Samuel von, 1679-1755. Fils du précédent, juriste et homme d'état allemand dit le grand chancelier de Frédéric II responsable d'une réforme de la justice, 97

COCCEJUS, Johannes, 1606-1669. Théologien et philologue qui a joué un rôle important dans la réforme protestante néerlandaise, enseigne à Franeker et à Leyde, 60

COLOMA, Pierre Alphonse Lievin de, 1707-1788. Membre de la noblesse du Brabant, étudie la philosophie et le droit à l'Université de Louvain. Se fixe à Malines où il entreprend la généalogie de sa famille, 21

COMMEL, Abbé, *lecture incertaine*, 6

COPS, *voir* Kops.

CORBERON, Anne Marie, *voir* Nogué

CORNET, Philippe, 1738- ? Jésuite et bollandiste chargé de la rédaction des *Analecta belgica*, 24

CORVER, Maria Margareta, 1723-1777. Fille de Gerrit Corver, plusieurs fois maire d'Amsterdam, directeur de la société du Surinam. Veuve de Jan Danielszoon Hooft (1719-1744) puis de Nicolaas Geelvinck (1706-1764), 67

COSTER, Jean Louis, 1728-1780 ? Né à Nancy, fait ses études chez les jésuites, bibliothécaire des Princes-évêques de Liège. Fonde en 1772 *l'Esprit des Journaux*, 118

COSTER, Joseph François, 1729-1813. Frère du précédent, secrétaire et greffier en chef de la cour souveraine de Lorraine et secrétaire du commandement de

Il a traduit l'ouvrage d'Aepinus, sur l'électricité (1773), 73, 85, 88

DOU, Gérard, 1613-1675. Peintre néerlandais, 85

**DOUWES, Bernardus**. Mathématicien, fils de Cornelis Douwes, 73, 75, 82, 143

DOUWES, Cornelis, 1712-1773. Mathématicien et astronome néerlandais, examinateur des officiers de marine, membre de la Société des sciences de Haarlem, 75, 177

DRAKENBORCH, Arnold, 1684-1748. Succède à Pieter Burman dans la chaire de rhétorique à l'Université d'Utrecht, 97

DROUIN, Jean-Baptiste, 1752-1792. Né à Sedan, lieutenant-colonel, a constitué à partir de 1766 une riche collection de fossiles provenant de la Montagne Saint Pierre de Maastricht, 108, 110

DUBOIS. Aubergiste à La Haye, 41

DUBOIS, le Père. Récollet, à Maastricht, 110

**DUBOIS**. Janséniste réfugié à Utrecht, un des rédacteurs des *Nouvelles ecclésiastiques*, 98, 102

DU CHESNE. Du bureau de la distribution des lettres de Bruxelles, 12

**DU CLAIRON**, *voir* Maillet-Duclairon

DU FOSSÉ, Augustin François Thomas, 1750-1833. Après une fuite en Hollande s'exile en Angleterre où il contracte le mariage refusé par son père revient en France en 1789 où il exerce différentes fonctions administratives, 95

**DUFOUR, Jean-Edmé**, 1728-après 1796. Imprimeur libraire, originaire de Paris, en activité à Maastricht à partir de 1766, 96, 102, 108, 109, 111, 130, 154

**DUFRESNOY, André Ignace Joseph**, 1733-1801. Médecin de l'hôpital militaire de Valenciennes, 9

DUJARDIN, Donatien, 1738- ? Jésuite, chargé de rédiger les *Analecta belgica*, 24, 190

**DU MARCHE, Georges Henri**, 1755-après 1816. Elève lieutenant en second de l'Ecole du Génie de Mézières en 1773-1774 démissionne en 1794, 125

**DUMOULIN, Carel Diederich**, 1727-1793. Colonel ingénieur, directeur général des fortifications de Maastricht (1772-1774) puis des fortifications de France, 110

DUQUESNE, Abraham, 1610-1688. Officier de marine français, 177

DURFORT, Louise Jeanne de Durfort duchesse de Mazarin, 1735-1781. Hérite du duché de Mazarin par sa mère. Grande collectionneuse, patronne les artistes et architectes. Mariée à Louis Marie Guy d'Aumont, 125

DU RONDEAU, François, 1732-1803. Médecin, naturaliste, historien, professeur d'anatomie pour les élèves chirurgiens, médecin de la Cour, membre de l'Académie de Bruxelles, 13

DU VERGER, Kornelia. Fille d'un colonel d'infanterie, seconde épouse de Willem Albert Bachiene, 108

**HARDY**. Général, 110

HARREVELT, Evert van, 1729-1783. Imprimeur libraire, bourgeois d'Amsterdam, 76

HARTSINCK, Jan Jakob, 1715-1779. Maître des requêtes de l'Amirauté d'Amsterdam, « Heemraad, Schepen van de Watergraafs en Diemermeer' président du groupe des principaux actionnaires de la Compagnie des Indes occidentale, membre de la Société zélandaise des sciences de Vlissingen et directeur de la Hollandsche Maatschappij der wetesnschappen de Haarlem. Hommes de lettres, 73, 85, 177

HARTSOEKER, Nicolaas, 1656-1725. Met au point les microscopes et philosophe, 51, 181

HASSELAAR, Gerard Aernout, 1698-1766. Bourgmestre d'Amsterdam, directeur de la Compagnie des Indes orientales, 91

**HASSELAER, Catherina Elisabeth**, 1738-1792. Fille de Gerard Aernout Hasselaer, épouse en secondes noces, en 1767, François Gabriel Joseph marquis de Chasteler (1744-1789), dont elle divorce en 1777, 101

HASSELAER, Laurentia Clara Elisabeth, *voir* Haeften.

HASSELAER, Pieter Cornelis, 1720-1796. Maire d'Amsterdam en 1773 épouse en 3 e noce, en 1773, Laurentia Clara Elisabeth van Haeften, 93

HAVART, Pierre (Pieter). Vit à Rotterdam, au Blaak, derrière la Bourse. Sa collection d'oiseaux est mentionnée dans le grand livre de C. Nozeman, *Nederlandsche vogelen ; volgens hunne huishouding, aert, en eigenschappen beschreven* (Amsterdam, Sepp, 1770), 34, 35

HEEMSKERCK, Maarten van, 1498-1574. Portraitiste et peintre d'histoire, néerlandais, école d'Anvers, 151

HEERKENS, Gerardus Nicolaas, 1726-1801. Écrivain hollandais, 174

HEIDEN Hompesch, Sigismund Vincent Gustaaf Lodewijk, comte de, 1731-1790, 93

HEIDEN Reinestein, Sigismund Pieter Alexander van, 1740-1806. Camérier de Guillaume V, 57

HEIN, Pieter Pieterszoon. 1577-1629. Amiral de la marine des Provinces-Unies, 181

HEINSIUS, Daniel, 1580-1655. Philologue, poète, 106

**HEMSTERHUIS, Frans**, 1721-1790. Philosophe, fils de Tibère Hemsterhuis, étudie les mathématiques, la physique et l'astronomie à Leyde, de 1755 à 1780 commis auprès du secrétaire du conseil d'Etat des Provinces-Unies, ami d'Amélie Galitzine, 42, 43, 55, 56, 62, 179, 190

HEMSTERHUIS, Tiberius, 1685-1766. Philologue, enseigne le grec à l'Université de Franeker puis à Leyde, 42, 62

**HENNERT, Johann Friedrich**, 1733-1813. Professeur en charge depuis 1764 de la chaire de

l'*Astronomie* de Lalande en quatre volumes, 73-75, 78, 82, 84, 91, 131, 190

**MORTIER, Pieter III**, 1735-1782. Imprimeur libraire à Amsterdam, actif à partir de 1754, 74

MOSCH, Jan Hendrik. Aubergiste à Utrecht, 96

**MOUTON, Jean-Baptiste-Sylvain**, 1740-1803. Janséniste, réfugié à Utrecht, 98, 102

MUNTZER, Thomas, ??-?? Luthérien exécuté à Mülhausen en 1525, 177

MUSTEL, Jacques Philibert, 1713-1771. Prend le nom de Mustel de Candosse. Journaliste, a résidé à Amsterdam, écrit dans la *Gazette d'Amsterdam*, 57

NAIRNE, Edward. Fabricant anglais d'instruments scientifiques, 61

NASSAU BEVERWEEERD, Louis de, 1602-1665. Bâtard de Maurice de Nassau, gouverneur de Bois le Duc en 1658, 103

NASSAU WEILBURG, Charles Christian comte de, 1735-1788. Epoux de la princesse Caroline, sœur aînée du stadthouder Guillaume V d'Orange Nassau, gouverneur de Maastricht de 1772 à 1781, 105, 108

**NAVIA OSORIO Y VILLET, Alvaro de**, ??-?? Ambassadeur d'Espagne auprès des Provinces-Unies de 1763 à 1784, 43, 80, 150

NEEDHAM, John Tuberville, 1713-1781. Prêtre catholique, participe à la création de la Société littéraire de Bruxelles et en est le premier directeur. Naturaliste il étudie au microspcope les protozoaires, 13, 190

NETTINE, Marie Louise Josèphe, 1742-1808. Fille du banquier Mathias Nettine, épouse en 1762 Antoine Laurent de La Live de Jullly, 13

NETTINE, Rosalie, 1737-1820. Fille du banquier Mathias Nettine épouse en 1760 Jean-Joseph de Laborde, 13

NETTINE, *voir* Stoupy

**NEVEU**. Personnage chez lequel dîne Lalande à Amsterdam, 86

NEYTS, François Dominique, 1719-1797. Frère de Jacob Toussaint Neyts, acteur, associé dans l'entreprise de théâtre de son frère, 89

NEYTS, Jacob Toussaint, 1727-1794. Acteur et auteur dramatique. Traducteur, 89

**NIEUWENHUIZEN, Gualterius** Michaël, ??-?? Archevêque de l'église dissidente d'Utrecht, janséniste, 99

NOAILLES, Emmanuel Marie Louis, marquis de, 1743-1822. Ambassadeur du roi de France auprès des Provinces-Unies de 1771 à 1776, 3

NOBLET, Léonard, ? ?- ? ? Habitant de Haarlem, à l'origine avec ses sœurs d'une fondation charitable érigée en 1761, 71

NOGUÉ, Anne Marie, 1755- ? ? Sœur de François Joseph Nogué, épouse Pierre-Philibert Catherine Bourrée marquis de Corberon, officier du régiment des gardes françaises, 119